INTRODUCTION TO ELECTROMAGNETISM*

전자기학입문

오가자키 마코토 지음 | 신재수 · 김창만 옮김

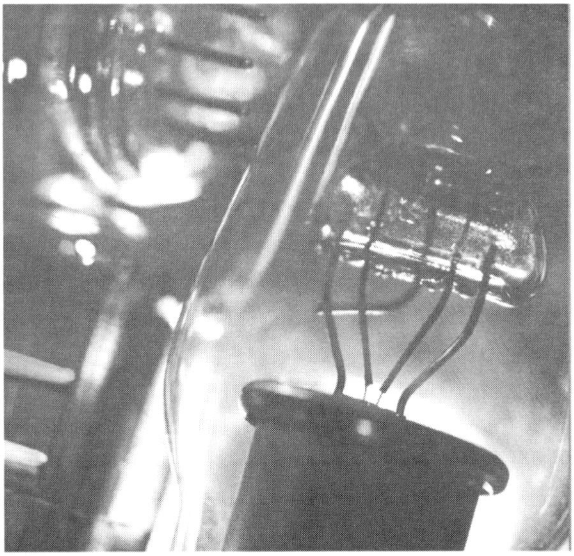

清文閣

역자 머리말

우리가 전자기학을 처음 접할 때, 가장 어려운 것은 용어의 의미를 파악하고, 그 의미를 실물에 대응시켜 이미지화하는 것이라 생각한다. 역학은 보이는 물체를 다룬다는 면에서 이미지화시키기 쉽지만, 전자기학은 보이지 않는 대상을 언어로 이해하고, 현실세계에서 일어나는 일들을 파악해야만 한다. 그런 점에서 전자기학을 처음 접하는 사람은 전자기학을 어렵게 느낄 수도 있다. 그러나 전자기학에서 사용하는 용어에 대하여 정확히 이해하고 있다면, 말하고자 하는 의미를 쉽게 파악할 수 있을 것이다. 이러한 점에서 이 책은 초심자에게 적합하다고 생각되며, 좀 더 쉽게 전자기학의 핵심에 다가갈 수 있을 것이라 여겨 한국어 번역판을 출판하기에 이르렀다.

이 책의 구성은 크게 4개 그룹으로 이루어져 있다. Chap.0 에서는 수학에 대한 기본적인 지식이 부족한 학생들을 위해 전자기학에서 꼭 필요한 수학적 지식만을 쉽게 기술하고 있으며, Chap.1～7 에서는 전기현상에 대한 기본 개념을 설명하고 있다. 이 부분을 충분히 이해하면 나머지 장을 이해하는 것도 어렵지 않다. 각 장의 제목을 「전하」, 「전기장」, 「전위」, 「전기용량」, 「유전체」, 「전류」, 「직류회로」 등 전기현상의 용어로 정하고, 그 개념을 쉽게 설명하는 데 초점을 맞추고 있다. Chap.8～11 에서는 자기현상으로, Chap. 12～15 에서는 전기와 자기가 상호적으로 얽혀 있는 전자기현상으로 구성되어 있다.

전자기학의 개념은 물리학, 광학, 전자공학, 전기공학, 통신공학, 재료공학 등 이공분야 학문에 미치는 영향이 큰 만큼, 이 분야의 기본 학문이라 할 수 있으며, 전자기학을 배우고 이해하는 데 이 책이 조금이나마 도움이 된다면, 역자들에게는 커다란 기쁨이 될 것이다.

마지막으로 이 책을 한국어 번역판으로 출판하는 것을 기꺼이 승낙해 주신 오카자키 마코토 교수에게 고마움을 전하며, 기획에서 출판까지 많은 도움을 주신 도서출판 청문각 임직원 여러분들께 진심으로 감사드린다.

2010년 1월

역자 일동

저자 머리말

전자기학의 추천

전자기학은 대학에서 배우는 물리학 중에서 역학과 더불어 처음으로 공부하는 중요한 분야이다. 거기서 얻은 지식은 이공학분야의 다른 과목을 배울 때에도 필요로 한다. 대학에 들어와 처음으로 전자기학을 배울 때, 이전에는 몰랐던 물리적인 사고방식을 접하게 된다. Chap. 2 에서 도입되는 「장(場)」의 생각은 가장 중요한 예이다. 그와 같은 사고방식이 학생시절에 물리 이외의 과목을 배우고, 나중에 직장인으로서 과학기술과 관련된 일을 할 때의 기초 체력이 될 것이다.

전자기학에서 다루는 현상은 가정에서 쓰이는 전자제품, 휴대전화, 컴퓨터에서 대형 에너지기기, 정보통신기술 등 일상생활 아주 많은 곳에서 볼 수 있다. 전자기학의 응용은 원자 크기인 나노세계의 초LSI, 의료공학기기, 바이오센서 등의 개발에 앞으로 더욱 중요하게 될 것이다.

이 책의 내용 구성

이 책은 전자기학을 처음 배우는 사람을 대상으로 하고 있다. 이 책의 구성은 다음과 같다.

전자기학은 말 그대로 전기와 자기에 관한 학문이다. 이 책은 16장으로 구성되어 있지만, 이것을 4개의 그룹으로 분류할 수 있다. 다시 말해 수학(Chap. 0), 전기(Chap. 1～7), 자기(Chap. 8～11), 전기자기현상(Chap. 12～15)의 네 분야이다.

Chap. 0의 수학에서는 미분·적분의 입문과 벡터의 생각을 도입하고 나서, 이 책을 읽는 데에 필요한 최소한의 응용을 해설한다. 이 장은 다음 장을 읽을 때의 공식집이 된다.

Chap. 1～7에서는 전기현상을 다룬다. 각 장의 제목은 「전하」, 「전기장」, 「전위」, 「전기용량」, 「유전체」, 「전류」, 「직류회로」와 그와 관련된 기본적인 개념이 나열되어 있다. 이런 의미에서 각 장이 각각 긴 용어해설이라 봐도 좋겠다. 장을 읽어감에 따라 이것들의 제목을 요소로서 대부분의 전기현상이 구성된다.

자기현상에 관한 Chap.8～11에서는 「자석과 자기적인 장(場)」, 「전류가 만드는 자속밀도」, 「전류에 작용하는 자기력」, 「앙페르 법칙」과 구체적인 현상이나 법칙들이 제목으로 되어 있다. 그리고 이 4가지의 제목을 연결해 가면, 언뜻 복잡하게 생각되는 자기현상의 이야기가 첫걸음에서 전문적인 곳까지 계통이 세워 있는 모습을 나타낸다.

마지막 그룹 Chap.12～15에서는 전기와 자기가 상호적으로 얽혀 있는 전자기현상을 배운다. 여기에서는 전기와 자기는 따로 분리할 수 없다는 것을 알 수 있고, 전자기학의 전체상을 얻을 수 있게 된다.

이 책의 집필방침

집필방침은 되도록 이해하기 쉽고 친절하게 설명하는 것을 기본으로 하고 있다. 그러기 위해 특히 유의한 점을 아래에 나열한다.

(1) 전기와 자기의 대응을 의식하여 이론을 전개한다. 예를 들면 전기장에 대한 자속밀도, 전기력선과 자기력선, 유전체와 자성체, 전기장의 에너지에는 자기적인 장의 에너지 등, 전기와 자기에서 서로 대응하는 물리량과 현상이 많다. 그때, 서로 공통하는 점과 다른 점을 확실히 해두면 양쪽 모두 바르게 이해할 수 있다.

(2) 「전기장」에 대한 용어로서, 이 책에서는 「자기장」이라는 말을 사용하지 않고, 「자속밀도」를 사용한다. 자기적인 성질을 갖는 공간을 일반적으로 표현하는 용어로는 「자기적인 장(場)」이라는 말을 사용하기도 한다. 이것에 대한 구체적인 것은 9.4절을 참조하길 바란다.

(3) 그림의 설명을 되도록 친절하게 한다. 그림의 해석을 쉽게 하기 위해서, 그리는 방법을 설명하는 경우도 있다(예: 9.1절의 그림 9.1). 또 자기적인 문제에서는 자주 3차원적인 그림이 나오지만, 예를 들어 12.1절의 전자기유도의 코일과 자기력선의 그림 12.3 등에서는 선이 보이지 않는 부분을 선명하게 나타내어 양자(兩者)의 위치관계를 바르게 이해할 수 있도록 했다.

(4) 물리학의 다른 분야와의 관련을 의식하여, 보다 넓은 시점에서 전자기학을 해설한다. 예를 들어 위치에너지에 대해서는 역학, 유전체에서는 물질과학, 전기저항에서는 고체물리학, 전자기파에서는 파동론이라 하는 분야가 그 예이다.

이해하기 어려움을 받아들이자

전자기학은 예를 들어 역학과 비교하여 이해하기 어렵다는 인상을 받을지도 모른다. 눈에 보이는 물체의 운동을 다루는 역학에 비해, 보이지 않는 전기를 대상으로 하고 있는 것도 그 원인 중에 하나이다. 그렇기 때문에 이해하기 어려움을 솔직히 받아들일 수밖에 없다고 말할 수 있다.

전자기학에서는 물체 내의 장소에 의해 다른 전하분포나 충전시 전하의 시간변화 등 지금까지 익숙하지 않은 현상이 나온다. 이것도 처음에 기술한 새로운 물리를 보는 방법이다.

Chap. 15까지의 과정은 길다. 도중에 좌절하지 않고 “한 번 읽어서 이해가 가지 않을 때는 나중에 또 다시 읽는다”라는 기분으로 배웠으면 한다.

이하는 전자기학을 잘하지 못한 선배인 저자의 고백이다. 이 책은 초보자용 교과서이지만, 저자 자신도 어떤 의미에서는 전자기학의 초보자라고 말할 수 있다. 저자가 학생이고 물리의 엄밀한 이론체계의 아름다움을 추구하던 때, 기말시험에서 잘 못하는 과목이 복잡한 전자기학이었다. 이후, 물리의 연구와 교육을 직업으로 하면서, 전자기학을 확실히 이해하지 못한 채 생애를 마칠 수도 있다는 생각이 든 적이 있었다. 츠쿠바대학을 정년퇴직 후, 츄오대학에서 전자기학의 수업을 담당하는 기회를 얻어, “전자기학의 복잡함을 조금씩이라도 풀어 헤치자”라고 생각하여, 이 책을 쓰게 되었다. 전자기학을 이해하는 데 고생한 체험이 집필에 반영되어 독자의 이해를 도울 수 있기를 바란다.

이 책의 출판에 있어서, 쇼카보 기획·편집부의 오노 타츠야씨, 이시쿠로 히로유키씨에게 많은 신세를 지었다. 귀중한 의견을 받아 이 책을 완성시킬 수 있었던 것에 특히 감사하고 싶다.

오카자키 마코토

차 례

CHAPTER 0

수학

수학은 물리를 표현하는 언어라고도 말할 수 있다. 물리를 이해하지 못한다고 할 때는 기호나 수식에 익숙하지 않은 것이 원인이 되는 경우도 있다.

이 책 『전자기학 입문』에 나오는 수학은 미분, 적분, 벡터해석의 초보이며, 의외로 적은 양으로 해설되어 있다. 그 수학 내용을 이 책에서 필요한 것에 한정하면 쉽게 배울 수 있을 것이다. 물리 전반을 이해하는 데 필요한 수학에는 그 밖에 선형대수(벡터는 그 일부), 미분방정식, 복소수 함수론 등이 있지만, 이 책에서는 다루지 않는다.

0.1 미분

함수의 극한

함수의 개념은 그 중요성을 의식하지 못할 만큼 물리에서는 일상적으로 사용되고 있다. 변수 x에 대해 **함수** $f(x)$로 결정되는 양을 y라 하면

$$y = f(x) \tag{0.1}$$

로 나타낸다.

함수가 주는 중요한 정보는 그 값과 변화의 모습이다. 처음에 함수의 **극한값**에 대하여 알아본다. 함수 $f(x)$에서 x를 0에 가깝게 가져갈 때의 함숫값을 $f(x)$의 $x \to 0$에서의 극한값이라 말하고, $\lim_{x \to 0} f(x)$라고 쓴다. 예를 들면

$$f(x) = x \tag{0.2}$$

일 때

$$\lim_{x \to 0} f(x) = 0 \tag{0.3}$$

이다.

▌예제 0.1▌ $f(x) = 1/(x-1)$일 때 $\lim_{x \to 2} f(x)$을 계산하여라.

풀이 $\lim_{x \to 2} f(x) = \lim_{x \to 2} \dfrac{1}{x-1} = \dfrac{1}{1} = 1$ ■

도함수

변수 x의 함수 $y = f(x)$에 대하여, x가 Δx만큼 변화할 때 y의 변화 Δy로부터, y의 변화율을

$$\frac{\Delta y}{\Delta x} = \frac{f(x+\Delta x) - f(x)}{\Delta x}$$

로 나타낸다(그림 0.1). 여기서 $\Delta x \to 0$의 극한을 취하는 것을

$$f'(x) = \frac{dy}{dx} = \lim_{\Delta x \to 0} \frac{f(x+\Delta x) - f(x)}{\Delta x} \tag{0.4}$$

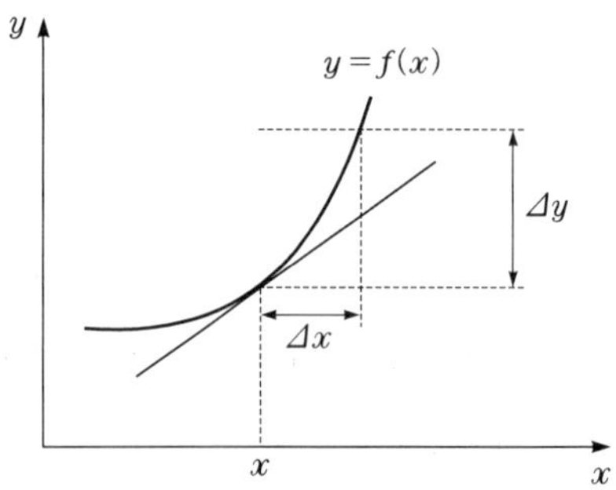

그림 0.1

로 표시하며, $f'(x)$을 $f(x)$의 **도함수**라 한다.

도함수를 구하는 것을, $f(x)$을 **미분**한다고 한다. dy/dx는 곡선 $f(x)$에 대해 x에서의 접선의 기울기를 나타낸다. 또 y를 x에 대해서 두 번 미분한 $df'(x)/dx = d^2y/dx^2$을 y의 x에 대한 **2계 도함수**라고 한다.

|예제 0.2| 원점으로부터 거리 x에 있는 물체가 $x = (1/2)gt^2$으로 표시될 때, 시각 t에서의 물체의 속도를 구하여라.

풀이 일반적으로 속도라고 하는 경우에는 그 시간 내(Δt)의 평균속도

$$\frac{x(t+\Delta t) - x(t)}{\Delta t}$$

가 아니고, 순간속도($\Delta t \to 0$)로 정의되기 때문에

$$v(t) = \lim_{\Delta t \to 0} \frac{x(t+\Delta t) - x(t)}{\Delta t} = \lim_{\Delta t \to 0} \frac{\frac{1}{2}g(t+\Delta t)^2 - \frac{1}{2}gt^2}{\Delta t}$$

$$= \lim_{\Delta t \to 0} \frac{gt\,\Delta t + \frac{1}{2}g\,\Delta t^2}{\Delta t} = gt$$

가 된다. 이 경우 속도는 시간에 비례해 증가하는 것을 알 수 있다. ■

기본적인 함수에 대한 도함수를 아래에 나타내었다. 이들의 도함수는 식 (0.4)에 의해 유도가 가능하다.

◆도함수

$f(x)$	$f'(x)$
x^n	nx^{n-1}
e^x	e^x
$\log x (= \ln x)$	$1/x$
$\sin x$	$\cos x$
$\cos x$	$-\sin x$

또한 자주 사용되는 미분공식을 아래에 나열하였다.

◆곱의 미분

$$\frac{d}{dx}[f(x)\,g(x)] = f'(x)\,g(x) + f(x)\,g'(x) \tag{0.5}$$

◆상미분

$$\frac{d}{dx}\left[\frac{f(x)}{g(x)}\right] = \frac{f'(x)\,g(x) - f(x)\,g'(x)}{[g(x)]^2} \tag{0.6}$$

◆합성함수의 미분

u의 함수 y가 $y = f(u)$이고, 또 u가 x의 함수 $u = g(x)$일 때, y는 u을 통해 x의 함수가 된다. 이때,

$$y = f(g(x)) \tag{0.7}$$

을 **합성함수**라고 하고, 합성함수 y의 x에 관한 미분은

$$\frac{dy}{dx} = \frac{dy}{du}\frac{du}{dx} \tag{0.8}$$

에 해당된다.

❙예제 0.3❙ 다음 함수의 미분을 합성함수의 미분방법으로 유도하여라.

$$f(x) = a^2x^2$$

풀이 $u = ax$로 놓으면 $f(u) = u^2$ 이므로 식 (0.8)을 이용해서

$$\frac{df}{dx} = \frac{d(u^2)}{du}\frac{d(ax)}{dx} = 2ua = 2a^2x$$

가 된다. 즉 같은 계산을 x의 함수로서 직접 풀어 쓰면

$$\frac{d}{dx}(a^2x^2) = 2a^2x$$

이다. ■

편미분

미분기호 df/dx에 있어 d을 ∂로 한 $\partial f/\partial x$를 함수 f의 x에 관한 **편미분**이라고 한다. 이 편미분의 기호를 처음 보면, 어렵게 느껴질 수도 있다. 하지만 사실은 간단하다. 예를 들어 x와 y라는 2개의 변수를 갖는 함수 $f(x, y)$의 변수 x에 관한 편미분 $\partial f/\partial x$는

『y쪽은 상수로 가정하고 x로 미분한다』

라는 의미이다. 반대로 x를 상수로 가정하고 y로 미분할 때는 $\partial f/\partial y$로 나타낸다.

예제 0.4 $f(x, y) = x^3y + 2xy^2 + y^3$에 대해서 $\partial f/\partial x$와 $\partial f/\partial y$를 계산하여라.

풀이 $\dfrac{\partial f(x, y)}{\partial x} = 3x^2y + 2y^2, \quad \dfrac{\partial f(x, y)}{\partial y} = x^3 + 4xy + 3y^2$

편미분에 대해서도 2계 도함수를 정의할 수 있다. 2계 도함수는 다음과 같이 4개가 있다.

$$\frac{\partial^2 f(x, y)}{\partial x^2}, \quad \frac{\partial^2 f(x, y)}{\partial x\,\partial y}, \quad \frac{\partial^2 f(x, y)}{\partial y\,\partial x}, \quad \frac{\partial^2 f(x, y)}{\partial y^2}$$

또한 일반적으로 함수의 경우, 미분 순서를 바꾼다 하여도 같은 결과를 얻을 수 있기 때문에

$$\frac{\partial^2 f(x, y)}{\partial x\,\partial y} = \frac{\partial^2 f(x, y)}{\partial y\,\partial x} \tag{0.9}$$

가 성립한다고 생각해도 좋다. ■

0.2 적분

부정적분

적분은 미분의 반대의 조작이다. 즉 $f(x)$를 적분한다는 의미는

$$\frac{dF(x)}{dx} = f(x) \tag{0.10}$$

을 만족하는 $F(x)$를 구한다는 것이다. 이때, $F(x)$를 $f(x)$의 **원시함수**라고 하고, $F(x)$에 임의의 수를 더한 것도 $f(x)$의 원시함수이다.

식 (0.10)의 양변을 x에 대해서 적분한 결과를

$$\int f(x)dx = F(x) + C \ (C\text{: 임의 상수}) \tag{0.11}$$

로 나타내고, $\int f(x)\,dx$를 $f(x)$의 **부정적분**, C를 **적분상수**라고 한다. 예를 들면

$$\frac{d(x^n)}{dx} = nx^{n-1}$$

이라고 하는 미분 관계식의 부정적분을 구하면

$$\int nx^{n-1}dx = x^n + C$$

가 된다.

아래에 주요 적분공식을 나열하였다.

$f(x)$	$F(x)$
x^n	$x^{n+1}/(n+1)$
$\sin x$	$-\cos x$
$\cos x$	$\sin x$
e^x	e^x
$1/x$	$\log\lvert x\rvert$
$g'(x)/g(x)$	$\log\lvert g(x)\rvert$

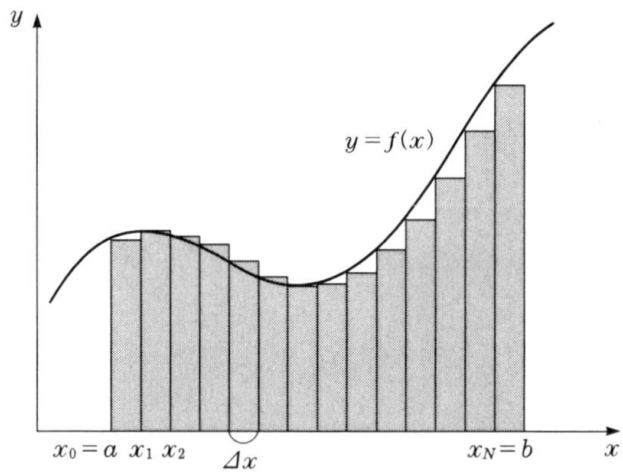

그림 0.2

정적분

적분계산의 예로서, 구간 $[a,\ b]$에서의 함수 $f(x)$와 x축 사이의 면적 S를 계산한다(그림 0.2).

구간 $[a,\ b]$를 N등분하고, $a,\ b$를 양단으로 하는 $N+1$개의 점

$$a = x_0 < x_1 < \ldots < x_N = b$$

을 취한다. 각 미소구간 $[x_i,\ x_{i+1}]$에서 $f(x)$와 x축 사이의 면적은 높이 $f(x_i)$, 폭 $\Delta x = (b-a)/N$의 직사각형 면적 $f(x_i)\Delta x$로 근사할 수 있다. 이것을 i에 관하여 더하고 N이 충분히 큰 극한을 생각하자(분할한 수를 많이 하면 할수록, 직사각형의 면적의 합이 곡선과 x축 사이의 면적에 매우 가깝게 된다). 따라서 면적 S는

$$S = \lim_{N \to \infty} \sum_{i=1}^{N} f(x_i)\,\Delta x$$

가 되고, 이것을

$$S = \int_a^b f(x)\,dx \tag{0.12}$$

라고 쓴다. 식 (0.12)의 우변이 **정적분**이다.

정적분에서는 x의 적분범위인 하한 a와 상한 b가 존재한다. 부정적분은 적분으로 얻어진 함수의 형태를 나타내는 것으로, 식 (0.11)에서 보인 것처럼 상한과 하한이 없다.

다음으로 정적분 식 (0.12)의 하한을 고정하고, 상한 b를 x로 치환한 함수

$$F(x) = \int_a^x f(t)\,dt + F(a) \tag{0.13}$$

을 생각한다(여기서 적분변수를 t로 하고, 적분의 상한 x와 구별한다). 우변의 제 2 항에 적분상수로서 $F(a)$를 더한 것은 $x = a$에서 양변이 일치하기 때문이다(이때 우변의 제 1 항은 $\int_a^a f(t)\,dt$가 되고 적분범위가 0이기 때문에 0이 된다). 식 (0.13)에서 $x = b$로 놓으면

$$\int_a^b f(t)\,dt = F(b) - F(a) \tag{0.14}$$

을 얻는다.

위에서 나타낸 것과 같이, 정적분은 원시함수의 상한 값과 하한 값의 차로 결정되는 상수이다. 이 식은 정적분을 계산할 때에 사용하고, 우변을 간략화해서 $F|_a^b$로 쓸 수도 있다.

❙예제 0.5❙ $f(x) = x$를 구간 $[0, 2]$에서 적분하여라.

풀이 x의 원시함수는 $x^2/2$이기 때문에 식 (0.14)에 의해

$$\int_0^2 x\,dx = \frac{1}{2}x^2\Big|_0^2 = \frac{1}{2}\times 2^2 - \frac{1}{2}\times 0^2 = 2$$

가 된다.

합성함수의 적분

예로서 부정적분 $I = \int \frac{1}{x-a}\, dx$ 을 계산한다. $x - a = X$ 로 놓고, 양변을 X 로 미분하면, $dx/dX = 1$ 이 되고 $dx = dX$ 이기 때문에, 위의 부정적분은

$$I = \int \frac{1}{X} dX = \log|X| + C$$
$$= \log|x-a| + C \qquad (C\text{: 적분상수})$$

가 된다.

2중적분(중적분)

2개의 변수 x, y로 표현되는 함수 $f(x, y)$에 대해 직사각형 영역 $D(a \leqq x \leqq b,\ c \leqq y \leqq d)$ 에서의 적분을 생각한다(그림 0.3). 적분 방법은 변수가 하나인 경우와 동일하다.

x축 방향에 a, b를 양단으로 하는 $N+1$개의 점

$$a = x_0 < x_1 < \cdots < x_N = b \tag{0.15}$$

을 취하면, 구간 $[a, b]$를 폭 $\Delta x = (b-a)/N$ 인 작은 구간으로 N등분할 수 있다. y축 방향에도 c, d를 양단으로 하는 $M+1$개의 점

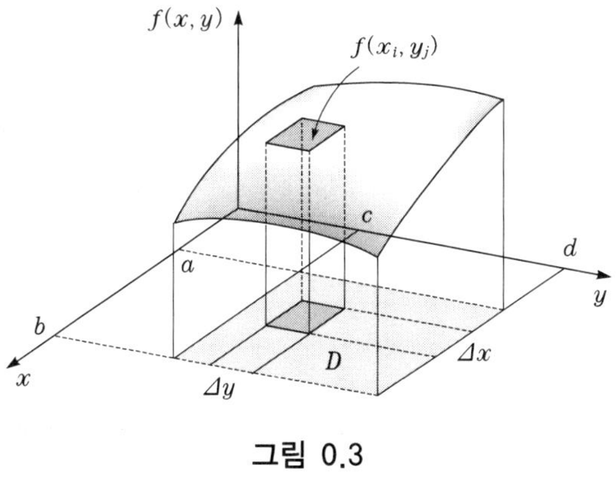

그림 0.3

$$c = y_0 < y_1 < \cdots < y_M = d \tag{0.16}$$

을 취하면, 구간 $[c,\ d]$를 폭 $\Delta y = (d-c)/M$인 작은 구간으로 M등분할 수 있다. i와 j로 정해지는 작은 구간 $[x_i,\ x_{i+1}]$, $[y_j,\ y_{j+1}]$에 대해, $f(x,\ y)$와 xy평면 사이의 체적은 높이가 $f(x_i,\ y_j)$이고 밑면적이 $\Delta x\,\Delta y$인 직육면체의 체적으로 근사시킬 수 있다. N, M을 충분히 크게 하면 근사적으로 직육면체의 체적의 합은 영역 D에서, $f(x,\ y)$와 xy평면 사이에 들어 있는 실제의 체적 V에 가까워지며,

$$\begin{aligned} V &= \lim_{N,\,M \to \infty} \sum_{i=1}^{N} \sum_{j=1}^{M} f(x_i,\ y_j)\Delta x\,\Delta y \\ &= \int_a^b \int_c^d f(x,\ y)\,dS \qquad (dS = dx\,dy) \end{aligned} \tag{0.17}$$

로 나타낼 수 있다. 이 식으로 $f(x,\ y)$의 직사각형 영역 D에 대한 **2중적분**을 정의한다.

2중적분의 계산

일반적인 영역에 있어서 2중적분의 계산에서는 우선 한 개의 적분변수에 대해 적분하고, 다음으로 다른 한 개의 적분변수에 대해서 적분하는 경우가 많다.

예를 들면 적분영역을 그림 0.4에 나타낸 삼각형으로 하여 2중적분

$$I = \iint_D (2x + 3y^2)\,dx\,dy$$

을 계산한다(그림 0.4를 그림 0.3에서 말하면 $f(x,\ y)$축의 위쪽에서 본 것에 해당한다. xy면의 회색부분). 처음에 막대기 모양의 영역에서 변수 y에 대해 0에서 x까지 적분하고, 다음에 x에 대해 0에서 1까지 적분한다[그림 0.4(a)].

$$I = \int_0^1 \left\{ \int_0^x (2x + 3y^2)\,dy \right\} dx$$

먼저, { }내의 y에 관한 적분을 할 때는 x를 상수라고 생각해서

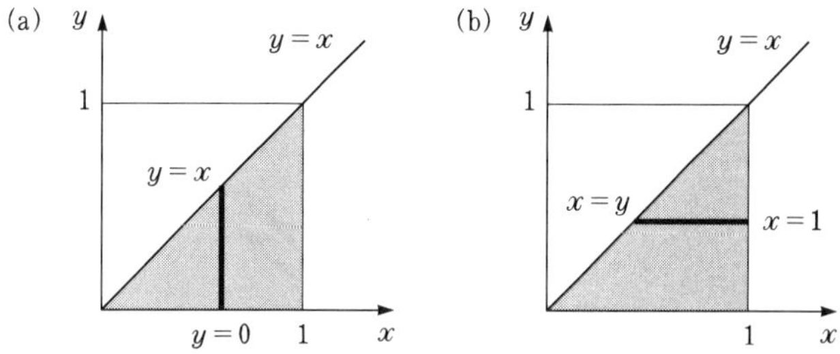

그림 0.4

$$I = \int_0^1 (2xy + y^3)|_0^x \, dx = \int_0^1 (2x^2 + x^3)\, dx$$

가 되고, 다음에 x로 적분을 하면

$$I = \left(\frac{2}{3}x^3 + \frac{1}{4}x^4\right)\Big|_0^1 = \frac{2}{3} + \frac{1}{4} = \frac{11}{12}$$

이 된다.

동일한 2중적분에 대해 적분변수의 순서를 바꾸어 계산해본다. 먼저 x에 대하여 적분하고, 다음에 y에 대해 적분한다. 이때, x에 대한 적분범위는 y에서 1까지이고, y에 대한 적분범위는 0에서 1까지이다[그림 0.4(b)]. 계산 결과는

$$\begin{aligned}\int_0^1 \left\{ \int_y^1 (2x + 3y^2)\, dx \right\} dy &= \int_0^1 (x^2 + 3xy^2)|_y^1 \, dy \\ &= \int_0^1 (1 + 2y^2 - 3y^3)\, dy \\ &= \left(y + \frac{2}{3}y^3 - \frac{3}{4}y^4\right)\Big|_0^1 = \frac{11}{12}\end{aligned}$$

이 된다. 이 결과로부터 적분값은 적분하는 변수의 순서에 따르지 않는다는 것을 알 수 있다.

2중적분 식 (0.17)을 유도한 것은 적분영역이 직사각형이라는 특별한 경우였다. 일반적으로, 그림 0.5에 나타낸 것과 같이 $a \leqq x \leqq b$의 범위에서 직선 $y = h(x)$와

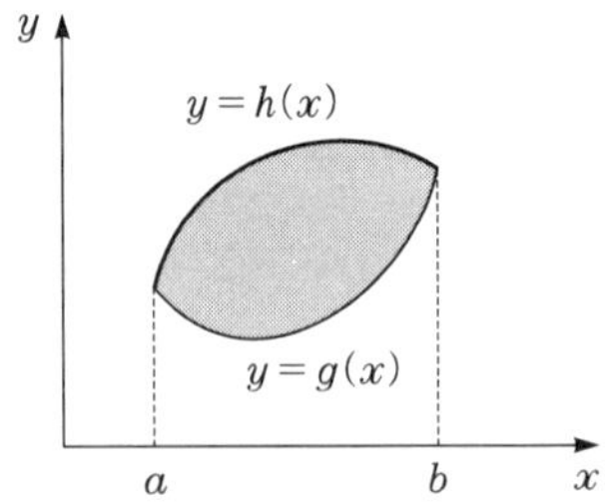

그림 0.5

$y = g(x)$로 둘러싸인 영역에서의 $f(x, y)$의 2중적분은

$$\iint f(x, y)\,dx\,dy = \int_a^b \left(\int_{g(x)}^{h(x)} f(x, y)\,dy \right) dx \tag{0.18}$$

로 계산할 수 있다. 그림 0.4에서 나타낸 계산은 식 (0.18)을 이용하고 있는 예이다.

즉 곡면상에서의 2중적분도 평면과 동일하게 할 수 있다. 0.4절에서 설명할 벡터의 면적분은 그 예이다.

3변수의 함수 $f(x, y, z)$의 3중적분은 2중적분의 확장으로

$$\int f(x, y, z)\,dV \quad (dV = dx\,dy\,dz) \tag{0.19}$$

로 나타낼 수 있다.

적분변수의 변환

그림 0.6(a)에서 보듯이, **직각좌표**(x, y)를 **극좌표**(r, θ)를 이용해서 나타내면

$$x = r\cos\theta, \qquad y = r\sin\theta \tag{0.20}$$

로 된다. 따라서 함수 f를 극좌표로 나타내면

$$f(x, y) = f(r\cos\theta, r\sin\theta) = g(r, \theta)$$

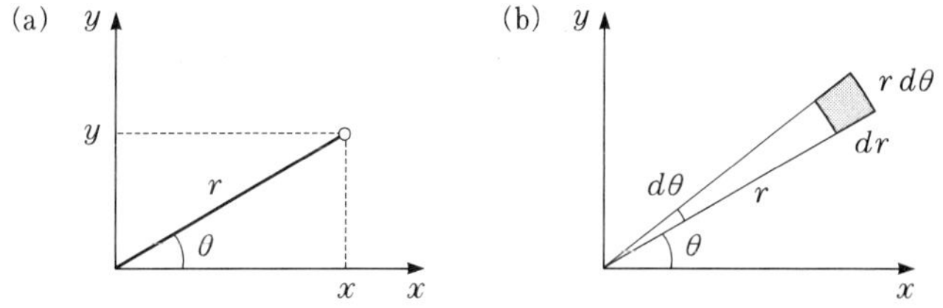

그림 0.6

로 쓸 수 있고 면적요소 dS가 $r\,dr\,d\theta$이기 때문에[그림 0.6(b)], 극좌표에서의 2중적분은

$$\int f(x,\ y)\,dS = \iint g(r,\ \theta)\,r\,dr\,d\theta \tag{0.21}$$

로 된다.

3중적분의 경우는 직각좌표와 **구좌표** 사이에

$$x = r\sin\theta\,\cos\phi,\quad y = r\sin\theta\,\sin\phi,\quad z = r\cos\theta \tag{0.22}$$

의 관계이므로[그림 0.7(a)], 구좌표에서의 체적요소 dV는

$$dV = r^2 \sin\theta\,dr\,d\theta\,d\phi$$

로 되고[그림 0.7(b)], 구좌표에서의 3중적분은

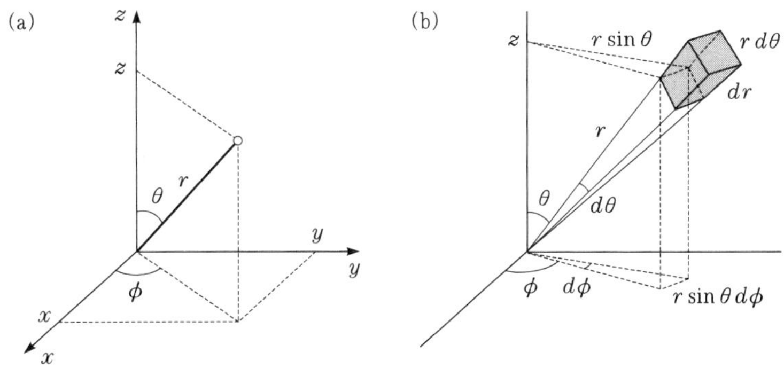

그림 0.7

$$\int f(x, y, z)dV = \iiint g(r, \theta, \phi)r^2 \sin\theta \, dr \, d\theta \, d\phi \tag{0.23}$$

가 된다.

0.3 벡터

벡터란

질량이나 온도와 같이, 크기만 갖고 방향을 갖지 않는 물리량을 **스칼라**라고 하며, 속도나 Chap. 2 에서 배울 전기장과 같이 크기와 방향을 갖는 물리량을 **벡터**라고 한다. 벡터의 양을 표시하려면, 예를 들어 속도는 $\boldsymbol{v}$, 전기장은 $\boldsymbol{E}$와 같이 굵은 문자를 사용한다. 예로서, 벡터 $\boldsymbol{A}$는 그림 0.8과 같이 표시한다. 이것과 크기는 같고 방향이 반대인 벡터는 $-\boldsymbol{A}$이다.

벡터와 정수의 곱은 원래 벡터의 크기를 정수배한 것이 된다. 이때 방향은 정수가 양이라면 같은 방향, 음이라면 반대 방향이 된다.

벡터는 그 성분에 따라 규정된다. 2차원 공간에서 정의되는 벡터는 2성분, 3차원 공간에서 정의되는 벡터는 3성분이다. 예를 들면 3차원 공간에서 위치 P를 원점에서 점 P로 향하는 **위치벡터** $\boldsymbol{r}$로 지정하면(그림 0.9), 이것은 x, y, z 좌표를 3성분으로 하여

$$\boldsymbol{r} = (x, y, z)$$

로 표현된다.

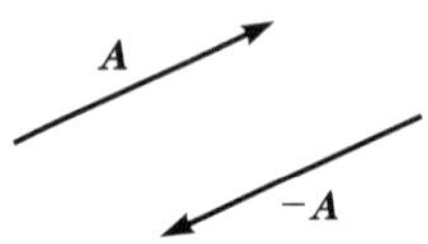

그림 0.8

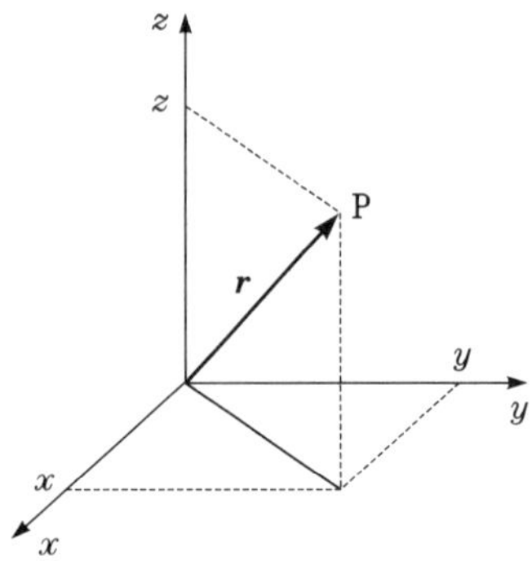

그림 0.9

직교좌표축(x, y, z축) 방향의 **단위벡터**(길이가 1인 벡터)

$$\boldsymbol{e}_x = (1, 0, 0), \quad \boldsymbol{e}_y = (0, 1, 0), \quad \boldsymbol{e}_z = (0, 0, 1) \tag{0.24}$$

를 **기본벡터**라고 한다(그림 0.10). 임의의 3차원 벡터

$$\boldsymbol{A} = (A_x, A_y, A_z) \tag{0.25}$$

을 생각하고(그림 0.11), 이것에 기본벡터 식 (0.24)를 이용하면

$$\boldsymbol{A} = A_x \boldsymbol{e}_x + A_y \boldsymbol{e}_y + A_z \boldsymbol{e}_z \tag{0.26}$$

벡터 $\boldsymbol{A}$의 크기는

$$A = |\boldsymbol{A}| = \sqrt{A_x^2 + A_y^2 + A_z^2} \tag{0.27}$$

이다.

식 (0.26)은 임의의 벡터가 기본벡터의 1차 결합에 의해 표현되는 것을 나타내고 있다. 또 두 개의 벡터 $\boldsymbol{A}$와 $\boldsymbol{B}$의 합을 $\boldsymbol{C}$로 하면, 그 성분은 $\boldsymbol{A}$, $\boldsymbol{B}$ 각각의 성분의 합이 된다.

$$\boldsymbol{C} = \boldsymbol{A} + \boldsymbol{B} = (A_x + B_x,\ A_y + B_y,\ A_z + B_z) \tag{0.28}$$

단위벡터는 방향을 표시하기 위해 사용된다. 예를 들면 $\boldsymbol{r}$의 **방향을 표시하는 단위벡터**를 $\boldsymbol{e}_r$이라고 쓰면

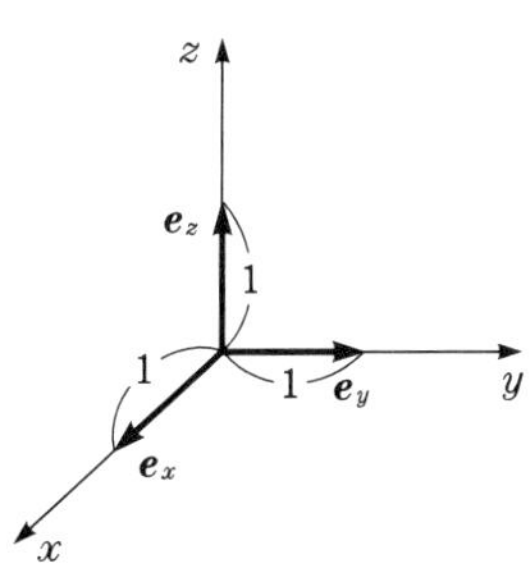

그림 0.10

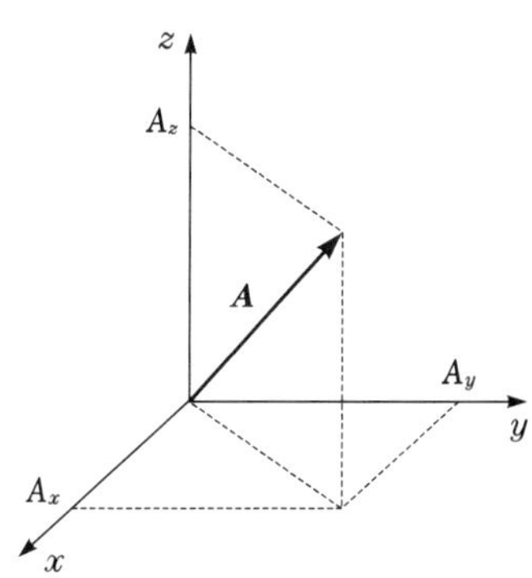

그림 0.11

$$\boldsymbol{r} = r\boldsymbol{e}_r \tag{0.29}$$

이다. 그러므로 단위벡터는 벡터를 그 자신의 크기로 나눈

$$\boldsymbol{e}_r = \frac{\boldsymbol{r}}{r} \tag{0.30}$$

으로 나타낼 수 있다.

스칼라곱(내적)

두 개의 벡터 $\boldsymbol{A}$와 $\boldsymbol{B}$의 **스칼라곱**은 $\boldsymbol{A} \cdot \boldsymbol{B}$로 표시하고, 벡터 $\boldsymbol{A}$와 $\boldsymbol{B}$의 같은 성분끼리의 곱의 합

$$\boldsymbol{A} \cdot \boldsymbol{B} = A_x B_x + A_y B_y + A_z B_z \tag{0.31}$$

로 정의된다(스칼라곱을 **내적**이라고도 한다).

그림 0.12에 나타낸 것처럼 $\boldsymbol{A}$의 방향으로 x축을, $\boldsymbol{A}$와 $\boldsymbol{B}$가 만든 평면 내에 y축을 취하고, $\boldsymbol{A}$와 $\boldsymbol{B}$ 사이의 각도를 θ라고 하면

$$\boldsymbol{A} = (A, 0, 0), \quad \boldsymbol{B} = (B\cos\theta,\ B\sin\theta,\ 0)$$

이기 때문에

$$\boldsymbol{A} \cdot \boldsymbol{B} = AB\cos\theta \tag{0.32}$$

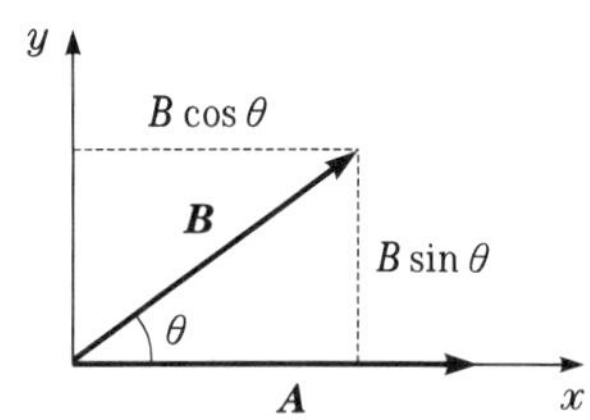

그림 0.12

이다. 이것을 스칼라곱이라고 부르는 이유는 이 곱이 방향을 갖지 않는 스칼라량이기 때문이다.

스칼라 곱에는 다음과 같은 기본적인 성질이 있다.

(1) 직교하는 벡터 $\boldsymbol{A}$와 $\boldsymbol{B}$의 스칼라곱은 0이다.

$$\boldsymbol{A} \cdot \boldsymbol{B} = 0 \quad (\boldsymbol{A} \perp \boldsymbol{B}) \tag{0.33}$$

(2) 벡터 자신과의 스칼라곱은 벡터 크기의 제곱이다.

$$\boldsymbol{A}\cdot\boldsymbol{A} = A^2 \tag{0.34}$$

(3) 스칼라곱에서는 벡터의 순서를 바꿔도 결과는 같다.

$$\boldsymbol{A}\cdot\boldsymbol{B} = \boldsymbol{B}\cdot\boldsymbol{A} \tag{0.35}$$

이와 같이 두 개의 양을 교환했을 때에도 성립되는 관계를 **교환법칙**이라고 한다.

(4) **분배법칙**

$$\boldsymbol{A}\cdot(\boldsymbol{B}+\boldsymbol{C}) = \boldsymbol{A}\cdot\boldsymbol{B}+\boldsymbol{A}\cdot\boldsymbol{C} \tag{0.36}$$

이 성립한다.

| 예제 0.6 | 분배법칙 식 (0.36)이 성립하는 것을 그림을 그려 설명하여라.

풀이 벡터 $\boldsymbol{A}$, $\boldsymbol{B}$, $\boldsymbol{C}$를 그림 0.13과 같이 취한다.

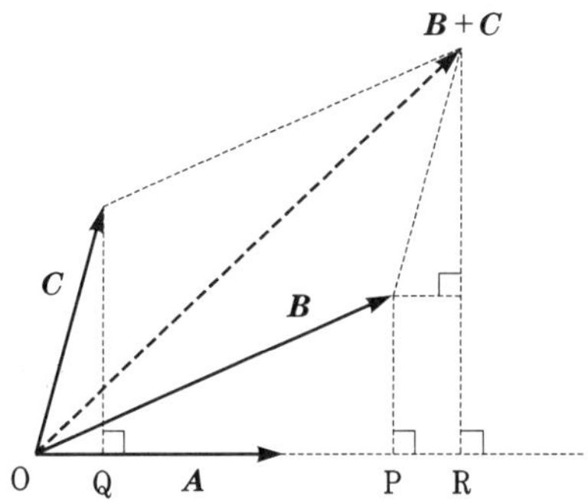

그림 0.13

$\boldsymbol{A}\cdot\boldsymbol{B}$는 $A\times\overline{\mathrm{OP}}$, $\boldsymbol{A}\cdot\boldsymbol{C} = A\times\overline{\mathrm{OQ}}$이다. 또

$$\overline{\mathrm{OR}} = \overline{\mathrm{OP}}+\overline{\mathrm{PR}} = \overline{\mathrm{OP}}+\overline{\mathrm{OQ}}$$

이기 때문에, 이 양변에 A를 곱하면, 식 (0.36)이 성립함을 알 수 있다. ■

기본벡터 식 (0.24)는 모두 크기가 1로 서로 직교하고 있기 때문에, 식 (0.33)을 쓰면

$$\boldsymbol{e}_x \cdot \boldsymbol{e}_y = \boldsymbol{e}_y \cdot \boldsymbol{e}_z = \boldsymbol{e}_z \cdot \boldsymbol{e}_x = 0 \tag{0.37}$$

또 식 (0.34)로부터

$$\boldsymbol{e}_x \cdot \boldsymbol{e}_x = \boldsymbol{e}_y \cdot \boldsymbol{e}_y = \boldsymbol{e}_z \cdot \boldsymbol{e}_z = 1 \tag{0.38}$$

이 성립하는 것을 쉽게 알 수 있다.

벡터곱(외적)

두 개의 벡터 $\boldsymbol{A}$, $\boldsymbol{B}$의 곱으로서는 $\boldsymbol{A}\times\boldsymbol{B}$로 표현되는 **벡터곱**을 도입한다. 벡터곱은 스칼라곱과 달리 벡터량이다(벡터곱을 **외적**이라고도 한다).

벡터곱을 두 개의 벡터 $\boldsymbol{A}$, $\boldsymbol{B}$의 성분으로 표현하면 다음과 같은 관계가 있다.

$$\boldsymbol{A}\times\boldsymbol{B} = \boldsymbol{e}_x(A_yB_z - A_zB_y) + \boldsymbol{e}_y(A_zB_x - A_xB_z) + \boldsymbol{e}_z(A_xB_y - A_yB_x) \tag{0.39}$$

$\boldsymbol{A}$와 $\boldsymbol{B}$의 벡터곱은 두 개의 벡터가 이루는 각 θ를 사용해서

$$\boldsymbol{D} \equiv \boldsymbol{A}\times\boldsymbol{B} = AB\sin\theta\ \boldsymbol{e}_n \tag{0.40}$$

로 쓸 수 있다. $\boldsymbol{e}_n$은 단위벡터로 $\boldsymbol{A}$, $\boldsymbol{B}$ 두 방향에 수직이며, $\boldsymbol{D}$의 방향은 $\boldsymbol{A}$에서 $\boldsymbol{B}$의 방향으로 회전하는 오른나사가 진행하는 방향이다(그림 0.14). 이것을 **오른나사의 법칙**이라고 하며 나중에 자주 사용하는 개념이다(예: 8.2 절의 로렌츠힘, 9.2 절의 비오-사바르의 법칙 등).

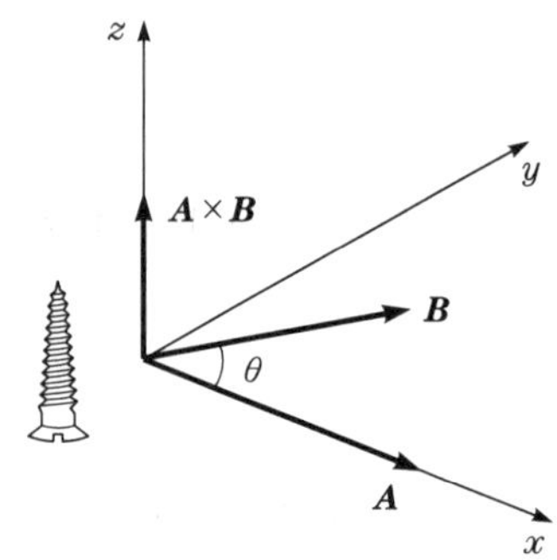

그림 0.14

$\boldsymbol{e}_n$은 벡터 $\boldsymbol{A}$와 $\boldsymbol{B}$가 만든 면의 **법선벡터**이다. 그림 0.14에 나타낸 것처럼, $\boldsymbol{A}$를 x축으로 하고 $\boldsymbol{B}$를 xy면 내로 취하면, $\boldsymbol{A}\times\boldsymbol{B}$는(결국, $\boldsymbol{e}_n$도) z축 방향을 향하고, $|\boldsymbol{D}|$는 $\boldsymbol{A}$와 $\boldsymbol{B}$를 두 변으로 한 평행사변형의 면적이 된다.

벡터곱에는 다음과 같은 성질이 있다.

(1) $\boldsymbol{A}\times\boldsymbol{B} = -\boldsymbol{B}\times\boldsymbol{A}$ (0.41)

(2) $\boldsymbol{A}$와 $\boldsymbol{B}$가 평행할 때

$$\boldsymbol{A}\times\boldsymbol{B} = 0 \tag{0.42}$$

이것은 식 (0.40)에서 $\sin\theta = 0$이기 때문이다. 따라서

$$\boldsymbol{A}\times\boldsymbol{A} = 0 \tag{0.43}$$

(3) 벡터곱에 관해서도 분배법칙

$$\boldsymbol{A}\times(\boldsymbol{B}+\boldsymbol{C}) = \boldsymbol{A}\times\boldsymbol{B} + \boldsymbol{A}\times\boldsymbol{C} \tag{0.44}$$

가 성립한다.

(4) 식 (0.24)에서 정의한 3개의 기본벡터에서는

$$\boldsymbol{e}_x\times\boldsymbol{e}_y=\boldsymbol{e}_z,\ \boldsymbol{e}_y\times\boldsymbol{e}_z=\boldsymbol{e}_x,\ \boldsymbol{e}_z\times\boldsymbol{e}_x=\boldsymbol{e}_y \tag{0.45}$$

가 성립되는데, 이것은 벡터곱의 오른나사의 관계 식 (0.40)을 적용한 것이다. 또 식 (0.43)으로부터

$$\boldsymbol{e}_i\times\boldsymbol{e}_i = 0 \tag{0.46}$$

가 된다.

면적벡터

먼저, 평면에 대한 **면적벡터** $\boldsymbol{S}$를 정의한다. 이것은 크기가 면적 S이고, 방향이 그 면에 수직인 벡터이다[그림 0.15(a)]. 곡면의 경우에는 그것을 평면이라고 봐도 좋을 정도로 미소한 부분으로 나누고, 각각에 대해 면적벡터를 생각한다[그림 0.15(b)].

또 면의 양쪽을 구별하기 위해 부호를 붙일 때도 있다. 어떤 폐곡선으로 둘러싸인

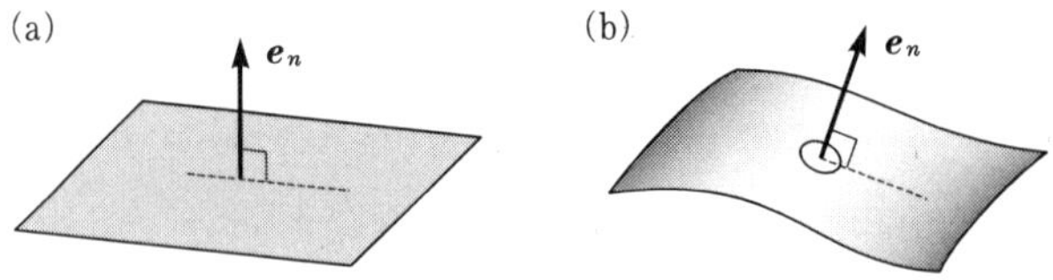

그림 0.15

면의 한쪽을 양, 반대쪽을 음이라고 한다[그림 0.16(a)]. 이를 위해서는 우선 면을 둘러싼 폐곡선의 양의 방향을 결정한다[그림 0.16(a)의 화살표]. 오른손의 엄지손가락 이외의 4개의 손가락이 폐곡선의 양의 방향이 되도록 하고, 이때 엄지손가락의 방향이 양의 방향의 면에 수직 방향이다[그림 0.16(b)]. 이와 같이, **면의 부호**는 면을 둘러싼 선의 방향을 결정했을 때, 비로소 정해진다.

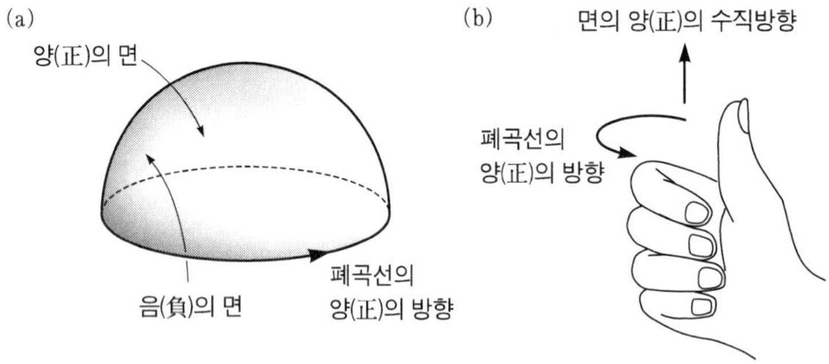

그림 0.16

벡터의 미분

벡터는 일반적으로 시간이나 장소에 따라 변화하기 때문에 항상 일정하다고는 할 수 없다. 이 경우, 벡터의 변수에 관한 미분이 필요할 때가 있다.

벡터 $\boldsymbol{A}$가 시간 t의 함수라고 하는 것은 그 성분이 시간의 함수라고 하는 것이고 $\boldsymbol{A}(t)$는

$$\boldsymbol{A}(t) = (A_x(t),\ A_y(t),\ A_z(t)) \tag{0.47}$$

로 표현된다. 벡터 $\boldsymbol{A}(t)$의 변수 t에 의한 미분은 다음과 같이 쓸 수 있다.

$$\frac{d\boldsymbol{A}}{dt} = \boldsymbol{e}_x \frac{dA_x}{dt} + \boldsymbol{e}_y \frac{dA_y}{dt} + \boldsymbol{e}_z \frac{dA_z}{dt} \tag{0.48}$$

식 (0.48)은 벡터를 변수에 대해서 미분한 것도 벡터라는 것을 나타낸다. 또 $\boldsymbol{A}$가 시간에 관계없이 공간의 위치에 의존하는 경우, 이것을 $\boldsymbol{A}(\boldsymbol{r})$로 표시하고 공간좌표 $\boldsymbol{r}$과 시간 t의 양쪽에 의존하는 벡터는 $\boldsymbol{A}(\boldsymbol{r}, t)$라고 표시한다.

0.4 벡터장

장소에 따라 변화하는 벡터량에 의해 정해지는 공간의 성질을 **벡터장**이라고 한다. 또 공간의 각 점에서 변화하는 스칼라량을 **스칼라장**이라고 부른다. 좌표의 함수인 온도 $T(\boldsymbol{r})$은 스칼라장의 예이다.

기울기 벡터

온도 T 자체는 방향을 갖지 않는 스칼라이다. 그러나 온도변화는 방향에 따라 다르기 때문에 벡터가 된다.

3차원 공간의 각 점 $\boldsymbol{r} = (x, y, z)$에서 정의되는 스칼라 함수 $f(\boldsymbol{r})$을 생각한다. $f(\boldsymbol{r})$의 x, y, z축 방향에서의 변화율은 3개의 편미분계수로 표현된다. 이것을 성분으로 하는 스칼라장의 **기울기 벡터**를

$$\left(\frac{\partial f(\boldsymbol{r})}{\partial x}, \frac{\partial f(\boldsymbol{r})}{\partial y}, \frac{\partial f(\boldsymbol{r})}{\partial z}\right) \equiv \left(\frac{\partial}{\partial x}, \frac{\partial}{\partial y}, \frac{\partial}{\partial z}\right) f(\boldsymbol{r}) \equiv \nabla f(\boldsymbol{r}) \tag{0.49}$$

로 정의한다.

이 정의는 『∇을 함수 f에 작용한 결과는 함수 f의 각 좌표에 관한 미분을 성분으로 하는 벡터이다』라고 하는 것이다. ∇f을 grad f로도 쓰며, f의 **기울기**(gradient)라고 한다. ∇는 편미분의 연산을 표시하는 기호로 **나블라**(nabla, del)라고 읽는다. 식 (0.49)의 오른쪽 등식은 ∇이

$$\nabla = \boldsymbol{e}_x \frac{\partial}{\partial x} + \boldsymbol{e}_y \frac{\partial}{\partial y} + \boldsymbol{e}_z \frac{\partial}{\partial z} \tag{0.50}$$

로 정의되는 것을 의미한다.

벡터장의 발산

벡터장의 공간적인 변화를 특징짓는 양(量)으로, **발산**이 있다. ∇와 벡터 $\boldsymbol{A}(\boldsymbol{r})$의 스칼라 곱 $\nabla\cdot\boldsymbol{A}$로 정의되는

$$\nabla\cdot\boldsymbol{A} = \frac{\partial A_x}{\partial x} + \frac{\partial A_y}{\partial y} + \frac{\partial A_z}{\partial z} \tag{0.51}$$

을 $\boldsymbol{A}(\boldsymbol{r})$의 발산이라고 한다. 또는 div $\boldsymbol{A}$라고도 쓴다.

벡터의 발산 div $\boldsymbol{A}$는 스칼라이다. div의 물리적인 의미는 점 $\boldsymbol{r}$에서 주위로의 $\boldsymbol{A}$의 발산이다.

벡터장의 회전

벡터의 공간변화로서는 또 하나 **회전**이라고 부르는 것이 있다. 이것은 ∇ 와 $\boldsymbol{A}(\boldsymbol{r})$의 벡터곱이며 $\boldsymbol{A}(\boldsymbol{r})$의 회전을

$$\nabla\times\boldsymbol{A} = \boldsymbol{e}_x\left(\frac{\partial A_z}{\partial y} - \frac{\partial A_y}{\partial z}\right) + \boldsymbol{e}_y\left(\frac{\partial A_x}{\partial z} - \frac{\partial A_z}{\partial x}\right) + \boldsymbol{e}_z\left(\frac{\partial A_y}{\partial x} - \frac{\partial A_x}{\partial y}\right) \tag{0.52}$$

로 정의한다. 이것을 rot $\boldsymbol{A}$라고도 쓴다.

곡선

공간에 있는 곡선을 생각한다(그림 0.17). 이 곡선상의 점 A로부터 곡선을 따라 거리 s인 곳에 점 P가 있다고 한다. 그림에서 알 수 있듯이, 곡선상의 기준점(지금의 경우는 A)을 정하면 곡선상의 모든 점은 그곳으로부터 거리 s로 지정할 수 있다. 여기서 s를 독립

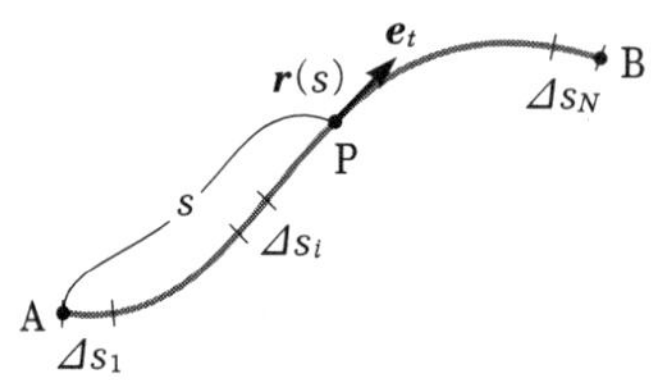

그림 0.17

변수라고 보면, 곡선상의 위치를 한 개의 파라미터 s만으로 지정할 수 있다. 따라서

$$\boldsymbol{r} = \boldsymbol{r}(s) \tag{0.53}$$

는 **곡선을 나타내는 방정식**이다. 이때 s를 **매개변수**라고 한다.

곡선의 **접선방향의 단위벡터**를 $\boldsymbol{e}_t$라고 하면

$$\frac{d\boldsymbol{r}}{ds} = \boldsymbol{e}_t \tag{0.54}$$

인 관계가 있다.

선적분

하한, 상한이 A, B인 곡선상의 각 점에 s의 함수로서 $f(s)$가 주어졌다고 한다(그림 0.17). 이 곡선을 N개의 작은 구간 Δs_1, Δs_2, …, Δs_N으로 분할하고 각 구간에서의 함수 값을 $f(s_1)$, $f(s_2)$, …, $f(s_N)$라고 하면

$$\lim_{N\to\infty}\sum_{i=1}^{N} f(s_i)\,\Delta s_i = \int_A^B f(s)\,ds \tag{0.55}$$

로 곡선에 따라 $f(s)$의 적분이 정의된다. 이것을 **선적분**이라고 한다. 적분 식 (0.12)에서는 변수 x가 x축상을 이동하지만, 식 (0.55)에서는 변수 s가 임의의 곡선 $\boldsymbol{r}(s)$상을 움직일 때의 적분을 준다.

벡터의 선적분

공간의 두 점 A와 B를 연결하는 곡선 C를 따라 벡터 $\boldsymbol{A}(\boldsymbol{r})$의 선적분

$$I_C = \int_C \boldsymbol{A}(\boldsymbol{r})\cdot d\boldsymbol{r} \tag{0.56}$$

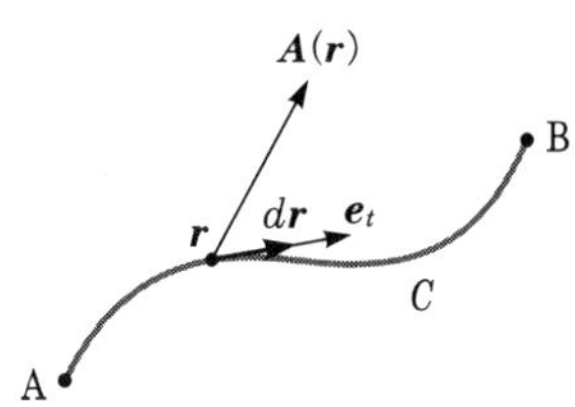

그림 0.18

을 생각한다(그림 0.18). 선요소 벡터 $d\boldsymbol{r}$은 곡선 C의 접선방향을 향한 미소(微小)벡터로 식 (0.54)로부터

$\boldsymbol{e}_t\,ds$이기 때문에, 식 (0.56)은 $A(\boldsymbol{r})$의 접선방향의 성분을 적분한 것이다.

식 (0.56)은 식 (0.53)을 사용하면

$$I_C = \int_c \boldsymbol{A}(s)\cdot\boldsymbol{e}_t(s)\,ds = \int_c A_t\,ds \tag{0.57}$$

로 쓸 수 있다. 여기서 $A_t = \boldsymbol{A}\cdot\boldsymbol{e}_t$는 A의 접선성분이다.

|예제 0.7| 2차원 벡터장 $\boldsymbol{A}(\boldsymbol{r}) = (-y,\,x)$에 대해서, 원점 O를 중심으로 하는 반경 R의 원호 $\overset{\frown}{\mathrm{AB}}$을 적분경로 C로 하여, 선적분 $\int_c \boldsymbol{A}(\boldsymbol{r})\cdot d\boldsymbol{r}$을 구하여라.

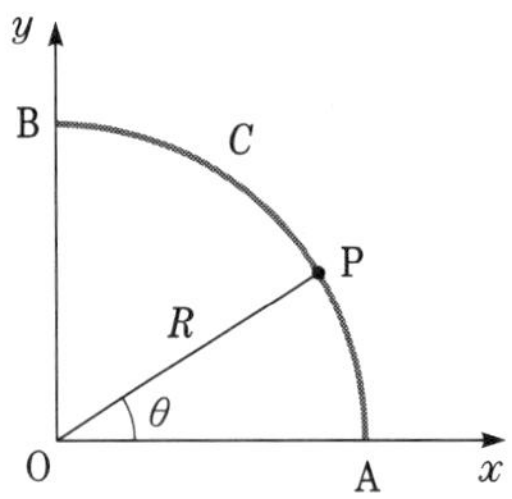

그림 0.19

풀이 원호상의 점 P의 위치 벡터 $\boldsymbol{r}$은 직각좌표에서 $\boldsymbol{r} = \boldsymbol{e}_x x + \boldsymbol{e}_y y$이다.

$$x = R\cos\theta, \qquad y = R\sin\theta$$

을 사용하면, 극좌표 표시로

$$\boldsymbol{r} = e_x R\cos\theta + e_y R\sin\theta \tag{1}$$

이다. C 위에서의 변수는 θ뿐이므로

$$d\boldsymbol{r} = (-\boldsymbol{e}_x R\sin\theta + \boldsymbol{e}_y R\cos\theta)\,d\theta \tag{2}$$

한편, 점 P에서 벡터 $\boldsymbol{A}$는

$$\boldsymbol{A} = (-y,\,x) = -e_x R\sin\theta + e_y R\cos\theta \tag{3}$$

이므로, (2)와 (3)으로부터

$$\boldsymbol{A}\cdot d\boldsymbol{r} = (R^2\sin^2\theta + R^2\cos^2\theta)\,d\theta = R^2 d\theta$$

가 되기 때문에

$$\int_c \boldsymbol{A}(\boldsymbol{r}) \cdot d\boldsymbol{r} = R^2 \int_0^{\pi/2} d\theta = \frac{\pi}{2} R^2$$

이 된다. ■

벡터의 면적분

0.2절의 식 (0.17)에서 생각한 평면에서의 2중적분을 곡면의 경우로 확장해서 생각한다. 거기에는 선적분 식 (0.55)를 Δs_i로 분할하여 구한 것과 같이, 면적분을 작은 영역으로 나눈다(그림 0.20).

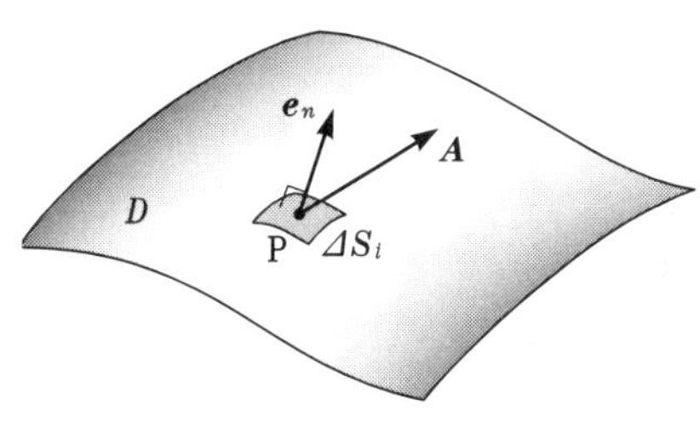

그림 0.20

3차원 공간의 어떤 곡면 위에서 영역 D를 N개의 작은 영역 $\Delta S_1, \Delta S_2, \cdots, \Delta S_N$으로 분할하고, 각 영역에서의 함수 값을 $f(S_1), f(S_2), \cdots, f(S_N)$으로 하면

$$\lim_{N\to\infty} \sum_{i=1}^{N} f(S_i)\,\Delta S_i = \int_D f(x, y)\,dS \qquad (0.58)$$

로 나타낼 수 있고, $f(x, y)$의 영역 D에서의 적분을 정의할 수 있다.

충분히 작은 면요소 ΔS를 생각하고 그 안의 점 P에서의 법선벡터를 $\boldsymbol{e}_n$이라고 하면 (그림 0.20)

$$I_D = \int_D \boldsymbol{A} \cdot \boldsymbol{e}_n \, dS \qquad (0.59)$$

는 영역 D에 대하여 벡터 $\boldsymbol{A}$의 법선성분의 면적분을 구할 수 있다. 이것을 **면요소 벡터** $d\boldsymbol{S}$를 사용하면

$$I_D = \int_D \boldsymbol{A} \cdot d\boldsymbol{S} \qquad (0.60)$$

로 쓰는 것도 가능하다. 벡터의 면적분은 2.4절의 전속이나 8.3절의 자속의 설명에 사용된다.

CHAPTER 0 연습문제

[1] $f(x)=x^n$의 도함수가 $f'(x)=nx^{n-1}$인 것을 증명하여라.

[2] $f(x)=e^x$의 도함수를 구하여라.

[3] $f(x)=e^{ax}$의 도함수를 구하여라.

[4] $\cos\omega t$의 t를 변수로 하는 원시함수를 구하여라. 이것은 간단한 합성함수의 적분 예이다.

[5] 벡터 $\boldsymbol{A}$와 $\boldsymbol{B}$가 평행할 때, $\boldsymbol{A}\times\boldsymbol{B}=0$이 되는 것을 예를 들어서 나타내어라.

[6] 시간 t의 함수 $\boldsymbol{A}(t)$와 $\boldsymbol{B}(t)$의 벡터곱을 t로 미분하면

$$\frac{d}{dt}(\boldsymbol{A}\times\boldsymbol{B})=\frac{d\boldsymbol{A}}{dt}\times\boldsymbol{B}+\boldsymbol{A}\times\frac{d\boldsymbol{B}}{dt}$$

가 성립하는 것을 증명하여라.

[7] 벡터 $\boldsymbol{A}$에 대해서 $\mathrm{div}(\mathrm{rot}\,\boldsymbol{A})=0$이 항상 성립하는 것을 증명하여라.

CHAPTER 1 전하

전기의 기원이 전하에 있고, 전하 사이에는 쿨롱의 힘이 작용한다. 이것을 아주 가깝게 체험할 수 있는 현상이 마찰전기이다. 우리들의 몸 주위에 있는 전하를 최소 요소까지 거슬러 올라가면, 물질을 구성하는 원자가 갖는 전자(음의 전하)와 양성자(양의 전하)라는 소립자로 가게 된다.

1.1 전하

전기의 시초

사람들이 전기현상을 최초로 인지한 것은 기원전 600년 고대 그리스시대로 전해지고 있다. 모피로 문지른 호박이 물체를 끌어당기는 현상은 호박이 전기를 띠는 것에 의해 일어난다고 오늘날에는 이해하고 있다. 전기(electricity)라는 영어의 어원은 그리스어로 호박을 의미하는 elektron이다. 이 현상을 **마찰전기**라 하며, 플라스틱 봉을 모피로 문질렀을 때나 유리봉을 비단으로 문질렀을 때 등 많은 경우에서 나타난다. 이때 물체가 갖는 전기를 **전하**라 하고 이런 현상을 대전된다라고 한다. 마찰전기는 많은 사람들이 아주 가까운 현상으로 체험하고 있을 것이다.

마찰전기

모피로 문질러 대전시킨 두 개의 플라스틱 봉을 가까이 하면, 두 개의 봉 사이에 반발하는 힘이 작용한다[그림 1.1(a)]. 또 두 개의 유리봉을 비단으로 문질러 대전시켰을

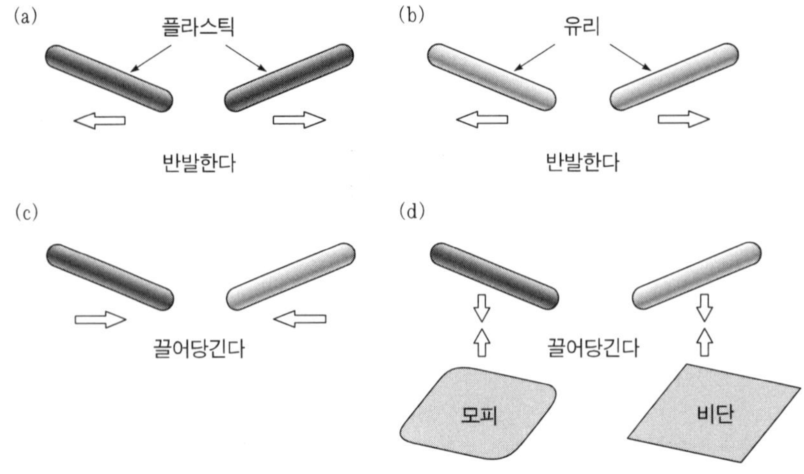

그림 1.1

때에도, 두 개의 봉은 반발한다[그림 1.1(b)]. 그러나 모피로 문지른 플라스틱 봉과 비단으로 문지른 유리봉은 서로 당긴다[그림 1.1(c)]. 이 마찰전기의 실험결과를 해석하기 위해서는 두 종류의 전하가 있다고 생각하는 것이 좋을 것이다. 하나는 모피로 문지른 플라스틱 봉에 대전되어 있는 전하이고, 또 다른 하나는 비단으로 문지른 유리봉이 대전되어 있는 전하이다. 전자를 **음의 전하**, 후자를 **양의 전하**라고 한 것은 18 세기 후반에 활동한 미국의 과학자이며 정치가인 플랑크에 의해서다.

위에서 기술한 실험결과는

『양의 전하와 양의 전하 사이, 음의 전하와 음의 전하 사이에는 척력이 작용하고, 양의 전하와 음의 전하 사이에는 인력이 작용한다』

라고 생각하면 된다. 모피와의 마찰로 플라스틱 봉이 음으로 대전될 때, 모피 쪽은 그와 같은 양(量)의 양의 전하를 띠고 있다. 따라서 플라스틱 봉과 모피는 서로 당기게 된다[그림 1.1(d)]. 또 유리의 봉을 문지른 비단은 유리와 반대로 음의 전하를 갖기 때문에 유리봉과 비단은 서로 당기게 된다.

마찰전기와 같이, 정지하고 있는 전하를 **정전기**라 한다. Chap. 6 에서 기술할 전류는 전하가 이동하는 것에 의해 생기기 때문에 정전기라고 하지 않는다.

1.2 쿨롱의 법칙

전하라 하는 것의 실체가 무엇인가는 1.3 절에 기술하기로 하고, 그 이전에 전하 사이에 작용하는 힘의 성질을 알아보자.

점전하

어떤 크기를 갖는 물체에서 전하는 그 물체 내에 퍼져서 존재하고 있다. 1.3 절에 기술하듯이, 전하를 갖는 분자를 생각할 때도 작지만 크기가 있기 때문에 마찬가지이다. 크기가 있는 물체가 대전되어 있을 때, 전하가 물체의 각 부분에 어떻게 분포되어 있는가가 문제이다(그림 1.2).

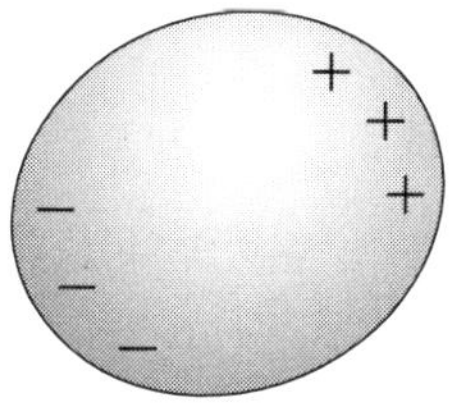

그림 1.2

전하의 모델로서 어떤 전기량이 공간의 한 점에 집중되어 존재하는 경우를 생각하며, 이것을 **점전하**라 한다. 점전하는 현상을 단순화하고 수학적으로 다루기 쉽게 하기 위한 모델이다. 이 모델은 하전입자의 크기가 현상이 일어나고 있는 범위와 비교하여 상당히 작을 때에 정당화되며, 실제로 많은 전기현상에 적용된다.

점전하 모델의 유용성은 이것만이 아니다. 전하가 공간적으로 넓게 분포되어 있는 경우도 공간을 미소한 영역으로 분할하여 생각하고, 각 영역 내에 분포되어 있는 전하를 각 점마다 점전하가 있다고 가정할 수 있기 때문에 편리하다. 전체의 효과는 각 점전하의 효과를 적분하여 얻을 수 있다.

쿨롱힘

1784 년 프랑스의 물리학자 쿨롱이 하전입자 사이에 작용하는 힘의 성질을 명확히 했다. 쿨롱은 두 개의 점전하 q_1 과 q_2 사이에는 거리 r 의 제곱에 반비례하고, 각각의 전하의 크기에 비례하는 힘이 작용하는 것을 발견하였다. 이것을 **쿨롱의 법칙**이라 하고, 이 힘을 **쿨롱힘**이라 한다. 쿨롱힘의 크기 F 를 식으로 나타내면

$$F = k\frac{|q_1 q_2|}{r^2} \quad (1.1)$$

이 된다. 절댓값의 기호를 붙인 것은 q_1과 q_2에는 양과 음의 두 가지의 경우가 있지만, 힘의 크기는 항상 양의 값으로서 정의되기 때문이다. $F > 0$이면 반발력(척력)이고 $F < 0$이면 흡인력(인력)이다.

쿨롱의 법칙의 비례상수 k의 값은

$$k = 8.99 \times 10^9\ \mathrm{N \cdot m^2/C^2}$$

라고 실험으로부터 정해졌다. 여기서 N은 힘의 단위(뉴턴), m은 길이의 단위(미터), C는 **전하량의 단위**로 **쿨롱**이다. 즉 1C은 1A의 전류가 1초 동안 운반한 전하의 양으로 정의되어

$$1\,\mathrm{C} = 1\,\mathrm{A \cdot s}$$

의 관계가 있다.

진공의 유전율이라 하는 상수 ε_0를 도입하여, k을 $1/4\pi\varepsilon_0$로 나타내면 쿨롱의 법칙(식 1.1)은

$$F = \frac{1}{4\pi\varepsilon_0}\frac{|q_1 q_2|}{r^2} \quad (1.2)$$

가 된다. ε_0 값은 대략

$$\varepsilon_0 = 8.85 \times 10^{-12}\ \mathrm{C^2/(N \cdot m^2)}$$

로 알려져 있다.

1C이라는 전하의 단위는, 실용상 너무 크다. 실제 보통의 전하량은 $10^{-9} \sim 10^{-6}$ C 정도인 것이 많다. 따라서 전하의 단위로서는 nC(나노 쿨롱, 10^{-9} C)과 μC(마이크로 쿨롱, 10^{-6} C)을 사용한다(예제 1.1 참조).

지금까지 쿨롱의 크기만을 생각해 왔지만, 힘은 크기와 방향을 갖는 벡터량이다. 그리고 쿨롱힘의 방향은 두 개의 점전하를 잇는 방향이며, q_1과 q_2를 잇는 선에서 방향이 정해진다[그림 1.3(a)]. 이 방향에는 화살표로 나타내듯이 두 개의 방향이 있으며, 방향을

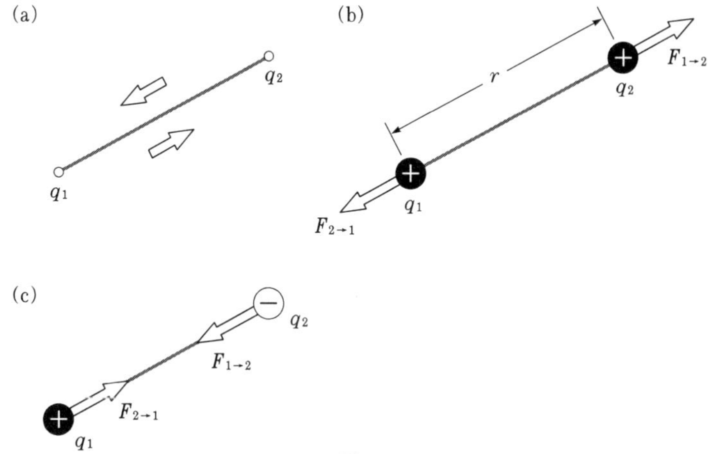

그림 1.3

정하고 확정하는 것은 0.3 절에서 기술하였다.

두 개의 점전하 q_1 과 q_2 가 같은 부호일 때, 쿨롱힘은 반발하는 방향으로 작용한다[그림 1.3(b)]. 이때 q_2 가 받는 힘을 q_1 에서 q_2 로 작용하는 힘이라 생각하고 $F_{1\to2}$로 나타내면 이미지가 확실하다[그림 1.3(b)]. 같은 형태로 q_1 이 받는 힘, 즉 q_2 에서 q_1 로 작용하는 힘이라 생각하고 $F_{2\to1}$로 한다. 이때 작용과 반작용의 법칙에 의해 $F_{2\to1} = -F_{1\to2}$가 된다. q_1 과 q_2 가 서로 다른 부호일 때, 쿨롱힘은 서로 당기는 방향으로 작용한다[그림 1.3(c)]. 이때도 $F_{2\to1} = -F_{1\to2}$가 성립된다.

I예제 1.1I 두 개의 점전하 $q_1 = 3.0\,\mathrm{nC}$와 $q_2 = -5.0\,\mathrm{nC}$가 서로 $3\times10^{-2}\,\mathrm{m}$ 떨어진 곳에 있다. q_1 에서 q_2 로 작용하는 힘의 크기와 방향을 구하여라. 또 반대로, q_2 에서 q_1 로 작용하는 힘의 크기와 방향을 구하여라.

풀이 q_1 에서 q_2 로 작용하는 힘은 식 (1.2)로부터

$$F_{1\to2} = 8.99\times10^9\times\frac{3\times10^{-9}\times5\times10^{-9}}{(3\times10^{-2})^2} = 1.5\times10^{-4}\,\mathrm{N}$$

방향은 q_1에서 q_2로 향하며, q_2에서 q_1로 작용하는 힘 $F_{2\to1}$은 $F_{1\to2}$의 크기와 같으며 방향은 반대이다. ■

쿨롱의 법칙의 벡터표시

원점에 q_1의 전하가 있고 원점으로부터 위치벡터 $\boldsymbol{r}$인 점에 q_2의 전하가 있다고 하자. 식 (0.30)에서 도입된 동경방향의 단위벡터

$$\boldsymbol{e}_r = \frac{\boldsymbol{r}}{r} \tag{1.3}$$

을 사용하면, q_1에서 q_2로 작용하는 힘 식 (1.2)의 **벡터표시**는

$$\boldsymbol{F}(\boldsymbol{r}) = \frac{1}{4\pi\varepsilon_0}\frac{q_1 q_2}{r^2}\boldsymbol{e}_r \tag{1.4}$$

에 해당된다. 그림 1.4(a)와 같이, q_1과 q_2가 같은 부호일 때, $\boldsymbol{F}$는 $\boldsymbol{e}_r$의 방향임으로 척력이다. 그림 1.4(b)와 같이, q_1과 q_2가 다른 부호일 때, $\boldsymbol{F}$는 $-\boldsymbol{e}_r$의 방향이 되기 때문에 인력을 나타낸다. 결국, 식 (1.4)는 q_1과 q_2의 부호가 임의의 경우에 쿨롱힘에 해당하는 식이다.

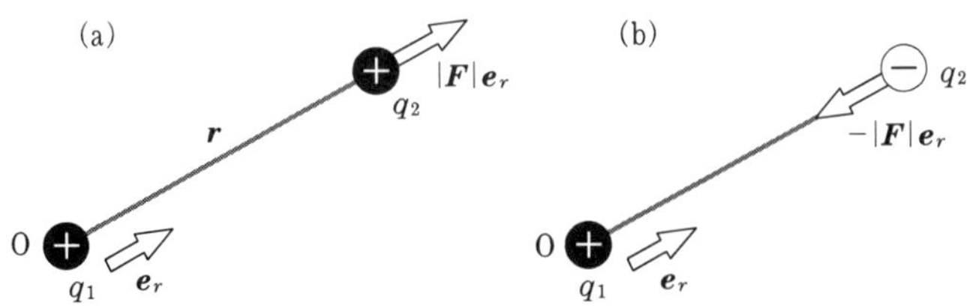

그림 1.4

힘의 중첩원리

위에서 서술한 두 개의 전하에 관한 쿨롱의 법칙 식 (1.4)를 세 개 이상의 전하가 있는 경우로 일반화한다. 두 개의 전하 q_1, q_2가 제3의 전하 q_3에 미치는 전체 쿨롱힘

$\boldsymbol{F}$는 전하 q_1만이 전하 q_3에 미치는 쿨롱힘 $\boldsymbol{F}_1$과 전하 q_2만이 전하 q_3에 미치는 쿨롱힘 $\boldsymbol{F}_2$를 합하여

$$\boldsymbol{F} = \boldsymbol{F}_1 + \boldsymbol{F}_2 \tag{1.5}$$

로 되는 것이 실험적으로 밝혀졌다. 이것을 **힘의 중첩원리**라 한다. 이것은 전하 q_1, q_2 사이에 생기는 힘이 서로 영향을 미치지 않을 경우에 성립한다. 그림 1.5에 q_3가 q_1, q_2와 같은 부호의 경우를 나타내고 있다.

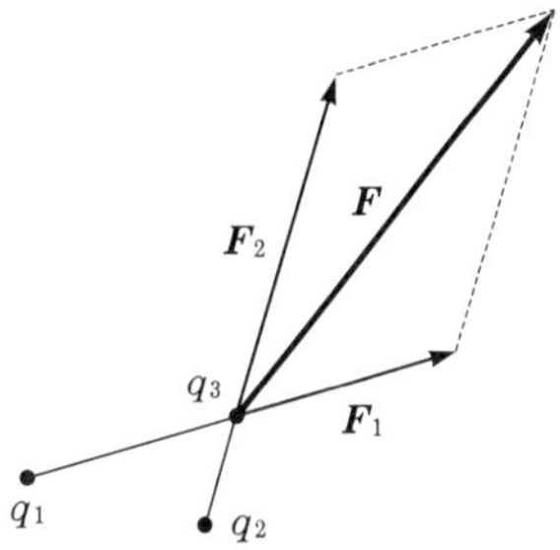

그림 1.5

▌예제 1.2▌ 같은 크기의 두 개의 양전하 q가 x 축상에 원점으로부터 거리가 ± 0.4 m인 위치에 있다.

(a) y 축상 0.4 m인 점에 놓여 있는 양전하 q_1에 작용하는 힘을 계산하여라.

(b) 전하 q_1이 음인 경우는 어떻게 되는가?

풀이 (a) 그림 1.6과 같이, $x = -0.4$에 있는 전하 q가 y축상의 전하 q_1에 작용하는 힘을 $\boldsymbol{F}_1$이라고 하면, 식 (1.4)로부터 $F_1 = (1/4\pi\varepsilon_0)qq_1/(0.4\times\sqrt{2})^2$인 크기의 척력이 된다. 이때 F_1과 y 축이 이루는 각 $\theta = 45^\circ = \pi/4$이므로, $\boldsymbol{F}_1$을 성분으로 나타내면

$$\boldsymbol{F}_1 = F_1\left(\frac{1}{\sqrt{2}},\ \frac{1}{\sqrt{2}},\ 0\right)$$

이 된다. 같은 방법으로, $x = 0.4$인 전하 q가 q_1에 작용하는 힘 $\boldsymbol{F}_2$을 성분으로 나타내면, $\boldsymbol{F}_2 = F_1(-1/\sqrt{2},\ 1/\sqrt{2},\ 0)$이 된다. 따라서 식 (0.28)을 이용하면 다음과 같은 식이 된다.

$$\boldsymbol{F} = \boldsymbol{F}_1 + \boldsymbol{F}_2 = F_1(0,\ \sqrt{2},\ 0)$$

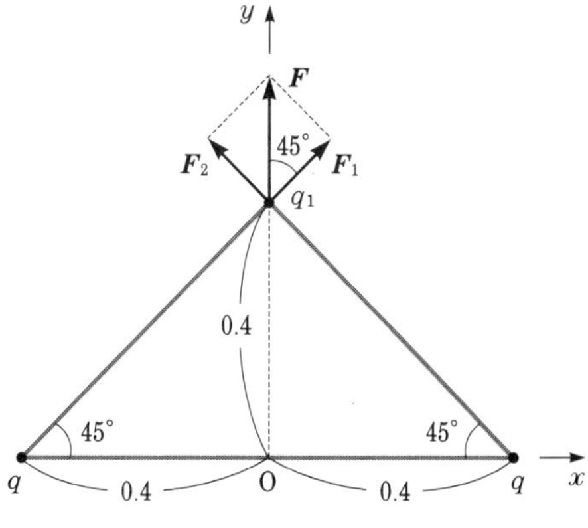

그림 1.6

(b) q_1 이 음인 경우에는 q와의 사이에 F_1 크기의 인력이 작용하고 방향을 생각하면, $\boldsymbol{F_1} = F_1(-1/\sqrt{2},\ -1/\sqrt{2},\ 0)$, $\boldsymbol{F_2} = F_1(1/\sqrt{2},\ -1/\sqrt{2},\ 0)$이기 때문에

$$\boldsymbol{F} = \boldsymbol{F}_1 + \boldsymbol{F}_2 = F_1(0,\ -\sqrt{2},\ 0)$$

이 된다. ■

지금까지 다룬 쿨롱의 법칙은 진공 중에 놓인 점전하인 경우이다. 물질 중에 있는 점전하의 경우는 쿨롱의 법칙이 식 (1.4)와 다른 형태로 된다. 이것에 관해서는 5.1 절에서 설명한다.

1.3 물질의 구조와 전자

전하의 소(素)

마찰전기 등 실제로 관측되는 전기현상에 있어서 전하를 가지고 있는 물체는 무엇일까? 우리들이 볼 수 있거나 손으로 만질 수 있는 물건은 1 cm 정도의 거시적인 크기이며, 물체는 그 정도의 크기의 영역에 전하를 띠고 있다. 물체를 아주 작게 분할해 가면 그 물체를 만들고 있는 원자나 분자(또는 이온)에 다다른다.

물질을 만들고 있는 것은 원자이고, 원자를 구성하고 있는 것은 음의 전하를 갖는 **전자**와 양의 전하를 갖는 **원자핵**이다. 또 원자핵은 양의 전하를 갖는 **양성자**와 전기적으로 중성인 중성자로 이루어진다. 전하는 원자가 갖는 기본적인 성질의 하나이다(또 다른 기본적인 성질은 질량이다). 양성자와 중성자는 원자의 중심에 있고, 작고 고밀도의 원자핵으로 되어 있다. 그 크기는 10^{-15} m 정도이다. 전자는 원자핵의 주변 10^{-10} m 범위에 퍼져 존재하고 있다(그림 1.7). 이것이 원자의 크기이다.

전기소량(電氣素量)

전자가 갖는 음의 전기량은 양성자의 양의 전기량과 정확하게 동일하다. 양성자는 $+1.6\times10^{-19}$ C의 전기량을 갖고 있다. 이것을 **전기소량**이라 하며 e로 표시한다.

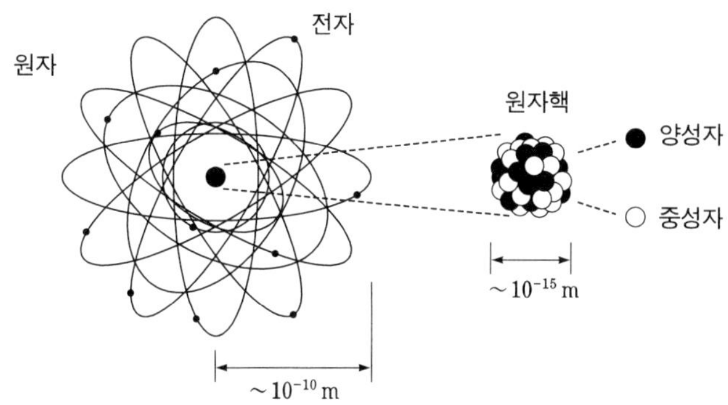

그림 1.7

쿼크가 발견되기까지 긴 세월 동안 e는 세상 속에 존재하는 전기량의 최소단위로 여겨왔다. 전자 한 개가 갖는 전기량은 $-e$이다. 최초로 전자의 전하의 크기를 실험적으로 구한 것은 1909 년 미국의 물리학자 밀리컨이었다. 현재에는 양성자와 중성자는 쿼크로 되어 있고, 쿼크는 전기소량의 2/3 혹은 $-1/3$인 전하를 갖는 것이 3종류씩 있는 것을 알고 있다. 또 쿼크는 쿼크 단독으로 관측하는 것은 원리적으로 불가능하다. 1963 년 M. 겔만과 G. 츠바이히에 의해 존재가 이론적으로 예언되었고 60 년대 후반에 실험적으로 처음 확인되었다.

수소원자에서는 양성자가 1개, 헬륨원자에서는 2개가 있는 것처럼, 서로 다른 종류의 원자가 갖는 양성자의 수는 다르다. 원자가 갖는 양성자의 수를 **원자번호**라 한다. 이것은 중성원자의 경우에는 전자의 수이기도 하다. 원자가 전자를 잃어 양으로 대전되어 있는 것이 **양이온**(+ 이온이라 한다)이고, 전자를 얻어 음으로 대전되어 있는 것이 **음이온**(− 이온)이다. 이와 같이 전자를 잃거나 얻거나 하는 것을 **이온화**라 한다. 어떤 이온이든 전기량의 크기는 전기소량 e의 정수배이다.

전기적인 중성

전자나 이온과 같이 전기를 띠고 있는 입자를 총칭하여 **하전입자**라 한다. 원자가 모여서 된 분자가 대전되어 있는 것을 **분자이온**이라 한다. 물체 속을 전류가 흐르는 것은 하전입자가 어떤 방향으로 이동하기 때문이다. 그 전기전도 현상에 관해서는 Chap. 6 에서 다룬다.

우리들이 실제로 보거나 만지거나 하는 거시적인 크기의 물체는 막대한 수($\sim 10^{24}$)의 원자로 되어 있다. 물체 속의 모든 원자가 갖는 양성자의 총수와 전자의 총수가 같을 때, 그 물체는 전기적으로 중성이다. 중성의 물체를 음으로 대전시키려면 물체에 전자를 더해주면 되고, 양으로 대전시키려면 물체가 갖는 전자를 줄여 주면 된다.

이와 같이 대전되지 않은 물체는 전하를 갖고 있지 않은 것이 아니고 양전하와 음전하의 양(量)이 같기 때문이다. 따라서 우리들이 물체에서 전하라고 총칭하고 있는 것은 양전하와 음전하의 차로 남아있는 실질적인 전하를 말한다. 1.1 절의 마찰전기 현상이 그 예이지만 그 외에도 앞으로 설명할 정전유도 현상 등이 있다.

전하의 보존법칙

지금까지의 의론은

『자연계에서 전하는 새로이 생성된다든가 감소하는 일은 없다』

라고 하는 **전하의 보존법칙**을 전제로 하고 있다. 전하의 양이 증가한다든가 감소하는 것처럼 보이는 것은 전하가 장소를 바꾸며 움직이기 때문에 일어나는 것이다.

공기 중에 물체가 있을 때에 그것을 에워싼 유한한 영역의 공간을 한정하여, 주변과 완전히 분리하여 생각했을 때, 그 영역 내부를 **닫힌계**라 한다. 한편 경계표면에 구멍이 있어 외부와 연결되어 있는 계는 **열린계**라고 한다.

그런데 전하의 보존법칙은

『임의의 닫힌계에 있어서 모든 전하의 합은 일정하다』

라고도 표현할 수 있다. 일정하다는 것은 시간적으로 변하지 않는 값을 가지고 있다는 것이다. 예를 들면 유리를 비단으로 문질렀을 때를 생각해 본다. 처음에는 어느 쪽도 양이나 음으로 대전되어 있지 않았지만[그림 1.8(a)], 마찰에 의해 유리는 어느 정도의 양의 전하를 비단으로부터 얻으며, 반대로 비단은 같은 양(量)의 음의 전하를 유리로부터 얻는다[그림 1.8(b)]. 따라서 두 개의 물체는 대전되어 있지만 전체적으로 갖고 있는 전하의 양(量)은 0으로[그림 1.8(c)], 그 상황은 마찰하기 전과 후에서 변하지 않는다.

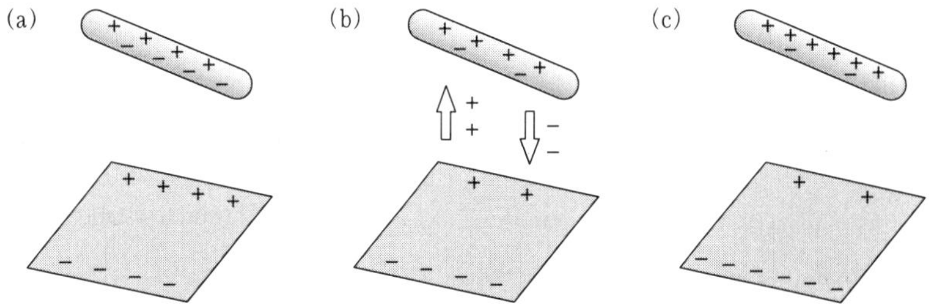

그림 1.8

이와 같이 우리들이 어떤 현상을 볼 때에 그곳에 전하가 나타나는 것은 전하가 새롭게 생성되는 것이 아니라 다른 곳에서 이동해온 것이다. 마찬가지로, 전하가 사라지는 것은 소멸하는 것이 아니라 다른 곳으로 이동하기 때문이다.

전하의 이동

물체 내에서 전하를 이동시키려면 어떻게 하여야 할까? 마찰에 의해 음으로 대전된 플라스틱 봉을 전기적으로 중성인 금속 구에 접촉시키면, 플라스틱으로부터 음전하의 일부가 이동하여 금속 구를 음으로 대전시킬 수가 있다. 이것은 접촉에 의해 전하를 이동시키는 것이다. 이와 다르게 접촉하지 않고 대전시키는 방법으로 유도에 의한 대전이 있다.

그림 1.9(a)와 같이 금속 구를 절연체 받침대 위에 올려놓고 음으로 대전된 봉을 구에 근접시키면(이때는 접촉시키지 않는다), 금속 구 내부에 있는 전자가 봉의 전자에 의해 반발하며, 구 내부에서 봉으로부터 먼쪽으로 이동한다[그림 1.9(b)]. 받침대는

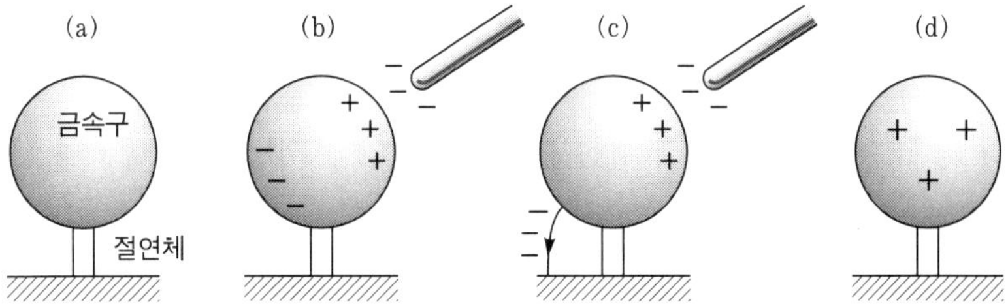

그림 1.9

절연체이기 때문에, 전자는 받침대를 통하여 구의 밖으로는 유출되지 않는다. 그 때문에 봉에 가까운 구 내부 쪽에는 음전하가 부족하여 양전하가 생긴다. 이때 봉에 가까이 대전된 부분에서는 전자를 잃고 양으로 대전된 이온이 존재한다. 이와 같이 봉의 전하에 의해 유도되어 구의 표면에 전하가 나타나는 현상을 **정전유도**(electrostatic induction)라고 한다. 이때에 나타난 전하를 **유도전하**라 한다.

또한 구의 좌측표면을 도선을 이용하여 지면에 연결하면, 지구는 대단히 커다란 도체로 얼마든지 전하를 흡수할 수 있기 때문에, 구의 좌측부분의 전자가 지구에 흘러들어간다[그림 1.9(c)]. 이것을 **접지**한다고 한다. 다음으로 접지한 도선을 잘라 내어 봉을 멀리하면, 금속 구에 남아 있던 양전하가 구 내부에 균일하게 분포하게 된다[그림 1.9(d)]. 이렇게 하여 구에 양전하를 대전시킬 수가 있다. 이 경우에도 지구까지 포함하여 생각하면 전하의 양은 보존되어 있다.

CHAPTER 1 연습문제

[1] 예제 1.2에서 구한 힘 $\boldsymbol{F}_1$, $\boldsymbol{F}$를 단위벡터 $\boldsymbol{e}_x$, $\boldsymbol{e}_y$을 이용하여 나타내어라.

[2] 1C의 전기량이 어떤 단면을 1초 동안 통과할 때의 전류를 1A라 한다. 1A의 전류가 흐르고 있을 때 그 단면을 매초 몇 개의 전자가 통과하는가를 구하여라.

CHAPTER 2

전기장 -공간의 전기적 성질-

전하가 있다면 그 주변 공간의 성질이 변화한다. 전하 사이의 쿨롱의 힘에 주목한 공간의 전기적인 성질로부터 전기장의 개념을 도입한다. 전자기학의 기본법칙 중에 최초로 배우는 가우스 법칙이란 폐곡면상에서의 전기장의 적분이 곡면 내부에 존재하는 전기량을 제공한다는 것이다.

2.1 전기장

공간의 전기적 성질

Chap. 1에서 전하 사이에 작용하는 힘에 관한 쿨롱의 법칙을 배웠다. 두 개의 하전입자에 서로 쿨롱힘이 작용할 때 두 개의 입자는 직접 접촉하고 있는 것도 아니고 입자들이 연결되어 있는 것도 아니다. 그러한 공간에서 어떻게 힘이 전해질까? 좀 더 생각해보면, 힘을 미치는 상대의 전하가 그곳에 있는 것을 입자는 어떻게 해서 알고 있는 것일까? 그 의문에 대한 답을 생각하는 것은 전기장의 개념을 이해하는 데 도움이 될 것이다.

두 개의 작은 물체 A, B를 생각한다. A는 전하 q를, B는 전하 q_0를 갖고 있다(q, q_0는 양이라 하자). A와 B의 크기를 무시할 수 있다고 하면, q, q_0를 점전하라고 생각할 수 있다. B가 A로부터 받는 힘을 $\boldsymbol{F}$라 하면, $\boldsymbol{F}$는 그림 2.1(a)에 나타낸 것과 같이 척력이 된다.

여기서 $\boldsymbol{F}$가 생기는 이유를 두 단계로 나눠 생각하자. 우선 A가 갖고 있는 전하

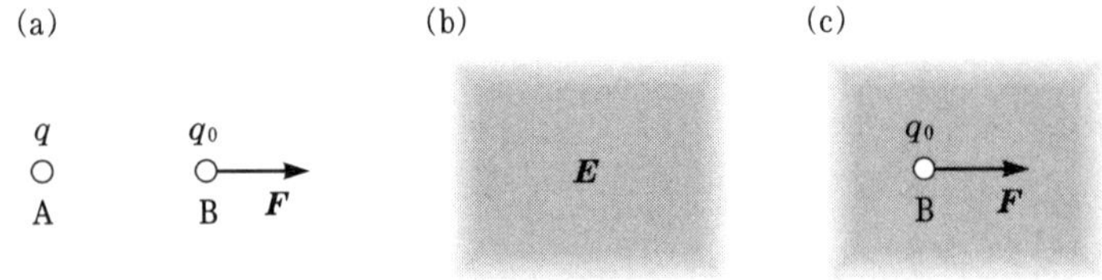

그림 2.1

q에 의해 주변 공간의 전기적인 성질이 변화되고 있다. 이런 것을 「공간에 무엇인가의 장(場)이 있다」라고 생각하고[그림 2.1(b)], 이 장(場)을 **전기장**(electric field)이라 하여 $\boldsymbol{E}$로 표시한다. 전기장이란 공간의 전기적인 성질을 나타내는 양(量)이다. 다음은 그 공간의 어떤 점에 B를 놓는다. B는 자기가 갖고 있는 전하 q_0에 의해 A의 전하가 그 점에 만든 전기장을 인지한다. 그 전기장 $\boldsymbol{E}$에 대한 B의 응답이, 힘 $\boldsymbol{F}$를 받게 되는 것이다[그림 2.1(c)].

이와 같이 대전체 B에 작용하는 쿨롱힘은 다른 대전체 A가 만든 전기장이 원인이 되어 생기게 되며, 그 힘을 「전기장 $\boldsymbol{E}$가 q_0에 작용하고 있는 힘」이라고 단순히 표현한다.

어떤 점에 어느 만큼의 강한 전기장이 있는가를 알기 위해 그 위치에 놓은 전하를 **시험전하**라 한다. 시험전하가 쿨롱힘을 받을 때 그곳에는 전기장이 있다.

전기장의 정의

지금까지 말로 설명한 전기장이라는 것을 여기서는 식을 사용하여 다음과 같이 정의한다.

$$\boldsymbol{E} = \frac{\boldsymbol{F}}{q_0} \tag{2.1}$$

이것을 말로 표현하면,

『전하 q_0가 어떤 점에서 받는 힘 $\boldsymbol{F}$를 자신의 전하로 나눈 것이, 그 점에서의 전기장 $\boldsymbol{E}$이다』

가 된다. q_0로 나눈다는 것은 바꿔 말하면, 전기장이란 그 점에서 단위전하가 느끼는 힘이다. 단위전하란 전기량의 1단위인 1C이다. 물리학에서는 여러 가지 물리량의 단위

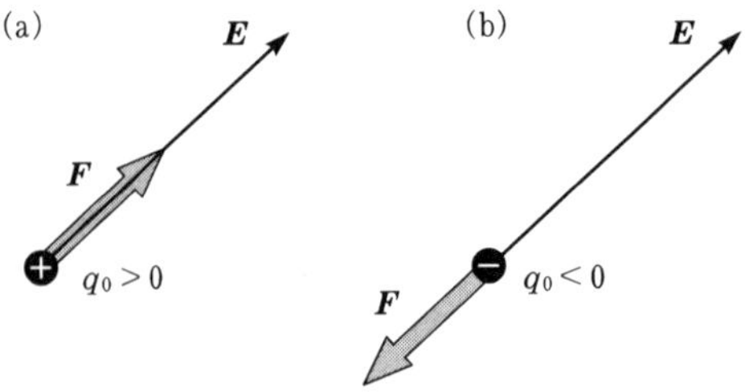

그림 2.2

량을 이용하고 있다. 단위길이는 1 m이고, 단위면적은 1 m^2, 단위시간은 1초(s)이다.

또 힘은 벡터량이기 때문에 그것에 비례하는 전기장도 벡터량이다. $q_0>0$인 경우 $\boldsymbol{E}$와 $\boldsymbol{F}$는 같은방향[그림 2.2(a)], $q_0<0$인 경우는 반대방향이 된다[그림 2.2(b)].

벡터장으로서 전기장

식 (2.1)을 다시 쓰면

$$\boldsymbol{F} = q_0\boldsymbol{E} \tag{2.2}$$

이다. 식 (2.2)는 어떤 점에서의 전기장 $\boldsymbol{E}$을 알고 있을 때, 그곳에 놓여 있는 점전하 q_0가 받는 힘 $\boldsymbol{F}$에 해당된다. 전기장은 좌표의 함수이기 때문에 힘도 좌표의 함수이다. 이것을 명시할 때에는

$$\boldsymbol{F}(\boldsymbol{r}) = q_0\boldsymbol{E}(\boldsymbol{r}) \tag{2.3}$$

라고 쓸 수 있다. 하지만 간단히 하기 위해 변수 $\boldsymbol{r}$을 소거하여, 식 (2.2)와 같이 기술하는 경우도 많다. 전기장과 같이 좌표의 함수로서 주어진 벡터량을 벡터장이라 하는 것은 0.4절에서 서술했다.

전기장 속에 놓인 물체가 크기를 갖고 있다면, 전하를 점전하로서는 볼 수 없다. 그 경우에는 물체의 어느 부분을 생각하는가에 따라 전기장은 다른 값을 갖는다. 따라서 물체에 작용하는 힘은 복잡하게 된다.

전기장의 단위

식 (2.1)로부터 알 수 있듯이, 전기장의 단위는 뉴턴/쿨롱(N/C)이다. 전위차에는 볼트(V), 전류에는 암페어(A)라고 하는 잘 알려진 단위가 있다. 이에 비해서 전기장은 한마디로 불리는 단위는 아니다. 그 이유는 전기장이 단독으로 사용되는 경우가 적기 때문일 것이다. 예를 들면 전기장에 전하를 곱한 힘 식 (2.2)와 같이, 전기장에 무엇인가의 변환을 한 양으로 사용되는 일이 많다. 이와 같은 상황도 전기장의 개념을 이해하기 어렵게 하는 하나의 요인일 것이다.

점전하가 만든 전기장

전기장의 근원인 q의 위치로부터 $\boldsymbol{r}$인 점 P에 q_0의 시험전하를 놓았을 때, 그곳에서의 전기장은 식 (2.1)에 쿨롱의 법칙인 식 (1.4)를 적용하면

$$\boldsymbol{E}(\boldsymbol{r}) = \frac{1}{4\pi\varepsilon_0}\frac{q}{r^2}\boldsymbol{e}_r \qquad (2.4)$$

로 된다.

점전하가 만드는 전기장은 식 (2.4)로부터 알 수 있듯이, 점전하의 위치를 중심으로 하고, 방향은 $\boldsymbol{e}_r$과 같은 방사모양이다(그림 2.3). 크기는 $1/r^2$에 비례하기 때문에 점전하에 가까울수록 전기장은 강하다.

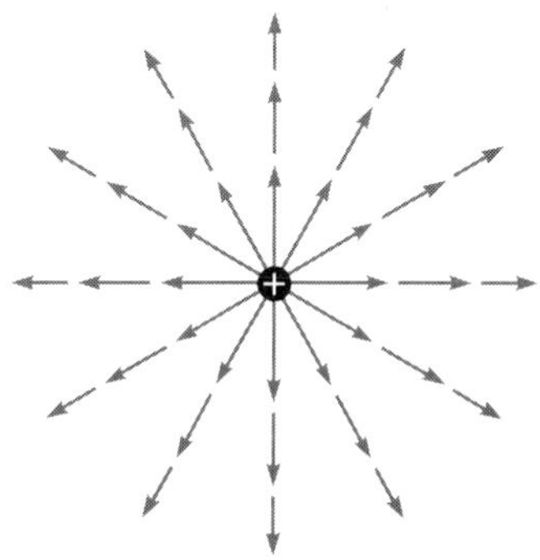

그림 2.3

|예제 2.1| 원점 O에 있는 점전하 $q = -8.0\,\text{nC}$로부터 2 m 떨어진 점 P$(\sqrt{2}, -\sqrt{2})$ m에서의 전기장을 구하여라.

풀이 전기장의 크기를 E라 하면, 식 (2.4)로부터

$$E = \frac{1}{4\pi\varepsilon_0}\frac{q}{r^2} = 9\times10^9\times\frac{8\times10^{-9}}{2^2} = 18.0\,\text{N/C}$$

가 된다. 또 전기장 $\boldsymbol{E}$의 방향은 점 P에서 원점 O으로 향하며, $\boldsymbol{E} = 18.0 \times (-\boldsymbol{e}_x + \boldsymbol{e}_y)/\sqrt{2}$ (N/C)이다. ■

전기장에 관한 중첩의 원리

1.2절에서 힘의 중첩의 원리를 배웠지만, 전기장에 관해서도 다음과 같이 **중첩의 원리**가 성립한다. 전하 q_1만이 있을 때 점 $\boldsymbol{r}$에 생기는 전기장을 $\boldsymbol{E}_1(\boldsymbol{r})$이라 하고, 전하 q_2만이 있을 때 점 $\boldsymbol{r}$에 생기는 전기장을 $\boldsymbol{E}_2(\boldsymbol{r})$이라 하면, 두 개의 점전하에 의한 점 $\boldsymbol{r}$에서의 진기장 $\boldsymbol{E}(\boldsymbol{r})$은

$$\boldsymbol{E}(\boldsymbol{r}) = \boldsymbol{E}_1(\boldsymbol{r}) + \boldsymbol{E}_2(\boldsymbol{r}) \tag{2.5}$$

와 같이, 두 개의 전기장의 합이 된다(그림 2.4).

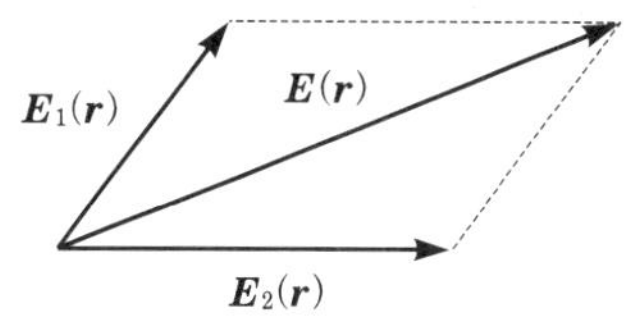

그림 2.4

전하가 N개 있고 각각의 전하가 q_1, q_2, q_3, $\cdots$, q_N인 경우에는 각 전하가 만든 전기장을 전부 중첩한 것이 전하가 N개 있을 때의 전기장이 된다. 이것을 식으로 나타내면

$$\boldsymbol{E}(\boldsymbol{r}) = \sum_i \boldsymbol{E}_i(\boldsymbol{r}) = \sum_{i=1}^{N} \frac{q_i}{4\pi\varepsilon_0} \frac{\boldsymbol{r} - \boldsymbol{r}_i}{|\boldsymbol{r} - \boldsymbol{r}_i|^3}$$
$$= \sum_{i=1}^{N} \frac{q_i}{4\pi\varepsilon_0} \frac{1}{|\boldsymbol{r} - \boldsymbol{r}_i|^2} \boldsymbol{e}_{r-r_i} \tag{2.6}$$

이 된다. 이것은 N개의 벡터 합이다. 이 합을 구하려면 우선 $\boldsymbol{E}_1(\boldsymbol{r})$과 $\boldsymbol{E}_2(\boldsymbol{r})$의 합을 구하고, 그 결과와 $\boldsymbol{E}_3(\boldsymbol{r})$의 합을 구한다. 이런 방법으로 반복하여 구하면 된다.

| 예제 2.2 | 벡터의 크기와 방향이 장소에 관계없이 일정할 때 이 벡터장은 균일하다고 한다. x축 방향을 향하고 있는 균일한 전기장의 모양을 그림으로 그려보라.

풀이 각 점에서의 전기장을 화살표로 나타내면, 어디에서도 크기가 같고 방향은 x 방향이

므로 그림 2.5와 같이 된다. 그림에서는 몇 개의 점을 선택하여 그곳에서의 전기장 벡터를 나타내고 있지만, 균일한 장이기 때문에 다른 어떤 점을 택해도 같은 벡터로 된다. ■

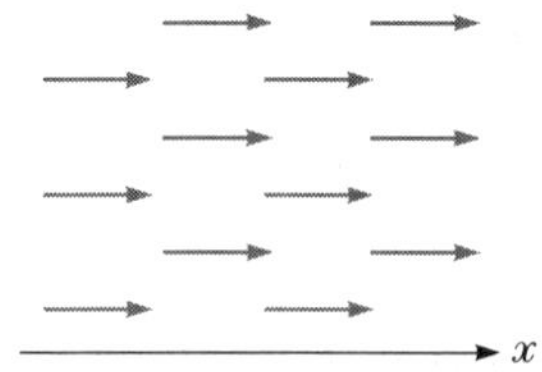

그림 2.5

2.2 전기력선 −전기장을 시각적으로−

전기장의 방향

물체가 힘에 의해 움직이는 것은 눈에 보인다. 그러나 힘과 달리 전기장 그 자체를 직접 볼 수는 없다. 전기장의 모양을 한눈에 알 수 있게 표현하는 것은 전기장을 좀 더 알기 쉽게 하는데 도움이 된다. 공간의 여러 장소에서 전기장 벡터를 화살표로 표시하고, 전기장의 모양을 그림으로 나타낼 수가 있다(그림 2.3과 2.5). 그러나 그보다도 알기 쉬운 것은 다음에 설명할 **전기력선**의 그림이다.

점전하가 만드는 전기력선

예로서 원점에 위치한 양의 점전하가 만드는 전기장(식 2.4)을 생각한다. 전기장 속에 양의 시험전하를 놓고, 전기장으로부터 받는 힘의 방향(전기장의 방향이기도 하다)으로 미소한 거리만큼 움직인다(그림 2.6). 다음에 움직인 점에서 전기장의 방향으로 다시 조금 움직인다. 이것을 반복하면, 원점으로부터 방사형의 직선(방향은 외부방향)을 얻을 수 있다. 이것이 원점에 있는 양의 점전하가 만드는 전기장의 전기력선이다.

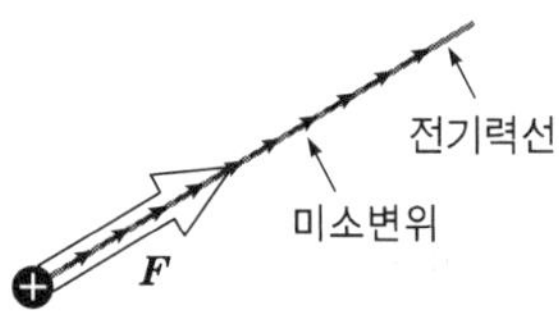

그림 2.6

전기력선은 그림 2.3의 전기장 그림과 유사하지만, 전기력선은 전기장의 방향만을 표시하고 크기는 표시되어 있지 않다. 또 전기장은 각 점마다 정해지는 벡터이지만, 전기력선은 한 줄로 연결된 선이다. 점전하의 주변에서 점 $\boldsymbol{r}$을 여러 가지로 변화시키면, 전기력선은 점전하의 위치를 중심으로 방향이 $\boldsymbol{e}_r$로 주어지는 방사형의 선의 집합이 된다(그림 2.7).

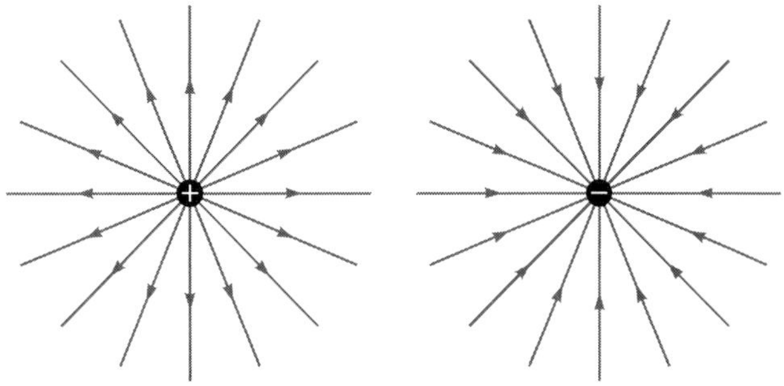

그림 2.7

여기에서는 점전하가 만드는 전기장을 예로서 전기력선을 설명했지만, 어떤 전기장에서도 같은 형태로 전기력선을 그릴 수가 있다. 그러나 전기력선이 항상 직선이라고는 한정할 수 없다. 예를 들면 예제 2.3 에서 보이는 것과 같이 곡선의 것도 있다. **전기력선**의 정의는

『공간의 각 점에 있어서 전기장의 방향을 나타내는 무한히 작은 화살표를 차례차례로 연결한 것이 전기력선이다』

라고 할 수 있다. 즉 전기력선의 접선이 그 점에서의 전기장의 방향을 나타낸다.

전기장의 방향을 나타내는 전기력선은 공간의 모든 점에서 생각할 수가 있다. 그러나 전기력선을 빈틈없이 많이 그리면, 선이 복잡해지고 전기장의 전체 모양이 알아보기가 어렵게 된다. 따라서 실제로는 대표적인 몇 개의 선만을 그림에 나타내는 것이 좋다.

▌예제 2.3▐ Q, $-Q\,(Q>0)$의 전하를 떨어뜨려 놓았을 때의 전기력선이 그림 2.8과 같이 되는 것을 설명하여라.

풀이 양의 시험전하를 움직여서 전기력선을 그린다. Q에 극히 가까운 곳에서는 $-Q$의 영향을 받지 않기 때문에, 전기력선은 바깥방향의 방사형이다. 마찬가지로 $-Q$에 극히 가까운 곳에서는 안쪽 방향의 방사형이다. Q로부터 위쪽으로 나오는 방사선은 Q에서 조금 떨어지면, $-Q$에 의한 인력이 가해지기 때문에 직선이 $-Q$의 방향으로 구부러진다(그림 2.8의 점 A). $-Q$에 위로부터 들어오는 전기력선은 Q에 의한 척력이 가해져

구부러진다(점 B). Q와 $-Q$의 이등분선상에서는 기울기가 0으로 우측 방향으로 된다(점 C). Q와 $-Q$을 연결하는 수평선상에서는 Q에서 $-Q$로 직선이 된다(점 D).

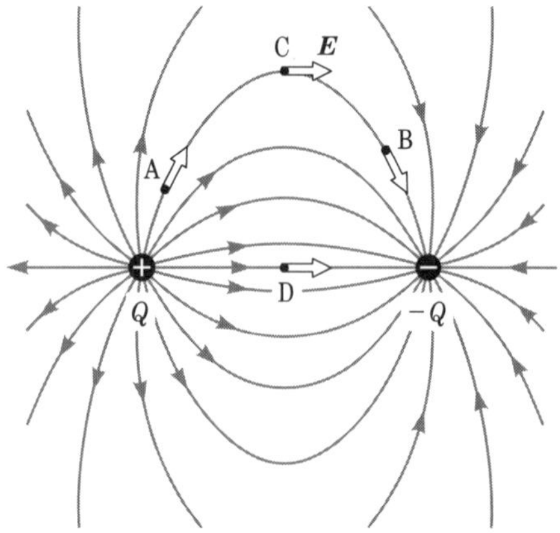

그림 2.8

공간의 모든 점에서 전기장은 유일한 방향을 갖기 때문에, 각 점을 통과하는 전기력선의 수는 하나뿐이다. 다시 말하면 전기력선이 서로 교차하는 일은 없다. 왜냐하면 만약 전기력선이 교차한다고 하면, 그 점에서는 전기장이 두 개의 방향을 갖게 되어 버려서 모순이 생기기 때문이다. 다만, 전기장이 0이 되는 점에서는 전기력선이 교차할 수가 있다. 그것이 허용되는 것은 전기력선의 두 개의 방향에서의 전기장의 크기는 0으로 실질적으로 없는 것과 같기 때문이다. 실제, 장 끝의 연습문제 [1]과 같이, 두 개의 전하를 연결하는 선분의 중점에서는 그렇게 되어 있다.

전기력선의 밀도가 전기장의 세기를 나타냄

전기력선 자체는 전기장의 방향만을 나타내며, 크기는 나타내고 있지 않다. 전기장의 크기도 전기력선의 그림에 나타내기 위해서, **전기력선의 밀도**를 전기장의 크기에 비례시켜 그리도록 약속한다. 그림 2.9에 나타낸 점전하가 만드는 전기장을 예로서 설명해 본다.

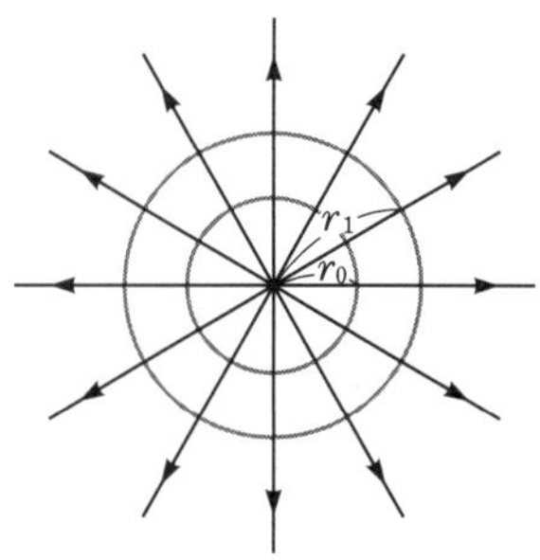

그림 2.9

점전하를 중심으로 반경 r_0인 구를 생각하면, 그 구면상에서는 어디에서든지 전기장의 세기는 같다. 따라서 위에서 설명한 전기력선의 밀도를 표시하는 방법을 적용한다면, 구를 관통하는 전기력선은 각 방향에 같은 선밀도로(전기력선을 등 간격으로) 그려지게 된다. 보다 큰 반경 r_1인 구면에서의 전기력선의 수도 반경 r_0인 구면상과 같기 때문에 전기력선의 밀도는 근원에 있는 전하로부터의 거리의 제곱에 반비례한다.

이것은 쿨롱의 힘의 세기가 r^{-2}에 비례하기 때문이다.

그림 2.9는 2차원에 대한 전기력선이지만, 3차원의 경우도 마찬가지로 생각할 수 있다.

전기쌍극자

예제 2.3에서 보듯이, 크기가 같고 부호가 반대인 점전하의 쌍을 **전기쌍극자**(electric dipole)라 한다(그림 2.10). 전하의 크기를 q, $-q$, 간격을 d라 하면, 음의 전하 $-q$에서 양의 전하 q로 이르는 벡터 $\boldsymbol{d}$를 이용한

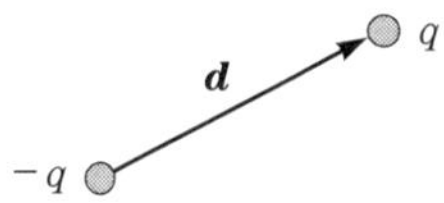

그림 2.10

$$\boldsymbol{p} = q\boldsymbol{d} \tag{2.7}$$

로 **전기쌍극자 모멘트**를 정의한다. $p(=|\boldsymbol{p}|)$는 전기쌍극자의 세기를 나타내는 양이다.

균일한 전기장 $\boldsymbol{E}$ 속에 전기쌍극자를 놓으면 양의 전하에는 $q\boldsymbol{E}$, 음의 전하에는 $-q\boldsymbol{E}$의 힘이 작용한다(그림 2.11). 이 두 개의 힘은 전기쌍극자를 회전시키는 짝힘(우력, 偶力)으로서 작용한다.

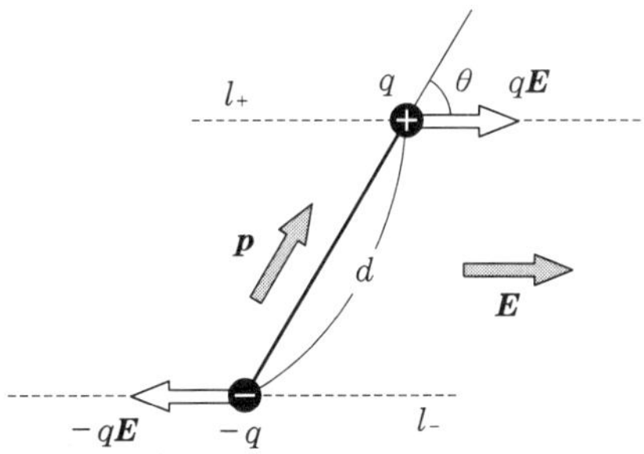

그림 2.11

짝힘과 모멘트

힘이 작용하는 점과 힘의 방향으로 정해지는 직선을 **작용선**이라 한다. 그림 2.11의 경우, 양전하의 작용선 l_+와 음전하의 작용선 l_-는 평행이다. 또 $\boldsymbol{F}(=q\boldsymbol{E})$, $-\boldsymbol{F}(=-q\boldsymbol{E})$의 크기는 같고, 방향은 반대로 되어 있다. 서로 평행하는 다른 두 개의

작용선상에서 작용하는 역방향의 한 쌍의 힘 $\boldsymbol{F}$, $-\boldsymbol{F}$를 **짝힘**이라 하고, **짝힘의 모멘트**(이것을 토크라고도 한다) $\boldsymbol{N}$은 벡터곱

$$\boldsymbol{N} = \boldsymbol{d} \times \boldsymbol{F} \tag{2.8}$$

로 주어진다. 또 이것은

$$\boldsymbol{N} = \boldsymbol{p} \times \boldsymbol{E} \tag{2.9}$$

로도 나타낸다[벡터곱에 관해서는 식 (0.39)에서 설명했다].

그림 2.11 의 경우, 짝힘의 모멘트 방향은 종이 면을 뚫고 안쪽으로 들어가는 방향이다. 그 크기 N은 전기쌍극자의 축에서 전기장까지의 각도를 θ로 하면

$$N = pE\sin\theta \tag{2.10}$$

이다(그림 2.12). N의 방향은 그 방향을 축으로서 짝힘의 모멘트가 작용하는 것을 나타낸다. 또 전기장 $\boldsymbol{E}$ 속에 있는 **전기쌍극자 $\boldsymbol{p}$가 갖는 에너지** U는

$$U = -\boldsymbol{p}\cdot\boldsymbol{E} \tag{2.11}$$

로 스칼라곱에 해당된다.

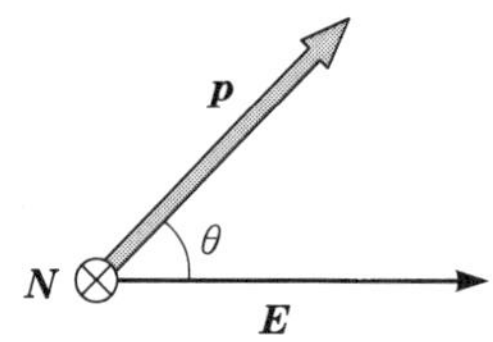

그림 2.12

2.3 공간에 분포되어 있는 전하

지금까지 전하에 대해서는 점전하의 모델을 채용해 왔지만, 실제의 물체에서 전하는 어떤 크기의 영역에 연속적으로 분포하고 있다. 이때, 각 부분에서의 전하의 양을 나타내기 위해서 **전하밀도**(단위체적 내의 전하량)를 이용한다.

구 대칭인 전하분포

우선 자주 사용되는 결과를 한 가지 정리해 본다. 전하밀도가 구 대칭으로 분포되어 있을 때, 그 대칭의 중심에서 거리 r인 점 P에서의 전기장은 그림 2.13과 같이 반경

r인 구 내부에 포함된 전체 전하를 Q라 하면,

$$\boldsymbol{E} = \frac{Q}{4\pi\varepsilon_0 r^2}\boldsymbol{e}_r \qquad (2.12)$$

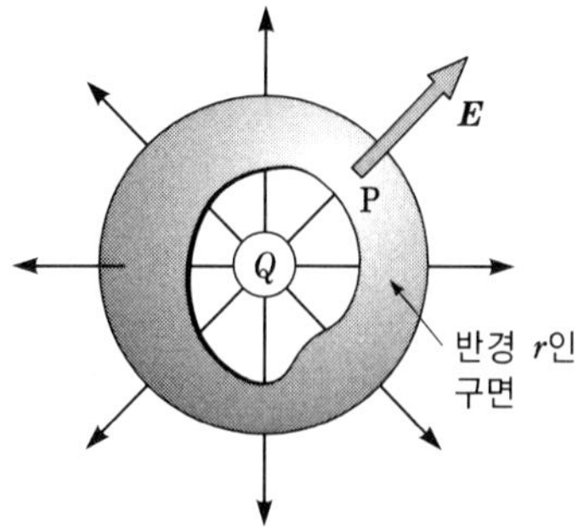

그림 2.13

가 된다. 즉 중심에서 거리 r인 점의 전기장은 구 내부의 전체 전하가 중심점에 모여 있을 때의 전기장과 동일하다. 이 결과는 2.5절에서 설명하게 될 가우스 법칙을 사용하면 바로 증명할 수 있다[식 (2.23) 참조].

전하가 공간에 퍼져 전하밀도 $\rho(\boldsymbol{r})$로 분포되어 있을 경우, 전하가 만드는 전기장을 계산하기 위해서는 0.2절의 적분의 정의를 사용하여, 공간을 체적 ΔV의 미소영역으로 분할하여 각각이 만드는 전기장을 중첩시키면 된다(그림 2.14). 그때

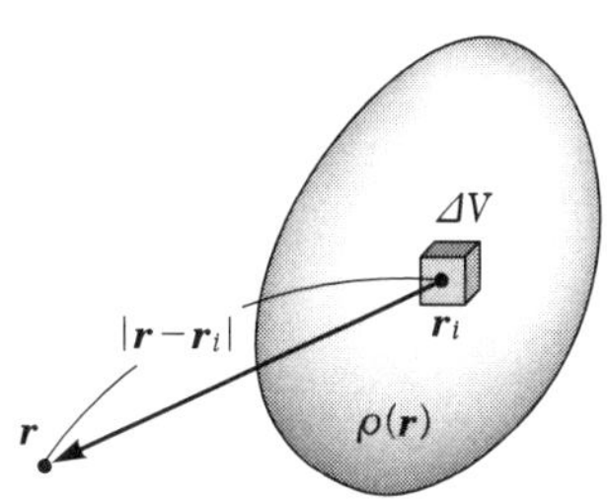

그림 2.14

『i번째의 미소 영역 속에 분포하고 있는 전하를, 한 점 $\boldsymbol{r}_i$에 집중되어 있는 점전하로 본다』

라고 근사(近似)를 이용한다. 점 $\boldsymbol{r}_i$에서의 전하밀도를 $\rho(\boldsymbol{r}_i)$로 하면 i번째의 미소영역의 전하가 만드는 점 $\boldsymbol{r}$에서의 전기장은

$$\frac{\rho(\boldsymbol{r}_i)\Delta V}{4\pi\varepsilon_0|\boldsymbol{r}-\boldsymbol{r}_i|^2}\boldsymbol{e}_{\boldsymbol{r}-\boldsymbol{r}_i}$$

로 된다. 이것을 i에 대해 더하면 $\boldsymbol{r}$에서의 전기장은

$$\boldsymbol{E} = \sum_{i=1}^{N}\frac{\rho(\boldsymbol{r}_i)\Delta V}{4\pi\varepsilon_0}\frac{1}{|\boldsymbol{r}-\boldsymbol{r}_i|^2}\boldsymbol{e}_{\boldsymbol{r}-\boldsymbol{r}_i}$$

로 된다. $N\to\infty\,(\Delta V\to 0)$의 극한을 생각하면, 위의 합은 적분으로 바뀌어

$$\boldsymbol{E}(\boldsymbol{r}) = \frac{1}{4\pi\varepsilon_0}\int \rho(\boldsymbol{r}')\frac{1}{|\boldsymbol{r}-\boldsymbol{r}'|^2}\boldsymbol{e}_{r-r'}\,dV' \tag{2.13}$$

이 된다. dV'은 $\boldsymbol{r}'$을 변수로 하는 3차원 공간에서의 체적요소이다.

식 (2.13)의 적분은 점 $\boldsymbol{r}'$에서 크기가 $\rho(\boldsymbol{r}')/|\boldsymbol{r}-\boldsymbol{r}'|^2$이고, $\boldsymbol{e}_{r-r'}$ 방향의 벡터를 목적의 영역 내의 모든 점 $\boldsymbol{r}'$에 대해 중첩시키는 것이다. 이때 적분기호 내의 단위벡터 $\boldsymbol{e}_{r-r'}$은 첨자에 적분변수 $\boldsymbol{r}'$을 포함하기 때문에 적분기호 밖으로 빼낼 수가 없다.

▌예제 2.4▌ 전하 Q가 표면에 균일하게 분포하고 있는 반경 a인 고리가 있다. 고리의 중심축상에 있고, 고리의 중심으로부터 거리 x인 점 P에서의 전기장을 계산하여라.

풀이 그림 2.15와 같이, 고리를 길이의 미소부분(ds)으로 나눈다. 그것이 갖고 있는 전하 dQ가 점 P에서 만드는 전기장의 크기를 $d\boldsymbol{E}$라 하면, $d\boldsymbol{E}$를 고리 위에서 한 바퀴 돌면서 적분한 것이 전기장 $\boldsymbol{E}$에 해당된다. 고리 정상의 ds와 아래의 ds가 만드는 $d\boldsymbol{E}$는 y성분의 크기가 같으며 반대 부호이기 때문에, ds 쌍에 대해서 $dE_y = 0$. ds가 이동하여 ds'로 되면 반대쪽 ds'와 쌍이 되어 $dE_y = 0$. 다른 한 개의 수직성분(z 성분)에 관해서도 $dE_z = 0$이 되기 때문에 일주했을 때의 전기장은 x성분만이 0이 아니다. 따라서 ds가 만드는 전기장의 크기는 $dE = (1/4\pi\varepsilon_0)dQ/(x^2+a^2)$이다. $\cos\theta = x/\sqrt{x^2+a^2}$이기 때문에

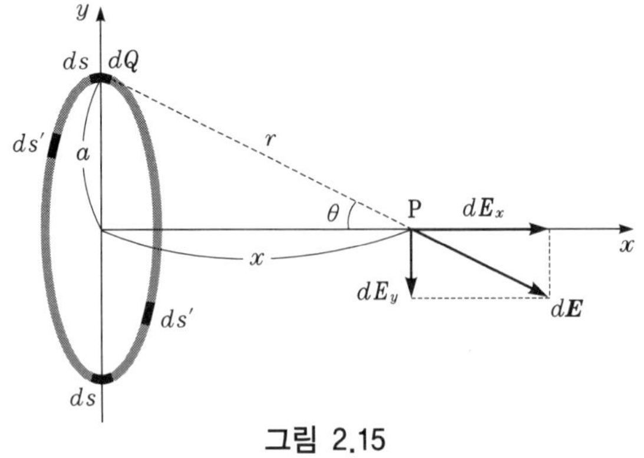

그림 2.15

$$dE_x = dE\cos\theta = \frac{1}{4\pi\varepsilon_0}\frac{x\,dQ}{(x^2+a^2)^{3/2}}$$

$$E_x = \oint \frac{1}{4\pi\varepsilon_0}\frac{x\,dQ}{(x^2+a^2)^{3/2}}$$

고리를 일주할 때, x는 변하지 않기 때문에, 적분기호 밖으로 나오고 적분은 $\oint dQ = Q$로 되어 다른 인자에 곱해져

$$E_x = \frac{1}{4\pi\varepsilon_0}\frac{Qx}{(x^2+a^2)^{3/2}}$$

가 된다. 이것을 벡터로 표시하면

$$\boldsymbol{E} = \frac{1}{4\pi\varepsilon_0}\frac{Qx}{(x^2+a^2)^{3/2}}\boldsymbol{e}_x$$

가 된다. 여기서 $x \gg a$의 극한을 생각하면

$$\boldsymbol{E} = \frac{1}{4\pi\varepsilon_0}\frac{Q}{x^2}\boldsymbol{e}_x$$

가 된다. ■

2.4 전속

전기장은 공간의 각 점에서 정의되는 벡터이다. 어떤 면을 생각했을 때, 면 위에서의 전기장의 크기와 면적으로 **전속**(electric flux, 전기선속)이 정해진다. 이에 관한 식은 나중에 식 (2.14)와 식 (2.18)로 주어진다. 전속은 전기장의 근원인 전하에 관한 정보를 주는 것이지만, 그 법칙이 2.5절에서 서술하는 가우스 법칙 식 (2.20)이다.

전기장에서 전하를 알다

지금까지는 점전하(또는 전하분포)가 주워졌을 때에 「그것이 어떤 전하를 만드는가?」라는 문제를 생각해 왔다. 여기서는 그 반대로

『어떤 영역에서 전기장의 모양을 알고 있을 때에, 그 근원[소스(source)라고도 한다]의 전하분포에 관해서 무엇을 말할 수 있는가?』

을 생각해본다.

풍선[그림 2.16(a)]은 공간이 그 내부와 외부로 분리되어 있다. 이와 같이 공간의 일부를 다른 부분으로부터 완전히 분리한 면을 **폐곡면**이라 한다. 풍선에 구멍이 있으면, 그곳에서 풍선의 내부와 외부가 연결되기 때문에 폐곡면이 아니다. 예를 들면 그림 2.16(b)와 같은 튜브도 폐곡면이다.

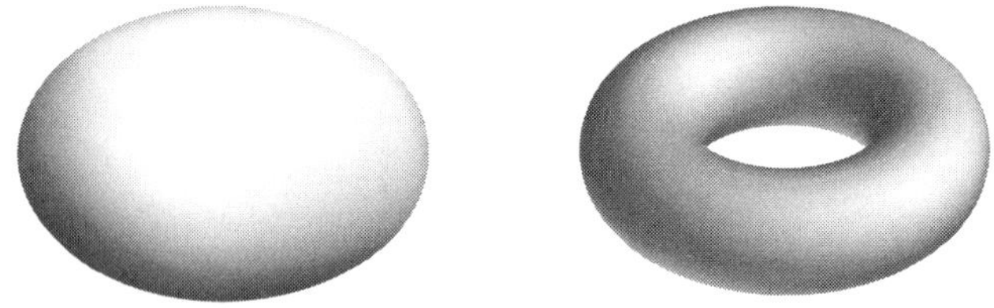

(a) 폐곡면　　(b) 도넛형 폐곡면

그림 2.16

폐곡면의 내부에 전하가 있는 경우를 생각한다. 전하는 전기장을 만들고, 전기장은 그곳에 놓여 있는 시험전하에 힘을 작용시킨다. 따라서 시험전하를 폐곡면의 외부에서 여러 곳으로 움직이며 힘을 측정하면, 전기력선의 모양을 그릴 수 있다. 반대로 생각하면, 많은 점에서의 전기력선의 모양으로부터 전기장의 원인으로 되는 전하에 관하여 알 수 있다고 생각된다.

실제로는 폐곡면 내부의 전하량만을 알고 있으면, 전하를 둘러싸고 있는 폐곡면상의 전기장 $\boldsymbol{E}$만 알고 있어도 좋다고 말할 수 있다. 이것은 대단히 간편한 것이다.

아래의 예에서는 공간을 내부와 외부로 나눈 폐곡면으로서, 그림 2.17과 같은 직육면체

의 상자를 생각하자. 내부에 $+q$의 전하가 한 개 있을 때의 상자 표면에서의 전기장을 화살표로 나타낸다. 이것은 상자가 없을 때에 존재하는 $+q$에 의한 전기장을 상자 표면 위에 적당하게 선택한 3점 P, Q, R로 나타낸 것이다. 상자 내부의 전기력선을 점선으로 나타내고 있는데, 이것이 모든 전기력선을 나타낸 것이 아니라는 것은 앞에서 설명한 대로이다.

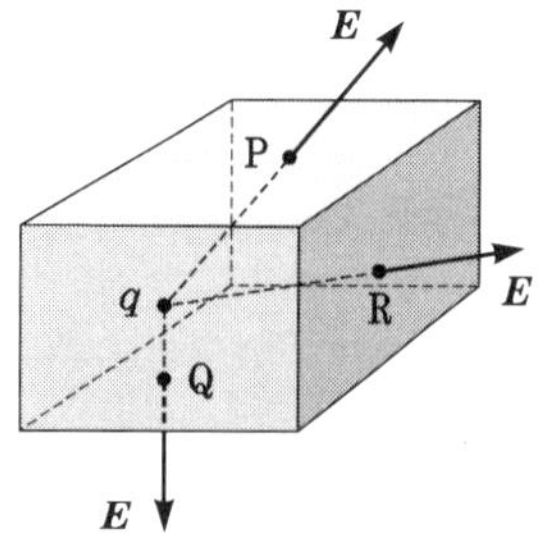

그림 2.17

전속의 정의

어떤 면에 관한 벡터 $\boldsymbol{E}$의 수직성분 E_n와 면적요소 dS의 곱 $E_n dS$로, dS을 관통한 **전속**을 정의한다(그림 2.18). 전속을 Φ_E로 표시한다(첨자 E는 전기장을 의미하고, 8.3절에서 정의하는 자속 Φ_B과 구별한다). Φ_E가 외부 방향일 때 전속은 양으로 된다. 내부에 음의 전하가 있으면, 표면에서의 전기장은 내부로 향하며 음의 전속이 존재한다(그림 2.19).

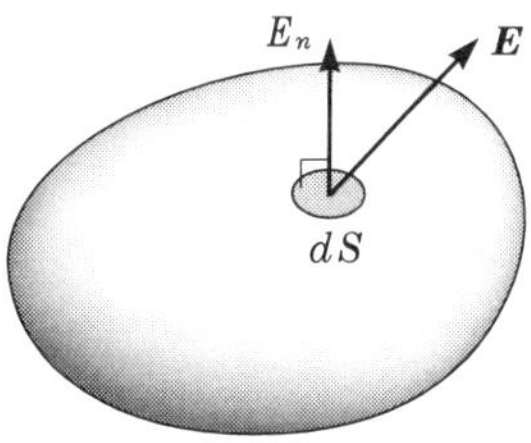

그림 2.18

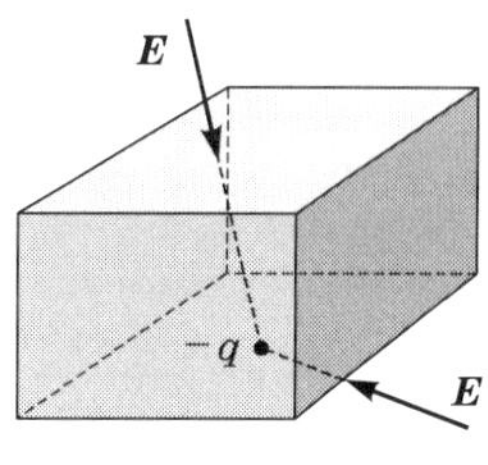

그림 2.19

전속의 표시

처음에는 전속을 성분이나 성질을 밝히는 정성적인 개념으로서 도입했지만, 여기에서는 전속을 식을 사용하여 정량적으로 표시한다.

이를 위해 면적을 0.3절에서 도입한 면적벡터로 생각한다. 균일한 전기장 $\boldsymbol{E}$ 속에서 면적 S의 평면의 면적벡터 $\boldsymbol{S}$가 $\boldsymbol{E}$에 평행할 때(평면이 전기장에 수직할 때), 이 면을 통과한 전속은

$$\Phi_E = ES \tag{2.14}$$

로 주어진다. 전속의 단위는 $\mathrm{N \cdot m^2/C}$이다. 면적벡터 $\boldsymbol{S}$와 전기장 $\boldsymbol{E}$가 이루는 각을 θ라 하면

$$\Phi_E = ES\cos\theta \tag{2.15}$$

이다(그림 2.20). 이 관계를 벡터의 스칼라곱을 사용하여 표시하면

$$\Phi_E = \boldsymbol{E} \cdot \boldsymbol{S} \tag{2.16}$$

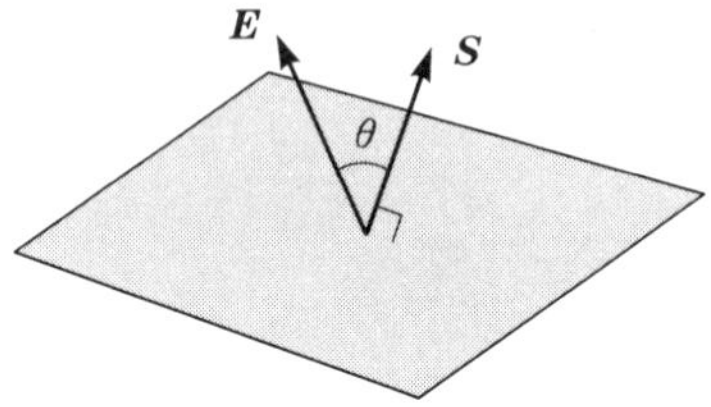

그림 2.20

가 된다. 면적벡터 $\boldsymbol{S}$는 면에서 외부로 수직방향의 단위벡터 $\boldsymbol{e}_n$을 사용하여

$$\boldsymbol{S} = S\boldsymbol{e}_n \tag{2.17}$$

으로도 쓸 수 있다.

예제 2.5 반경 10 cm인 원판이 그 면의 수직벡터를 균일한 전기장 $\boldsymbol{E}$와 각도가 $\pi/6$이 되도록 놓여 있다. 이때 $E = 4.0\times10^3$ N/C로서 원판을 관통하는 전속을 구하여라.

풀이

$$\begin{aligned}\Phi_E &= ES\cos\theta \\ &= 4.0\times10^3\times0.0314\times\frac{\sqrt{3}}{2} = 108\ \mathrm{N\cdot m^2/C}\end{aligned}$$

전기장이 균일하지 않을 때의 전속

전기장이 균일하지 않고 장소에 따라 변화가 있을 때, 전속을 나타내는 식은 어떻게 될까? 또 면이 평면이 아니고 곡면일 때의 전속은 어떻게 나타내야 할까?

이 두 가지의 문제는 어느 쪽이든, 면 S을 많은 미소 부분으로 나눠서 생각한다. 결국, 벡터로서의 면적요소 $d\boldsymbol{S} = dS\,\boldsymbol{e}_n$을 생각하여, 그곳에서의 전속을 면 S 전체로

적분함으로서 전체 전속을 구할 수 있다(그림 2.21). 폐곡면 전체에서의 전속은

$$\Phi_E = \int E \cos\theta \, dS = \int \boldsymbol{E} \cdot d\boldsymbol{S} \qquad (2.18)$$

가 된다. 이 적분은 0.4절에서 설명한 벡터의 면적분 식 (0.59)이다. 즉 식 (2.18)의 우변은 식 (2.17)로부터 $\int \boldsymbol{E} \cdot \boldsymbol{e}_n \, dS$라고도 쓸 수 있다.

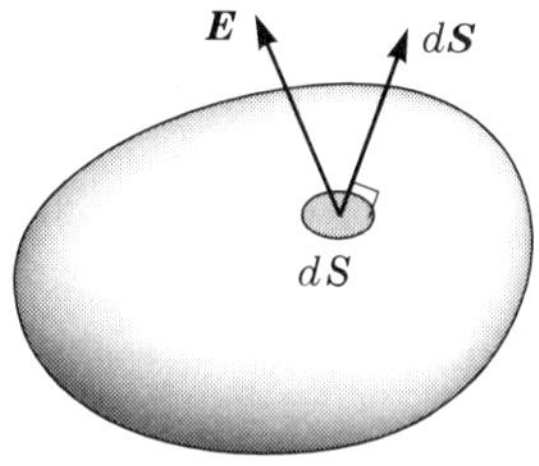

그림 2.21

2.5 가우스 법칙

독일의 위대한 수학자 가우스는 전자기학에서도 가우스 법칙을 발견한 중요한 업적을 남겼다. 그때는 물리와 수학이 지금과는 비교할 수 없을 정도로 가까웠다고 할 수 있다. **전기장에 관한 가우스 법칙**은 전하와 전기장의 관계를 쿨롱의 법칙과는 다른 시점에서 표현하고 있다. 이 다른 시점이란 폐곡면의 내부에 있는 전하와 곡면에서의 전속과의 관계이다.

우선 한 개의 점전하 $q(>0)$가 만드는 전기장을 생각한다. 점전하를 반경 R인 구 중심에 놓는다고 하자(그림 2.22). 이때 구면상의 점에서의 전기장의 크기 E는 어디에서나 같은 값

$$E = \frac{1}{4\pi\varepsilon_0} \frac{q}{R^2}$$

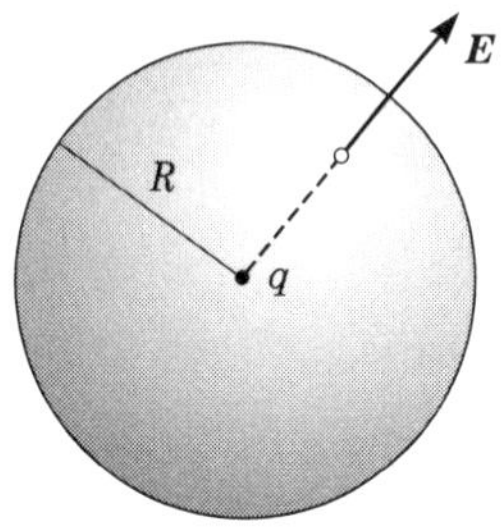

그림 2.22

인 것은 식 (2.4)에서 논하였다. 전기장 $\boldsymbol{E}$의 방향은 구면에 수직하게 외부방향으로 향한다. 이에 의해 전체 전속 Φ_E는

$$\Phi_E = ES = \frac{1}{4\pi\varepsilon_0} \frac{q}{R^2} (4\pi R^2) = \frac{q}{\varepsilon_0} \qquad (2.19)$$

가 된다. 이 식은

『전속의 크기는 구면 내의 전하 q만에 의해 결정된다』

라는 것을 나타내고 있다. 즉 구의 반경에는 의존하지 않는다는 것이다.

가우스 법칙

임의의 형태를 한 폐곡면의 내부에 전하 q가 있는 경우의 **가우스 법칙**을 생각한다. 폐곡면을 면적요소 $d\boldsymbol{S}$로 분할하고, 그곳에서의 전기장 $\boldsymbol{E}$와의 내적(스칼라곱)을 폐곡면 전체에 걸쳐 적분하면

$$\Phi_E = \int \boldsymbol{E} \cdot d\boldsymbol{S} = \frac{q}{\varepsilon_0} \tag{2.20}$$

가 되는 것을 증명할 수 있다. 이것이 임의의 형태의 폐곡면의 내부에 전하가 있는 경우의 가우스 법칙이다. 폐곡면의 내부에 전하가 없을 때 가우스 법칙은

$$\Phi_E = \int \boldsymbol{E} \cdot d\boldsymbol{S} = 0 \tag{2.21}$$

이 된다. 식 (2.20)과 식 (2.21)을 **적분형의 가우스 법칙**이라 한다.

폐곡면의 내부에 N개의 전하 q_1, q_2, q_3, $\cdots$, q_N가 있을 경우는 각각의 전하가 만드는 전기장의 벡터 합을 $\boldsymbol{E}$, 전하의 총량을 $Q = q_1 + q_2 + q_3 + \cdots + q_N$라 하면, 가우스 법칙은

$$\Phi_E = \int \boldsymbol{E} \cdot d\boldsymbol{S} = \frac{Q}{\varepsilon_0} \tag{2.22}$$

가 된다. 식 (2.22)는 폐곡면을 관통하는 전체 전속이 그 면 내부의 전체 전하량을 진공의 유전율로 나눈 것을 의미하고 있다.

구 대칭인 전하분포

전하가 구 대칭으로 분포되어 있을 때는, 그 분포는 원점에서의 거리 r만의 함수가

되며, 방향에는 의존하지 않는다. 원점을 중심으로 하는 반경 r인 구 내에 포함되는 전체 전하를 Q, 구면상에서의 전기장의 크기를 E라 하면, 가우스 법칙으로부터 $4\pi r^2 E = Q/\varepsilon_0$이므로

$$E = \frac{Q}{4\pi\varepsilon_0 r^2} \tag{2.23}$$

가 된다. 결국, 중심에서 거리 r인 점의 전기장은 구면 내의 전체 전하가 중심에 모여 있는 경우의 전기장과 같다.

여기서 새로운 벡터

$$\boldsymbol{D} = \varepsilon_0 \boldsymbol{E} \tag{2.24}$$

을 도입한다. $\boldsymbol{D}$을 **전속밀도**라 한다. 가우스 법칙 식 (2.22)는 양변에 ε_0을 곱하고 전속밀도의 정의 식 (2.24)를 이용하면

$$\int \boldsymbol{D} \cdot d\boldsymbol{S} = Q \tag{2.25}$$

가 되어, ε_0가 없는 식으로 된다.

가우스 법칙을 응용하고 여러 가지 전하분포에 의해 만들어진 전기장을 계산할 수가 있다. 그 하나를 다음의 예제로 나타내었다.

| 예제 2.6 | 균일하게 양으로 대전된 무한히 커다란 판이 만든 전기장을 구하여라. 다만, 전하의 면밀도를 σ라 한다.

풀이 전기장은 양으로 대전된 판으로부터 외부 방향으로 존재한다[그림 2.23(a)]. 우선, 대칭성의 의논에 의해 전기장의 방향을 정한다. 균일한 전하밀도의 판이 무한하게 클 때, 그림 2.23 판의 어떤 부분도 동등하기 때문에, 판을 그 면의 방향에서 옮겨 놓아도 전기장은 변하지 않는다. 더 자세히 말하면, 전기장의 방향은 판에 수직이라는 것이다. 또 판의 양쪽에 있어서 전기장 $\boldsymbol{E}$의 크기는 동일하다.

다음은 전기장의 크기를 계산하기 위해서, 중심축이 판의 표면을 수직으로 꿰뚫는

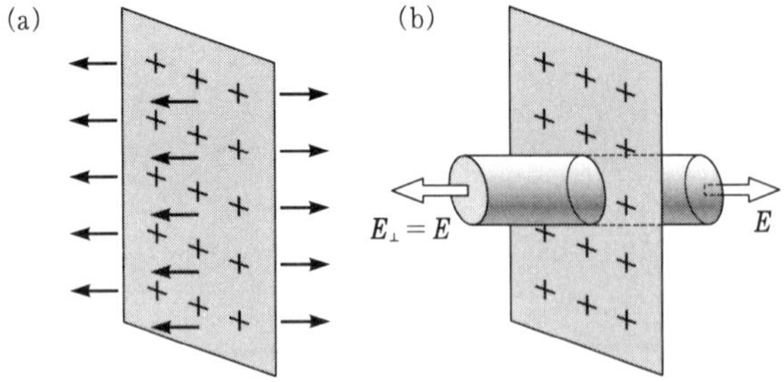

그림 2.23

원통을 생각하고, 이것에 가우스 법칙을 적용한다[그림 2.23(b)]. 원통의 끝에서의 전기장은 면에 수직이기 때문에 $E_{\perp} = E$ 이며, 원통의 측면에서는 $E_{\perp} = 0$이기 때문에 가우스 법칙의 면적분은 $2ES$(S는 원통의 단면적)가 되며, 또 $Q = \sigma S$이기 때문에 $2ES = \sigma S/\varepsilon_0$가 된다. 따라서 구하고자 하는 전기장은

$$E = \frac{\sigma}{2\varepsilon_0}$$

이 된다. 말하자면 동일한 전하밀도에서 양쪽의 면에서 E을 방출하기 때문에 한쪽일 때의 결과(연습문제 [5])의 1/2이 된다. ■

즉 전하의 면밀도 σ와 $-\sigma$인 두 장의 상당히 큰 도체 판 사이의 전기장은

$$E = \frac{\sigma}{\varepsilon_0} \tag{2.26}$$

이 된다. 이것은 예제 2.6에서 나타낸 한 장의 도체 판이 만드는 전기장의 두 배의 크기이다(증명은 연습문제 [4]).

CHAPTER 2 연습문제

[1] 두 개의 동일한 전하 Q가 거리를 두고 떨어져 있을 때 전기력선을 그려라.

[2] 균일한 전기장 속에서의 전기력선을 그려라.

[3] 점전하가 있는 평면에 원주상에 있어서 전기력선의 밀도가 두 배로 되는 것은 반경이 어떤 관계일 때인가?

[4] 동일한 양의 전하가 반대 부호로 균일하게 대전된 무한히 큰 두 장의 판이 있다. 판에 의해 나뉘진 공간에 만들어지는 전기장을 구하여라.

[5] 균일하게 대전된 반경 R인 원판이, 원판의 중심축으로부터 거리 x인 점에서 만드는 전기장을 구하여라$(x > 0)$.

[6] 전하 Q을 균일하게 대전된 반경 R인 구가 만드는 전기장을 구하여라.

[7] 직육면체 상자 속에 전하가 없을 때 상자의 표면에서 전속은 어떻게 될까? 또 상자 속에 q, $-q$의 점전하가 있을 때 전속은 어떻게 될까?

CHAPTER 3

전위

전기장이 존재하는 공간에서는 각각의 장소에서 정전적인 위치에너지를 정의할 수 있다. 단위전하당의 위치에너지를 전위로 정의한다. 두 점에서 전위의 차가 전류가 흐를 때의 기전력인 것에 관해서는 6.4 절에서 설명한다.

3.1 위치에너지

균일한 전기장 내에서의 일

전기장 내에 놓여 있는 전하가 하는 일로부터 공간의 어떤 점에서의 **위치에너지**(퍼텐셜 에너지)를 정할 수가 있다. 그것을 우선 균일한 전기장의 예로서 설명한다.

Chap. 2 의 연습문제 [4] 에서 보았듯이, 양과 음으로 대전된 두 장의 금속판을 평행하게 놓았을 때 금속판 사이의 공간에는 균일한 전기장이 존재한다. 그림 3.1 에 그 모양을 나타냈다. 전기장 $\boldsymbol{E}$ 의 방향은 양으로 대전된 판으로부터 음으로 대전된 판의 방향으로 향하며, 그림 3.1 에서는 $-y$ 방향이다.

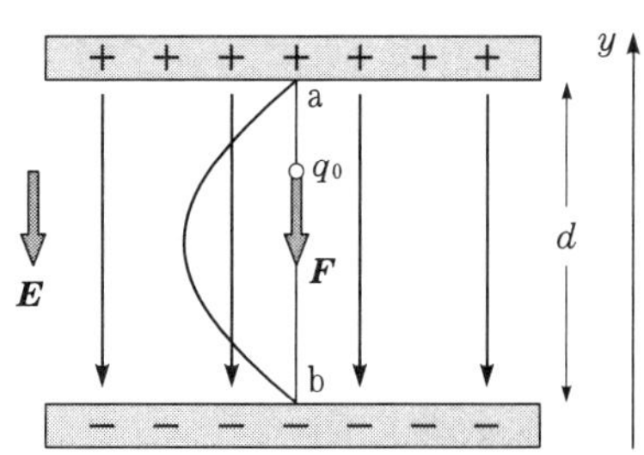

그림 3.1

전기장은 전하에 힘을 미치게 한다. 지금 전기장 내에 양의 점전하 q_0 를 놓으면, q_0 에는 크기 $q_0 E$ 인 힘이 $-y$ 방향으로 작용한다. 전기장은 균일하기 때문에 전하를 금속판 사이 어디에 놓아도 힘의 방향과 크기는 항상 일정하다. 그 힘은 전하를 움직였을 때 전하에 대해 일을 한다. 힘의 근원은 전기장이기 때문에 그 일은 전기장이 전하에 하고 있다고 말할 수 있다. 반대로 살펴보면, 이때 전하는 전기장에 의해 일을 하게 된다.

전하 q_0가 전기장과 평행한 방향으로, 점 a에서 b까지 거리 d만큼 움직일 때, **전기장이 전하에 하는 일**은 힘과 거리의 곱인

$$W_{\mathrm{a}\to\mathrm{b}} = Fd = q_0 Ed \tag{3.1}$$

로 된다. 일이 단순히 F와 d의 곱에 해당되는 것은 힘 F가 이동경로에서 일정하기 때문이다. 또 힘과 변위가 같은 방향이기 때문에, 이 경우의 일은 양(+)의 일이다.

조금 다른 이야기이지만, 일이라는 단어를 사용할 때에는

『하는 일과 받는 일을 정확히 구별하지 않으면 안 된다』

라는 것을 주의하자. 또 전기장이 전하에 대하여 하는 일의 부호는 양이라고 약속한다. 즉 양의 일을 하는 것에 의해, 전기장은 에너지를 잃게 된다. 반대로 전하가 전기장에 하는 일의 부호는 음(−)이고, 그렇게 될 때 전기장의 에너지는 증가한다. 부호는 전하의 에너지를 생각할 때, 에너지가 증가하는 일을 양, 에너지를 잃어버리는 일을 음이라고 하는 것을 의미하고 있다.

위치에너지

역학에서 배운 것에 의하면, 어떤 위치에너지 U가 존재하고, 그 기울기 벡터에 의해

$$\boldsymbol{F} = -\,\mathrm{grad}\,U \tag{3.2}$$

로 표시되는 힘이 **보존력**이다. 기울기에 대해서는 식 (0.49)에서 설명했다.

보존력이 하는 일은 그 이동의 출발점과 종점으로 결정되고, 도중의 경로에는 의존하지 않는다. 이것도 역학에서 배운 내용이다. 지금의 예로 말하면, 그림 3.1의 점선의 경로를 움직여도 직선의 경우와 일은 동일하게 된다.

지금 두 장의 금속판 사이에서 전하에 작용하는 힘의 y성분은 $F_y = -q_0 E$로 일정하다(x성분과 z성분은 0이기 때문). 이것을 벡터로 표시하면

$$F = (0,\ -q_0 E,\ 0) \tag{3.3}$$

이다. 이때의 힘이 보존력인 것을 확인하자. 그를 위해서는 $\boldsymbol{F}$가 보존력이라고 가정하고 모순이 없다는 것을 보이면 된다. 여기에서는 식 (3.3)의 y 성분만을 생각하면 좋기 때문에

$$F_y = -\frac{\partial U}{\partial y} = -q_0 E \tag{3.4}$$

와 위치에너지 U를 이용하여 표시한다. 마지막 등식에서 양변을 적분하면 정전적인 힘의 위치에너지 U는

$$U = q_0 E y \tag{3.5}$$

가 된다. 이것은 y 방향의 **균일한 전기장 내에서의 위치에너지**를 나타내고 있으며, y 좌표에 비례하고 있다. 결국, U는 좌표에 의존하는 장(場)의 양(量)이다. 또 반대로 식 (3.5)가 주어진다면, 반드시 식 (3.3)이 유도된다. 이렇게 하여 균일한 전기장에 의한 힘이 보존력이고, 그 위치에너지가 식 (3.5)로 주어지는 것을 알았다. 전기장이 균일하지 않은 경우의 위치에너지를 정하는 것은 나중에 설명할 식 (3.12)를 응용한다.

위치에너지와 일과의 관계

다음으로 균일한 전기장 내의 점 a에서 b로 전하를 이동시켰을 때의 **일**이 두 점에서의 위치에너지의 차와 같다는 것을 나타내 보자.

금속판 사이에 놓인 시험전하를 위치에너지가 U_a인 높이 y_a인 점에서 U_b인 높이 $y_b(< y_a)$인 점까지 움직였을 때, 위치에너지의 변화는 $\Delta U = U_b - U_a$이다[그림 3.2 (a)]. 이것은 식 (3.5)를 이용하면

$$\Delta U = q_0 E y_b - q_0 E y_a = q_0 E (y_b - y_a) < 0 \tag{3.6}$$

이 된다. 즉 이 이동으로 전기장의 위치에너지는 감소한다. 더 자세히 말하면, 앞에서 설명한 전기장과 전하의 일의 관계에서 전기장이 양(+)의 일을 하고 있다는 것을 의미한다. 따라서 양의 일 W를 음(−)의 양(量)인 ΔU로 나타내려면, ΔU에 마이너스

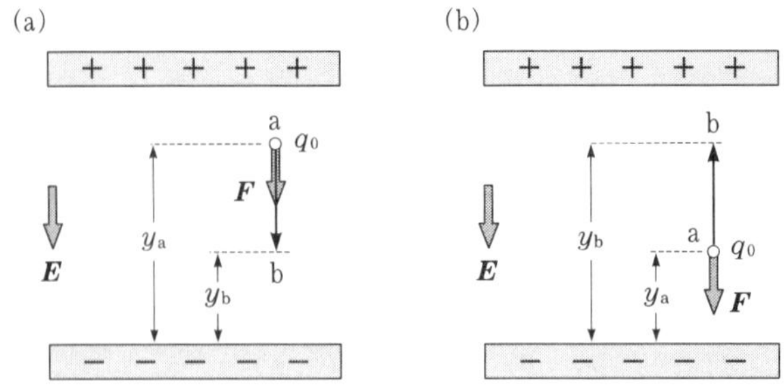

그림 3.2

부호를 붙일 필요가 있다. 이것을 식으로 나타내면

$$W_{a\to b} = -\Delta U = -(U_b - U_a) \tag{3.7}$$

가 된다. 이 결과는 보존력이 하는 일과 위치에너지 사이에서, 균일한 전기장에 한정되지 않고, 일반적으로 성립하는 관계식이다.

> **|예제 3.1|** 균일한 전기장 내에서 점 a로부터 b까지 양의 전하 q_0를 이동시킬 경우를 생각한다. $y_a > y_b$의 경우[그림 3.2(a)]에는 q_0의 위치에너지 U가 줄어드는 것과 반대로 $y_a < y_b$의 경우[그림 3.2(b)]에 위치에너지 U가 증가하는 것을 나타내 보여라. 또 $q_0 < 0$일 때 U의 증감은 어떻게 되는가?

풀이 $y_a > y_b$일 때 전하는 아랫방향(전기장과 같은 방향)으로 움직이고, 이때 변위는 $q_0 > 0$이면, 힘 $\boldsymbol{F}$와 같은 방향이기 때문에 전기장이 하는 일은 양이다. 식 (3.6)의 우변으로부터 $\Delta U < 0$가 되어 위치에너지 U는 감소한다.

$y_a < y_b$일 때에는 전하 q_0가 윗방향(전기장과 반대방향)으로 움직이기 때문에[그림 3.2(b)], 변위의 방향은 힘 $\boldsymbol{F}$와 반대이다. 이때 전기장이 하는 일은 음이 되기 때문에, $y_a > y_b$ 경우와는 반대로 $W_{a\to b} < 0$이고, $\Delta U > 0$이 되어 위치에너지 U는 증가한다.

지금까지의 논의를 전하의 부호가 음의 경우에서 생각하면, 일과 에너지가 같은 부호로 변하기 때문에, 전기장과 같은 방향(위에서 밑으로)으로 움직일 때에 U가 증가하고

반대방향으로 움직일 때 U는 감소한다. ▩

결국, 일을 위치에너지와 힘에 관련지어 정리하면

『**위치에너지 U의 기울기**로 결정되는 쿨롱힘이 전하에 하는 일은 출발점과 종점의 위치에너지의 차의 부호를 바꾼 $-\Delta U$로 주어진다』

가 된다.

전기장은 동일하게 균일하지만, 전하가 움직이는 방향(a → b)과 전기장의 방향이 평행하지 않고 그 사이의 각도가 θ인 경우는(그림 3.3), 일에 기여하는 것은 힘의 이동방향의 성분 $F\cos\theta$이기 때문에 식 (3.1)의 E를 이동방향의 성분으로 바꿔 놓으면

$$W_{\mathrm{a}\to\mathrm{b}} = q_0 E d\cos\theta \tag{3.8}$$

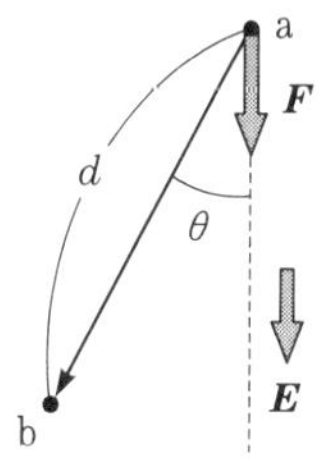

그림 3.3

이 된다.

균일하지 않은 전기장에서의 일

지금까지의 설명을 일반화해서 전기장이 균일하지 않은 경우(즉 크기와 방향이 장소에 따라 다른 경우)를 생각한다. 간단한 예로서, 점전하 q가 만드는 전기장의 위치에너지를 구한다. 이를 위해, 우선 이 전기장 내에서 점전하 q_0가 움직였을 때의 일을 계산한다(그림 3.4). 아래의 설명에서, q는 전기장의 원인이 되는 전하, q_0는 시험전하라는 역할의 차이가 있다.

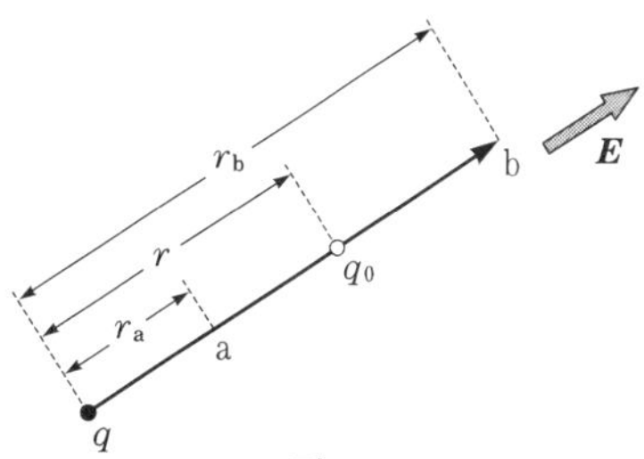

그림 3.4

점전하 q가 만드는 전기장은 식 (2.4)에 나타낸 것과 같이 r의 제곱에 반비례한다. 이것은 의존하는 좌표가 r뿐이기 때문에 다루기 쉽다. 출발점 a와 종점 b를 q가 있는 점으로부터 동경방향의 선상으로 선택하고, 힘뿐만 아니라 운동도 r방향만으로 생각하기 때문에, q_0에 작용하는 힘은 동경방향의 성분

F_r 만의

$$F_r = \frac{1}{4\pi\varepsilon_0}\frac{qq_0}{r^2} \tag{3.9}$$

이다. 이 힘이 a→b 사이에서 전하 q_0에 한 일은 각 점에서의 힘 F_r과 r방향의 미소 변위 dr의 곱을 적분하여(결국 미소 변위마다의 일을 모두 더하여 합하면)

$$\begin{aligned} W_{\mathrm{a}\to\mathrm{b}} &= \int_{r_\mathrm{a}}^{r_\mathrm{b}} F_r\, dr \\ &= \int_{r_\mathrm{a}}^{r_\mathrm{b}} \frac{1}{4\pi\varepsilon_0}\frac{qq_0}{r^2}\, dr = \frac{qq_0}{4\pi\varepsilon_0}\left(\frac{1}{r_\mathrm{a}} - \frac{1}{r_\mathrm{b}}\right) \end{aligned} \tag{3.10}$$

이 된다.

위의 결과를 보면 알 수 있듯이, 선택한 경로에서의 일은 출발점 a와 종점 b만으로 결정되고 있다. 이 사실은 동경방향의 선에 한정되지 않고, 어떠한 경로를 통해 이동했을 때에도 성립하는 것을 증명할 수 있다. 그것은 점전하에 작용하는 쿨롱힘이 보존력이기 때문이다.

점전하의 위치에너지

일과 위치에너지의 관계 식 (3.7)을 생각하면, 식 (3.10)은 전하 q_0가 **점전하** q로부터 r인 거리에 있을 때의 **위치에너지**가

$$U = \frac{1}{4\pi\varepsilon_0}\frac{qq_0}{r} \tag{3.11}$$

과 같다는 것을 나타내고 있다.

처음에는 전하가 서로 무한히 떨어져 있는 상황에서 출발한다. 우선 점전하 q를 원점 O로 옮기고, 다음에 q_0를 q로부터 r인 거리까지 접근시킨다. 이 두 가지의 과정에서 필요로 하는 전체 일을 계산한다(그림 3.5). 처음에 아무것도 없는 공간에서 q를 원점으로 옮겼을 때는 전기력이 작용하지 않기 때문에 일은 0이다. 다음으로 q가 만든 전기장

내에서, q_0를 무한원($r_a = \infty$)으로부터 원점에서 거리 r인 점($r_b = r$)까지 이동할 때의 일이 식 (3.10)이다. 즉 이것에 해당하는 만큼의 에너지가 전하의 위치에너지로서 쌓이게 된다.

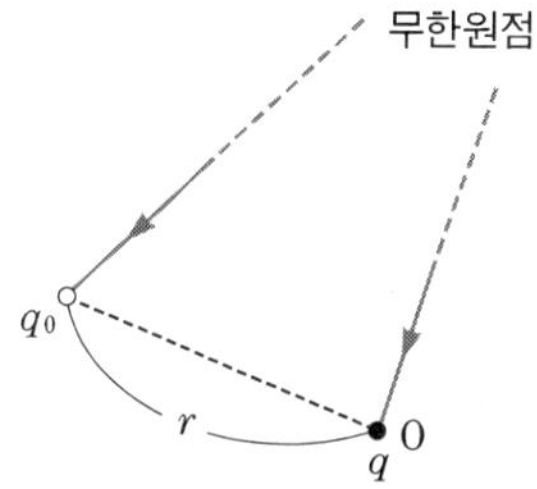

그림 3.5

식 (3.11)은 r만큼 떨어진 두 개의 점전하 q, q_0의 위치에너지이다. 이때 q, q_0의 부호는 임의이고, 부호의 조합에 따라 U의 부호가 결정된다. 식 (3.11)은 두 개의 전하 q, q_0의 상호작용에 관한 에너지이며, 다시 말해 두 개에 공유되어 있는 에너지라고 생각할 수도 있다.

에너지의 영점

위치에너지는 그 값이 0인 점을 기준으로 정의하는 것이 일반적이다. 이것을 **에너지의 영점**(zero point)이라 한다. 식 (3.11)의 경우는 q_0가 q에서 무한히 떨어져 있을($r \to \infty$) 경우, $U = 0$이다(그림 3.6). 따라서 위치에너지의 기준점은 **무한원점**($r \to \infty$로 한 점)이다. 이 경우 무한원점이 어떤 방향에 있는가는 상관없다. 결국, $r \to \infty$이면 방향에 따른 차이는 없다.

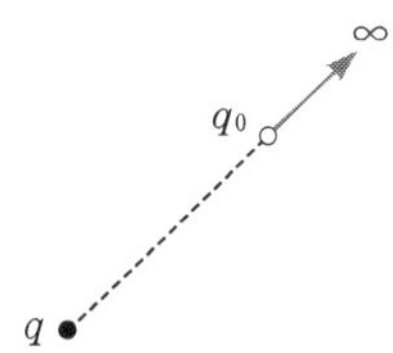

그림 3.6

식 (3.11)의 U는 q가 만든 전기장 내에서 q_0를 ∞에서 r까지 이동시켰을 때에 전기장이 하는 일과 같다(그림 3.5). q와 q_0가 같은 부호일 때는 전하들 사이에 척력이 작용하여 일은 양으로 된다. q와 q_0가 부호가 다른 경우에는 인력이 작용하여 일은 음으로 된다. 즉 이 경우는 q_0를 무한원으로부터 r까지 이동시켰을 때에 에너지가 남아, 그 에너지로 q_0가 전기장에 대해 일을 한다.

균일하지 않은 전기장 내에서 점전하를 직선이 아닌 임의의 곡선을 따라 이동시킨다고 하자(그림 3.7). 이것은 전기장 내에서의 전하 이동이 가장 일반적인 경우이다. 점 a, b를 양끝으로 하는 곡선상의 점 P에서의 전기장을 $\boldsymbol{E}$라고 한다. 점 P에서의 선요소를 $d\boldsymbol{s}$ (벡터의 방향은

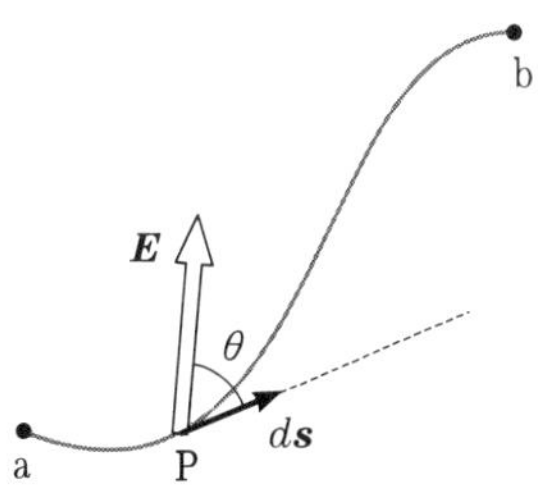

그림 3.7

점 P 에서의 접선방향)로 하고, 그곳에 작용하는 전기장 방향의 힘을 $\boldsymbol{F}$라 한다면, 미소변위 $d\boldsymbol{s}$에 의한 일은 $\boldsymbol{F}\cdot d\boldsymbol{s}$이다. 점 a 에서 점 b 까지 전하 q_0를 이동시켰을 때의 일은 0.4 절에서 설명한 선적분에 의해

$$W_{\mathrm{a}\to\mathrm{b}} = \int_{\mathrm{a}}^{\mathrm{b}} \boldsymbol{F}\cdot d\boldsymbol{s} \tag{3.12}$$

로 나타낼 수 있다. 이것은

$$W_{\mathrm{a}\to\mathrm{b}} = \int_{\mathrm{a}}^{\mathrm{b}} q_0 \boldsymbol{E}\cdot d\boldsymbol{s} = \int_{\mathrm{a}}^{\mathrm{b}} q_0 E \cos\theta \, ds \tag{3.13}$$

이다. 여기서 $\boldsymbol{E}$와 $d\boldsymbol{s}$가 이루는 각을 θ라고 한다. 스칼라곱의 관계 식 (0.32)와 식 (3.12)를 사용하면, 전기장과 경로가 어떤 경우이든 일을 계산할 수 있다.

복수의 점전하에 의한 위치에너지

식 (3.11)을 일반화하고 공간에 원점 O 를 정한 뒤, 전하 q를 놓고 그 주변에 N개의 점전하를 놓은 경우를 생각한다. 전하 $q_1, q_2, \cdots, q_N$이 각각 q로부터 $r_1, r_2, \cdots, r_N$인 거리의 점에 있을 경우 q의 위치에너지는 식 (3.11)을 N개의 경우로 확장하여

$$U = \frac{q}{4\pi\varepsilon_0}\left(\frac{q_1}{r_1} + \frac{q_2}{r_2} + \cdots + \frac{q_N}{r_N}\right) = \frac{q}{4\pi\varepsilon_0}\sum_{i=1}^{N}\frac{q_i}{r_i} \tag{3.14}$$

로 된다(그림 3.8). 모든 q_i가 q로부터 충분히 떨어져 있는 경우에는 r_i가 모두 무한대가 되기 때문에 $U = 0$이다.

q가 원점과는 별도의 점 $\boldsymbol{r}_0$에 있을 때, N개의 전하의 위치를 벡터 $\boldsymbol{r}_1, \cdots, \boldsymbol{r}_N$로 나타낸다. 이때 위치에너지는 식 (3.14)와 같은 형태로 분모의 $r_i (i = 1, \cdots, N)$를 $\boldsymbol{r}_0$로부터의 거리 $|\boldsymbol{r}_i - \boldsymbol{r}_0|$로 한

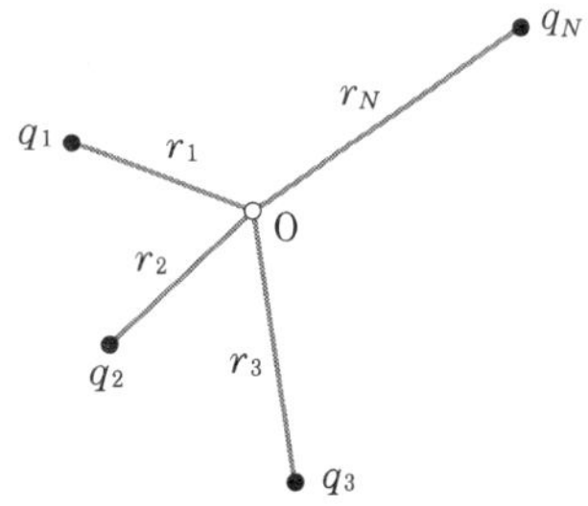

그림 3.8

$$U = \frac{q}{4\pi\varepsilon_0}\sum_{i=1}^{N}\frac{q_i}{|\boldsymbol{r}_i - \boldsymbol{r}_0|} \tag{3.15}$$

로 주워진다. q를 특별하게 취급하지 않고, q, q_1, q_2, $\cdots$, q_N가 동일한 입장에서 존재하고 있을 때의 전체 위치에너지는 각 전하들의 상호작용의 위치에너지의 합이 되기 때문에

$$U = \frac{1}{8\pi\varepsilon_0}\sum_{i\neq j}\frac{q_i q_j}{r_{ij}} \tag{3.16}$$

으로 주워진다. 여기서 q_i, q_j는 $(q,\ q_1,\ q_2,\ \cdots,\ q_N)$의 어떤 것이든 상관없다. 이 합은 $i \neq j$인 조건하에 있다. 즉 이때 $i - j$인 경우와 $j - i$가 2중으로 계산되기 때문에 1/2의 인자를 곱해준 것에 주의하라.

예제 3.2 점 $x = 0$에 전하 $q_1 = -e$가, $x = a$에는 $q_2 = e$가 놓여 있다(그림 3.9).

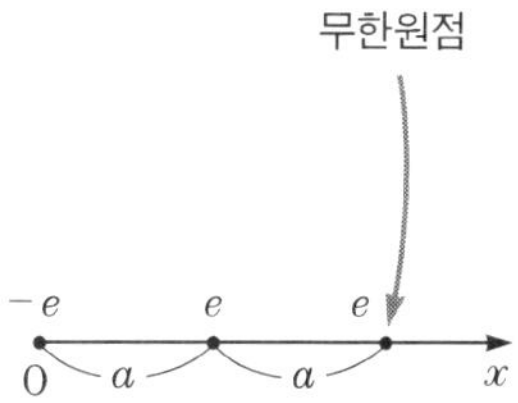

그림 3.9

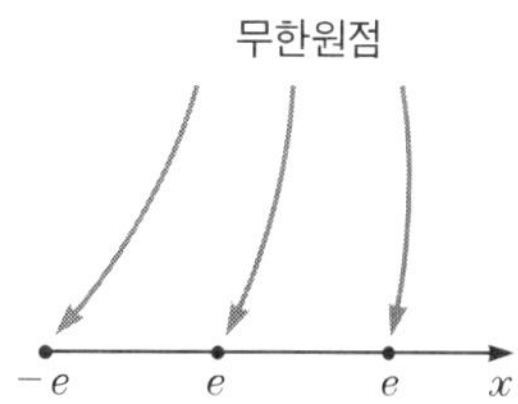

그림 3.10

(a) $q_3 = e$를 무한원으로부터 $x = 2a$까지 이동시킬 때, 어느 정도의 일이 필요한가?

(b) q_3를 $x = 2a$에 놓았을 때 전체 위치에너지는 얼마인가?(그림 3.10)

(c) 위의 두 문제에서 구한 에너지의 차는 무엇인가?

풀이 (a) 일은 q_3가 $x = 2a$에 놓여 있을 때와 $x = \infty$에 있을 때의 위치에너지의 차이다. 후자는 0이기 때문에 식 (3.15)에서

$$W = U = \frac{q_3}{4\pi\varepsilon_0}\left(\frac{q_1}{r_{13}} + \frac{q_2}{r_{23}}\right) = \frac{e}{4\pi\varepsilon_0}\left(\frac{-e}{2a} + \frac{e}{a}\right) = \frac{e^2}{8\pi\varepsilon_0 a} \tag{1}$$

점 $x = 2a$ 에서는, q_3에 작용하는 q_1의 인력보다 q_2의 척력 쪽이(거리가 가깝기 때문) 강하다. 그것에 반대로 이동시킬 필요가 있기 때문에 일은 양이다.

(b) 그림 3.10 에 나타낸 계의 위치에너지는 식 (3.16)으로부터

$$U = \frac{1}{4\pi\varepsilon_0}\left(\frac{q_1q_2}{r_{12}} + \frac{q_1q_3}{r_{13}} + \frac{q_2q_3}{r_{23}}\right) = \frac{1}{4\pi\varepsilon_0}\left(\frac{-e^2}{a} + \frac{-e^2}{2a} + \frac{e^2}{a}\right)$$
$$= -\frac{e^2}{8\pi\varepsilon_0 a} \tag{2}$$

$U < 0$ 이라 하는 것은 세 개의 전하가 무한히 떨어져 있을 때보다, 이러한 배치를 하는 쪽이 전기장의 위치에너지가 낮다는 것을 의미한다. 이것은 세 개를 접근시키는데 힘이 한 일이 음이고, 근접시켰을 때에 발생된 여분의 에너지로 다른 일을 할 수 있다는 것을 의미한다.

(c) (1)과 (2)가 다른 이유는, (1)에서는 전체 계의 에너지에 q_1과 q_2 사이의 상호작용이 계산되지 않았기 때문이다. (1) 에 q_1과 q_2 의 상호작용의 위치에너지 $-e^2/4\pi\varepsilon_0 a$ 를 더해주면 (2)와 일치한다. ■

연속적으로 분포한 전하의 위치에너지

전하가 점전하가 아니고, 전하밀도 $\rho(\boldsymbol{r})$ 로 연속적으로 분포하고 있는 경우의 위치에너지는 식 (2.13) 의 전기장의 경우와 같이, 공간을 미소체적 ΔV의 영역으로 분할하여 생각하자. 점 $\boldsymbol{r}$ 에서의 체적 ΔV에 있는 밀도 $\rho(\boldsymbol{r})$ 의 전하와 점 $\boldsymbol{r}'$ 에서 $\Delta V'$에 포함된 $\rho(\boldsymbol{r}')$ 의 전하의 상호작용 에너지를 생각하여 전체 영역에 적용하면 된다.

이 합을 계산하기 위하여 각 미소영역 내의 전하를 점전하라고 가정하고, ΔV, $\Delta V'$가 0 인 극한을 취하면, 합을 적분으로 바꿀 수가 있다. 그 결과 **전하밀도**가 $\rho(\boldsymbol{r})$ 인 전하분포가 있을 때 위치에너지는

$$U = \frac{1}{2}\iint \frac{\rho(\boldsymbol{r})\ \rho(\boldsymbol{r}')}{4\pi\varepsilon_0 |\boldsymbol{r}-\boldsymbol{r}'|} dV dV' \qquad (3.17)$$

가 된다(그림 3.11).

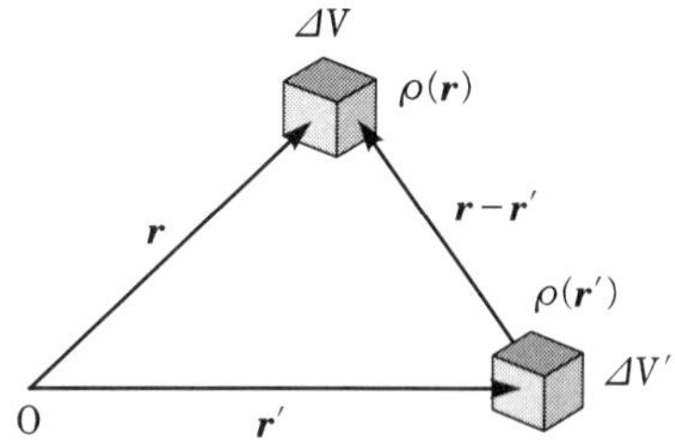

그림 3.11

3.2 전위

전위란

앞의 절에서 점전하 q가 만드는 전기장 내에 점전하 q_0가 있을 때의 위치에너지를 식 (3.11)로 나타내었다. 이 절에서는 q_0를 1(단위전하)로서

『단위전하당 위치에너지』

를 생각한다. 일반적으로 이를 **전위**(electric potential, 전기퍼텐셜)라 하고, ϕ로 표시한다. 즉 전위와 위치에너지 U의 관계는

$$\phi = \frac{U}{q_0} \qquad (3.18)$$

이다. 전위는 U와 같이 좌표의 함수이다. 식 (3.11)의 위치에너지에 대한 전위는 식 (3.11)에서 q_0를 1로 한 것이다.

위치에너지는 스칼라양이기 때문에, q_0로 나눈 전위도 스칼라양이다. **전위의 단위**는 볼타전지를 발명한 이탈리아 물리학자인 볼타의 이름을 딴 **볼트**(V)이다. 그리고 식 (3.18)로부터

$$1\,\mathrm{V} = 1\,\mathrm{J/C}$$

인 관계가 된다.

전위는 위치에너지를 q_0로 나눈 것이기 때문에, 위치에너지와 같이 공간의 각 점에서

정의되며, 단위전하당의 양(量)이기 때문에, 장(場)의 성질을 정하는 양이다. 그런 점에서는 전기장과 상통하고 있다.

전위차

균일한 전기장 내에서 점 a 에서 b 까지 전하를 이동시켰을 때의 단위전하당의 일은 식 (3.7)을 q_0로 나누면

$$\frac{W_{a\to b}}{q_0} = -\left(\frac{U_b}{q_0} - \frac{U_a}{q_0}\right) = -(\phi_b - \phi_a) = \phi_a - \phi_b \tag{3.19}$$

로 된다. $\phi_a = U_a/q_0$는 점 a 에서의 단위전하당의 위치에너지, 즉 점 a 에서의 전위이다. 같은 방법으로 ϕ_b는 점 b 에서의 전위이다.

$\phi_a - \phi_b$를 a 의 b 에 대한 전위 또는 a 와 b 의 **전위차**라고 하고 V로 표시한다. 이것을 회로에 적용하는 경우에는 **전압**이라 하며 6.4 절에서 서술한다. 즉 식 (3.19)는

『두 점 a 와 b 의 전위차는 단위전하를 a 에서 b 까지 이동시켰을 때에 쿨롱힘에 의해 하게 되는 일이다』

라고 표시할 수가 있다.

터무니없는 예라고 하겠지만, 전위란 전자가 그 장소에서 느끼는 기분과 같은 것이라고 말할 수 있다. 전위가 높은 곳은 그 장소에서 느끼는 기분이 나쁘고, 기분이 좋은 낮은 곳으로 향하려는 경향이 강하다. 전자는 전위가 높은 곳으로 올라가려면 에너지가 필요하다.

앞에서 논의한 정의로부터 $\phi_a - \phi_b = V$이기 때문에 식 (3.19)는 전하 q_0를 균일한 전위차 V 사이를 이동시켰을 때의 일 $W_{a\to b}$가

$$W_{a\to b} = q_0 V \tag{3.20}$$

로 주어진다는 것을 나타내고 있다. 균일한 전기장 E의 경우에는 식 (3.1)을 사용하면

$$V = Ed \tag{3.21}$$

인 관계가 있다. 즉 균일한 전기장이라는 조건하에서 **전위차**는 두 점 사이의 거리에 비례한다. 따라서 어떤 전위차를 준다면, 전기장의 세기는 두 점 사이의 거리에 반비례한다. 전기장의 단위는 식 (3.21)에서 1 V/m가 된다. 이것이 1 N/C라는 것은 2.1 절에서 논하였다.

한 개의 점전하 q가 만드는 전기장 내에서 q로부터 r만큼 떨어진 점의 전위 ϕ는 식 (3.11)을 시험전하 q_0로 나눈

$$\phi = \frac{U}{q_0} = \frac{1}{4\pi\varepsilon_0}\frac{q}{r} \tag{3.22}$$

이다. 이것을 그래프로 나타내면 그림 3.12와 같이 된다. 이 식에서도 전위를 측정하는 기준점을 전하에서 무한히 먼 점으로 하는 것은 3.1 절의 위치에너지의 경우와 같다.

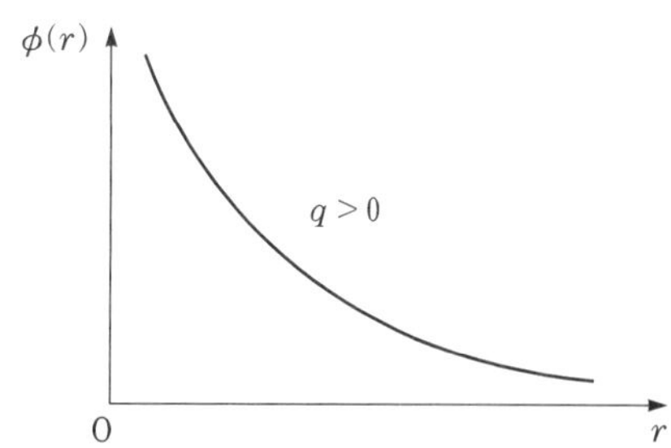

그림 3.12

점전하가 복수의 여러 개가 있을 때 q_0가 놓여 있는 점의 전위는 식 (3.14)를 이용하면

$$\phi = \frac{U}{q_0} = \frac{1}{4\pi\varepsilon_0}\sum_i \frac{q_i}{r_i} \tag{3.23}$$

이 된다. 여기서 i번째의 전하를 q_i라 하고, 이 점으로부터 전위를 측정하는 점까지의 거리를 r_i로 하고 있다.

전하가 점전하가 아니고 공간에 넓게 분포되어 있는 경우의 전위는 식 (3.17)을 유도했을 때와 같이, 미소 영역 dV의 전하밀도 $\rho(\boldsymbol{r}')$의 전위에 대한 기여를 적분하여

$$\phi(\boldsymbol{r}) = \frac{1}{4\pi\varepsilon_0}\int \frac{\rho(\boldsymbol{r}')}{|\boldsymbol{r}-\boldsymbol{r}'|}dV' \tag{3.24}$$

가 얻어진다. 이것을 사용하면 식 (3.17)의 위치에너지는

$$U = \frac{1}{2}\int \rho(\boldsymbol{r})\phi(\boldsymbol{r})\,dV \tag{3.25}$$

로 나타낼 수가 있다.

▌예제 3.3▌ 반경 R인 구각(球殼)상에 전하 Q가 균일하게 분포되어 있을 때 구각 내부와 외부의 전위를 구하여라.

풀이 구각의 중심을 원점으로 한다. 원점에서의 거리 r이 $r > R$인 경우(구각의 외부), 전기장은 전체 전하 Q가 원점에 있을 때와 같기 때문에(2.5절) 전위는

$$\phi(r) = \frac{Q}{4\pi\varepsilon_0 r} \qquad (r > R)$$

이 된다. $r < R$(구각의 내부)인 경우에는 전하가 없는 영역으로 $E = 0$이 되기 때문에 (연습문제 [4] 참조), 전위는 일정하다. 전위의 값은 구각의 내부와 외부의 경계($r = R$)에서 연속적이지 않으면 안 되기 때문에 그 값은

$$\phi(r) = \phi(R) = \frac{Q}{4\pi\varepsilon_0 R} \qquad (r < R)$$

로 된다(그림 3.13). ■

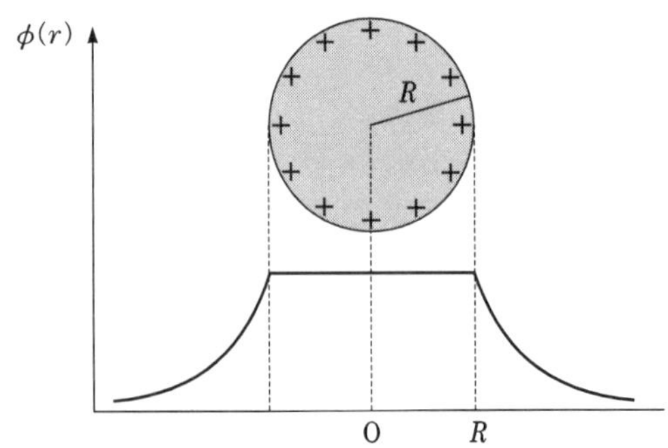

그림 3.13

| 예제 3.4 | 전위차가 1 V인 두 점 사이를 전자가 이동했을 때의 전자의 에너지의 증가분을 **1전자볼트**(1eV)로 정의한다. 이것에 의해 $1\text{eV} = 1.6\times10^{-19}\text{J}$이 되는 것을 보여라. 또 현재 사용되고 있는 가속기의 최대에너지 1000 GeV는 몇 J에 해당하는가? 단, 1 GeV는 10^9 eV이다.

풀이 전자의 전하는 $q = 1.6\times10^{-19}$ C이기 때문에, 1 V의 전위차에 대한 일을 생각하면 $W = qV$에 의해 $1\ \text{eV} = 1.6\times10^{-19}$ J가 된다. 1000 GeV는 1.6×10^{-7} J이다. ■

| 예제 3.5 | 공간의 각 점에서 전기장 E를 알고 있을 때, 두 점 a와 b의 전위를 결정하려면 어떻게 해야 하는가?

풀이 식 (3.13)에서 $W_{\text{a}\to\text{b}} = \int_{\text{a}}^{\text{b}} q_0\boldsymbol{E}\cdot d\boldsymbol{s}$이기 때문에

$$\phi_{\text{a}} - \phi_{\text{b}} = \int_{\text{a}}^{\text{b}} \boldsymbol{E}\cdot d\boldsymbol{s} = \int_{\text{a}}^{\text{b}} E\cos\theta\, ds \tag{3.26}$$

의 관계가 있다. 따라서 a와 b 사이를 연결하는 일의 경로에 따라 식 (3.26)의 우변의 적분을 계산하면 된다. ■

3.3 등전위면

2차원 면 내에서 전위가 같은 점을 연결해 가면 등전위의 곡선을 그릴 수가 있다. 같은 방법으로 3차원 공간에서 전위가 같은 점을 연결했을 때 만들어진 면을 등전위면이라 한다. 원점에 점전하 q가 있는 경우의 **등전위면**은 식 (3.22)에서

$$\phi = \frac{1}{4\pi\varepsilon_0}\frac{q}{r} = C \quad (= \text{일정})$$

이라는 조건에서

$$r = \frac{q}{4\pi\varepsilon_0 C} = \text{일정}$$

이 되기 때문에 원점을 중심으로 구면이 된다.

반경이 다른 구면은 각각 전위의 값이 다른 등전위면이다. $q > 0$일 때는 반경이 작은 구면의 쪽이 반경이 큰 구면보다 전위가 높다. 예로서 2차원 공간에 점전하가 있을 때, 각 점에서의 전위를 등전위선으로 나타내어 본다(그림 3.14).

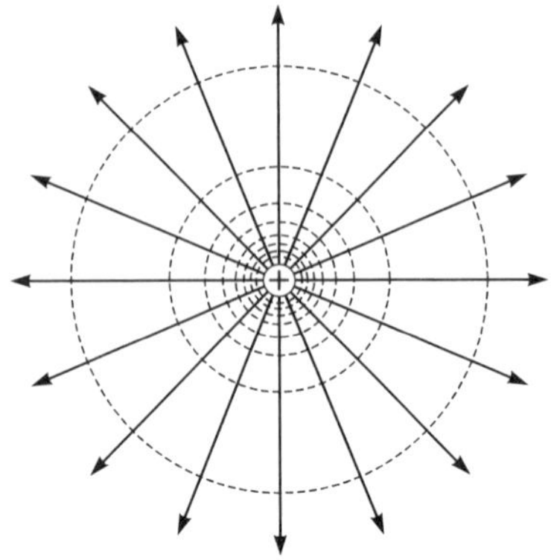

그림 3.14

등전위면 위를 전하 q_0가 이동할 때 전기장이 하는 일을 생각해 본다(그림 3.15). 등전위면을 생각하는 공간에는 전위의 근원인 전기장이 존재하고 전하에 힘을 작용시키고 있다. 힘의 크기와 움직인 거리의 곱의 적분이 일에 해당된다. 그러나 전하가 등전위면 위를 움직이고 있는 한, 이동하고 있는 경로 전체의 점에서 전위가 같기 때문에 이동 전후에서 $q_0\phi$는 변하지 않는다. 즉 이 이동에 의한 전하의 에너지 증감은 없고 전기장은 일을 하지 않는다. 식 (3.13)에서 보듯이, 일에 기여하는 전기장은 경로의 접선성분이기 때문에 일이 0이란

『등전위면 전체의 점에서 전기장의 접선방향의 성분이 0이다』

라는 것을 의미하고 있다. 따라서 전기장은 등전위면에 수직이든가, 또는 0이다.

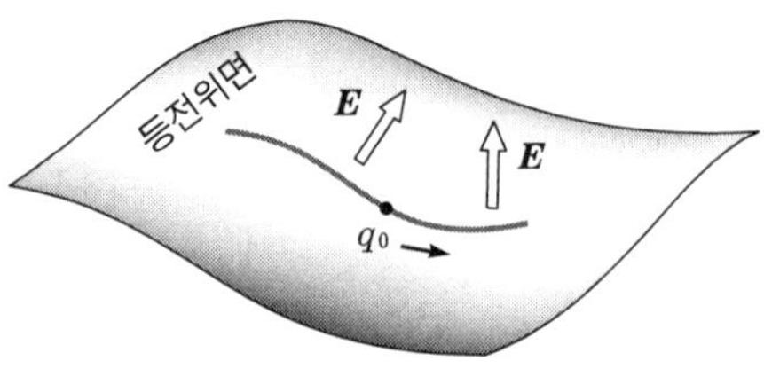

그림 3.15

전위의 기울기

식 (3.26)의 좌변은 적분공식 $\int 1\ dx = x$를 생각한다면

$$\phi_{\rm a} - \phi_{\rm b} = \int_{\rm b}^{\rm a} d\phi$$

로 쓸 수 있다. 우변에서 적분의 상한과 하한을 바꾸고, 식 (3.26)의 가운데 항과 같다고 놓으면

$$-\int_{\rm a}^{\rm b} d\phi = \int_{\rm a}^{\rm b} \boldsymbol{E} \cdot d\boldsymbol{s}$$

가 된다. 양변의 피적분항은 같아야 하기 때문에

$$-d\phi = \boldsymbol{E} \cdot d\boldsymbol{s}$$

이고, 우변의 스칼라곱을 $\boldsymbol{E} = (E_x,\ E_y,\ E_z)$, $d\boldsymbol{s} = (dx,\ dy,\ dz)$를 이용한 성분의 합으로 다시 쓰면

$$-d\phi = E_x\ dx + E_y\ dy + E_z\ dz$$

가 되기 때문에

$$E_x = -\frac{\partial \phi}{\partial x}, \quad E_y = -\frac{\partial \phi}{\partial y}, \quad E_z = -\frac{\partial \phi}{\partial z} \tag{3.27}$$

인 관계가 된다.

전기장 벡터 $\boldsymbol{E}$는 위에서 얻은 전위의 기울기 성분을 사용하여

$$\boldsymbol{E} = -\left(\boldsymbol{e}_x \frac{\partial \phi}{\partial x} + \boldsymbol{e}_y \frac{\partial \phi}{\partial y} + \boldsymbol{e}_z \frac{\partial \phi}{\partial z}\right) \tag{3.28}$$

로 쓸 수가 있다. 식 (0.49)에서 도입한 기울기 벡터 ∇를 사용하면 식 (3.28)은

$$\boldsymbol{E} = -\nabla \phi \tag{3.29}$$

로 표시되기 때문에, 전기장은 전위의 기울기의 부호를 마이너스로 한 것임을 알 수 있다. 전기장이 구 대칭일 때는 구좌표 $(r,\ \theta,\ \varphi)$로 표시하면 동경성분 (r) 만으로 되어, 간단히 되기 때문에

$$E_r = -\frac{\partial \phi}{\partial r} \tag{3.30}$$

을 사용하여

$$\boldsymbol{E} = -\frac{\partial \phi}{\partial r}\boldsymbol{e}_r \tag{3.31}$$

로 나타낸다.

▌예제 3.6▌ 점전하 q 에서 거리 r 인 점에서의 전기장의 식 (2.4)를 전위 식 (3.22) 로부터 유도하여라.

풀이 이 점에서의 전위는 식 (3.22) 로부터 $\phi = q/4\pi\varepsilon_0 r$ 이다. 구 대칭성을 생각하면, 전기장은 동경성분뿐이기 때문에, 식 (3.30) 에서

$$E_r = -\frac{\partial \phi}{\partial r} = \frac{q}{4\pi\varepsilon_0 r^2}$$

$$\therefore \quad \boldsymbol{E}(\boldsymbol{r}) = E_r \boldsymbol{e}_r = \frac{q}{4\pi\varepsilon_0}\frac{1}{r^2}\boldsymbol{e}_r$$

이 된다. ■

CHAPTER 3 연습문제

[1] $N+1$개의 전하 q, q_1, q_2, $\cdots$, q_N으로 성립된 계의 위치에너지를 식 (3.14)와 식 (3.16) 두 가지의 경우에 대해 비교하고, 다른 이유를 설명하여라.

[2] 아래 그림에서 두 점 A와 B의 전위차 $\phi(\mathrm{A})-\phi(\mathrm{B})$를 구하여라.

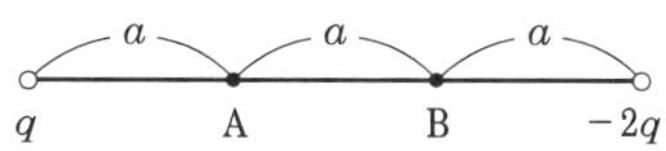

[3] 반경 R인 구 내에 전하 Q가 균일하게 분포되어 있을 때, 중심에서 거리 r인 점의 전위를 구하여라.

[4] 도체의 내부에서 전기장이 0인 사실을 이용하여, 내부에 빈 공간이 있으나 전하는 존재하지 않을 때, 빈 공간 내에서 $\boldsymbol{E}=0$인 것과 빈 공간과 도체가 등전위인 것을 나타내 보여라.

CHAPTER 4

전기용량

-전하를 저장하는 용량-

전하가 공간에 전기장을 만들고 그곳에 전위가 존재하는 것으로부터 여러 가지 전기현상이 일어난다. 이 장에서는 전하를 물체에 저장하는 것에 대해 생각한다. 그것은 우리들이 전기를 사용하기 위한 첫걸음이라고 말할 수 있다. 어떤 영역에 어느 정도의 전기량을 저장할 수가 있는가를 나타내는 것이 전기용량이다.

4.1 축전기의 전기용량

축전기

두 개의 도체를 마주보게 놓은 것이 **축전기**(혹은 콘덴서)이다. 축전기는 두 개의 도체 한쪽에 양전하를 축적하고, 다른 쪽에 같은 양의 음전하를 저장하는 장치이며 저항, 코일과 함께 **디바이스**라고 불린다. 축전기는 회로 내에서 ⊣⊢란 기호로 표시하며, 도체 사이가 진공으로 아무것도 없는 것과 도체 사이에 절연체를 놓은 것이 있다. 최근, 반도체재료 등 일렉트로닉스의 현장에서는 축전기를 대신하여 캐퍼시터라는 말이 사용되고 있다.

축전기의 충전과 방전

축전기의 기본적인 예로서 흔히 사용되는 것이 두 장의 금속판을 평행으로 마주보게 놓은 **평행판 축전기**이며, 양 또는 음의 전하를 저장할 수 있는 금속판을 **극판**이라고 한다.

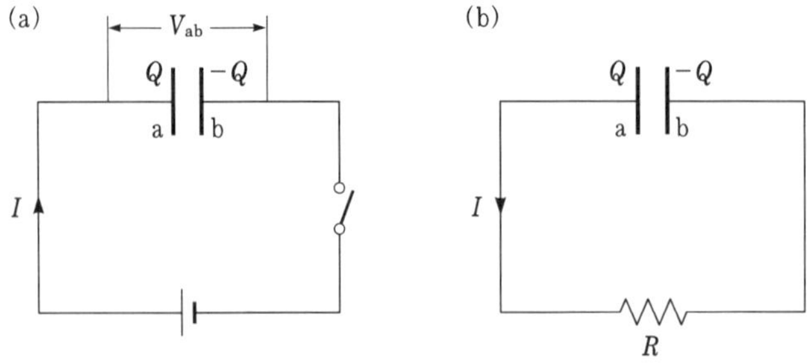

그림 4.1

그림 4.1(a)와 같이 축전기의 양끝을 도선으로 전지에 연결하고 스위치로 회로를 닫으면, 양전하의 흐름인 전류는 화살표 방향으로 흐른다. 이때 실제로는 극판 a에서 극판 b로 도선을 타고 이동하는 음전하를 갖는 전자가 이동하고 있다(위의 현상을 실현하는 것은 전지를 갖고 있는 기전력이지만, 그것에 관해서는 6.4절에서 설명한다). 그 결과 낮은 전위 쪽의 극판 b에는 음전하 $-Q$가, 높은 전위 쪽의 극판 a에는 그와 같은 양(量)의 양전하 Q가 축적된다. 이러한 것을 「전하 Q가 축전지에 저장되었다」라고 한다. 또 이 과정을 축전기를 **충전**한다고 한다. 이렇게 하여 극판 a와 b 사이에 생긴 전위차를 V_{ab}라 한다.

극판 사이에 존재하는 전기장은 축전기에 저장된 전하 Q에 비례한다. 따라서 전하가 주입되면, Q에 비례하고 극판 사이의 전위차 V_{ab}도 증가한다. 일반적으로 축전기에서는 전하와 전위차의 비율이 일정하며, 이 비율로 축전기의 **전기용량** C를 정의한다.

$$C = \frac{Q}{V_{ab}} \tag{4.1}$$

따라서

『축전기의 전기용량 C는 저장된 전하와 전위차의 비례계수이다』

라고 말하며, 축전기의 기본적인 성질이다. 축전기의 전위차는 보통 간단하게 V로 쓰기 때문에 식 (4.1)은

$$Q = CV \tag{4.2}$$

로 표시할 수 있다.

전기용량의 단위는 **패럿**(F)으로 식 (4.1)로부터 1F = 1C/V이다. 패럿은 Chap. 12에서 설명할 전자기 유도현상을 발견한 패러데이를 칭한 단위이다.

정해진 전기용량 C를 갖는 축전기는 기전력 V인 전지에 연결하여 충분한 시간이 흐르면, 식 (4.2)에 의해 Q만큼의 전하가 충전된다. 그 다음 그림 4.1(b)와 같이 전지를 제거하고 충전된 축전기에 저항을 연결하면, 축전기로부터 전하가 흘러나와 화살표 방향으로 전류가 흐른다. 최종적으로 극판상의 전하는 0이다. 축전기에서의 이런 현상을 **방전**이라 한다.

진공 중의 축전기

우선 평행판 축전기에서 극판 사이가 진공인 경우를 생각한다. 그림 4.2는 그림 4.1의 극판의 부분을 확대하여 측면에서 본 그림이다. 극판의 면적을 S, 극판 사이를 d라 한다. 충전한 축전기의 극판 사이에는 전위차가 있기 때문에 극판 사이에는 전기장이 존재하고 있다(평행선은 전기력선을 표시). 극판 사이 간격 d에 비해 극판의 크기가 아주 큰 경우에는 극판 사이의 전기장은 균일하고, 또 전기장이 극판 사이로부터 나오는 것은 없다고 생각해도 좋다. 즉 극판의 끝부분에서 전기장이 흐트러져 있는 효과는 무시할 수 있다.

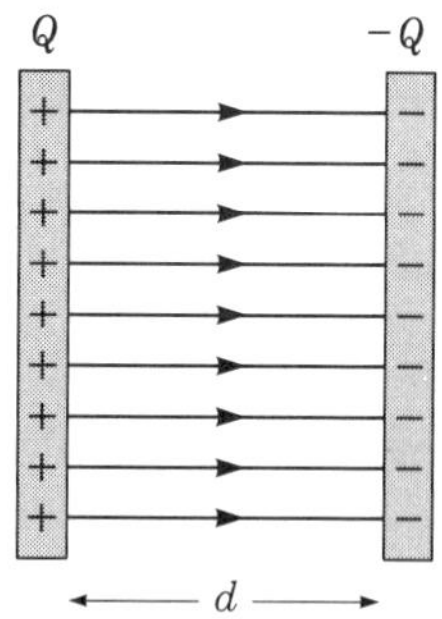

그림 4.2

전기장의 크기는 Chap. 2의 연습문제 [4]에서 보았듯이, $E = \sigma/\varepsilon_0$로 된다. σ는 극판의 표면전하 밀도(전체 전하 Q를 면적 S로 나눈 것)이기 때문에

$$E = \frac{Q}{\varepsilon_0 S} \tag{4.3}$$

으로 쓸 수가 있다. 극판 사이의 전위차는

$$V = Ed = \frac{Qd}{\varepsilon_0 S}$$

이다. 따라서 전기용량 C는 식 (4.1)로부터

$$C = \frac{\varepsilon_0 S}{d} \tag{4.4}$$

가 된다. 결국, 축전기의 전기용량은 극판의 면적에 비례하고 간격에 반비례한다.

식 (4.4)는 축전기의 전기용량이 극판의 크기와 간격에 의해 정해지며, 축적되어 있는 전하나 전위차에 의존하지 않는 것을 나타내고 있다. ε_0의 단위가 $\mathrm{C}^2/(\mathrm{N}\cdot\mathrm{m}^2)$이기 때문에 식 (4.4)로부터 전기용량의 단위는

$$1\mathrm{F} = 1\mathrm{C}^2/(\mathrm{N}\cdot\mathrm{m}) = 1\mathrm{C}^2/\mathrm{J}$$

이다. 축전기의 크기나 전류에 현실적인 값을 사용하면, 1F이라는 것은 대단히 큰 값이기 때문에, 실제 문제에서는 $1\mu\mathrm{F}\,(=10^{-6}\mathrm{F}$, 마이크로패럿)과 $1\mathrm{pF}\,(=10^{-12}\mathrm{F}$, 피코패럿)이 단위로서 사용되고 있다.

예제 4.1 한 변이 2 m인 정사각형의 평행판 축전기가 극판 간격 5 mm로 진공 속에 놓여 있다.

(a) 전기용량 C를 계산하여라.

(b) 극판 사이에 전압 3000 V를 가했을 때, 저장된 전하량 Q를 계산하여라.

(c) 극판 사이의 전기장 크기를 구하여라.

풀이 (a) $C = \dfrac{\varepsilon_0 S}{d} = \dfrac{8.85\times10^{-12}\times4}{5\times10^{-3}} = 7.1\times10^{-9}\,\mathrm{F} = 7.1\,\mathrm{nF}$

(b) $Q = CV = 7.1\times10^{-9}\times3\times10^{3} = 2.1\times10^{-5}\,\mathrm{C} = 21\,\mu\mathrm{C}$

(c) $E = \dfrac{V}{d} = \dfrac{3000}{5\times10^{-3}} = 6\times10^{5}\ \mathrm{V/m}$ ■

4.2 축전기의 연결

축전기의 기본적인 연결 방법에는 직렬연결과 병렬연결이 있다. 이 두 가지의 연결방법을 조합하여 여러 개의 축전기를 연결하면, 임의의 크기의 전기용량을 실현시킬 수 있다.

직렬연결

전기용량 C_1 과 C_2 인 축전기를 **직렬**로 **연결**한 경우를 그림 4.3(a)에 나타내었다. 두 점 a, b 사이에 전압 $V_{\mathrm{ab}} = V$를 가하면 양쪽의 축전기가 충전된다. 이때 4개의 극판상의 전하량은 다음과 같이 된다.

우선, 축전기 C_1 의 좌측의 극판에 Q 의 전하가 축적되고, 축전기 C_2 의 우측의 극판에 $-Q$ 의 전하가 축적된다. 이와 함께 C_1 의 우측의 극판에는 $-Q$ 의 전하가 저장되고, C_2 의 좌측의 극판은 Q 로 대전한다. 두 개의 축전기 전체를 한 개로 보면 좌측의 극판에 Q 의 전하, 우측 끝의 극판에는 $-Q$ 의 전하가 저장된 것으로 볼 수가 있다. C_1 의 양의 극판과 점 a 에서는 전위가 같고, C_2 의 음의 극판과 점 b 에서도 마찬가지이다. 따라서 a, b 에서 생각한 V_{ab} 와 축전기의 극판에 가까운 a′, b′ 에서 생각된 $V_{\mathrm{a'b'}}$ 은 같다.

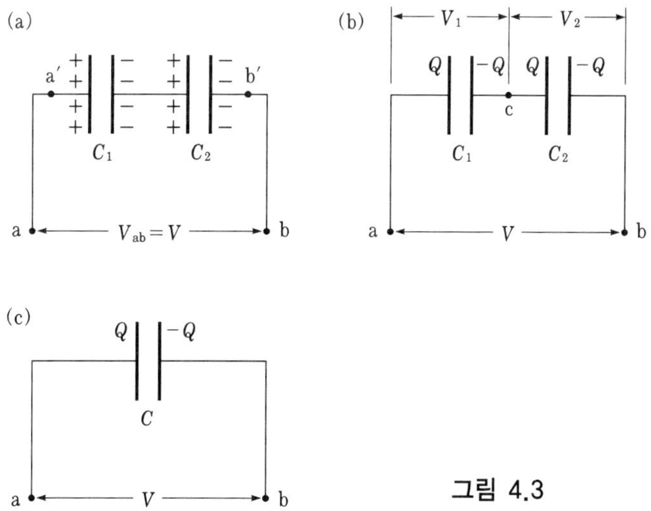

그림 4.3

다음은 그림 4.3(b)와 같이 두 개의 축전기 사이에 점 c를 생각하고, ac 사이의 전위차 V_{ac}를 V_1, cb 사이의 전위차 V_{cb}를 V_2로 쓰면

$$V_{ac} = V_1 = \frac{Q}{C_1}, \quad V_{cb} = V_2 = \frac{Q}{C_2} \tag{4.5}$$

의 관계가 된다. a와 b 사이의 전위차가 계 전체의 전위차이기에 이것을 V로 하면

$$V_{ab} = V = V_1 + V_2 = Q\left(\frac{1}{C_1} + \frac{1}{C_2}\right) \tag{4.6}$$

이 되어,

$$\frac{V}{Q} = \frac{1}{C_1} + \frac{1}{C_2} \tag{4.7}$$

이 성립한다. 좌변은 직렬로 연결한 축전기를 한 개로 볼 때[그림 4.3(c)]의 전위차를 전체의 전하량으로 나눈 것이기 때문에, 이것은 직렬연결했을 때의 **합성용량** C의 역수이다. 따라서

$$\frac{1}{C} = \frac{1}{C_1} + \frac{1}{C_2} \tag{4.8}$$

이 성립한다.

병렬연결

그림 4.4(a)는 전기용량 C_1과 C_2인 축전기를 병렬로 연결한 경우를 나타내고 있다. 두 개의 축전기 모두 좌측의 극판은 점 a와 같은 전위이고, 우측의 극판은 점 b와 같은 전위이기 때문에, 두 개의 축전기의 전위차는 같으며 $V_{ab} = V$이다. 두 개의 축전기에 저장된 전하량을 각각 Q_1, Q_2라 하면, 이것은

$$Q_1 = C_1 V, \quad Q_2 = C_2 V \tag{4.9}$$

로 주어진다. 그림 4.4(b)와 같이, 병렬로 연결된 축전기를 한 개의 축전기로 생각하면, 그 전하량 Q는

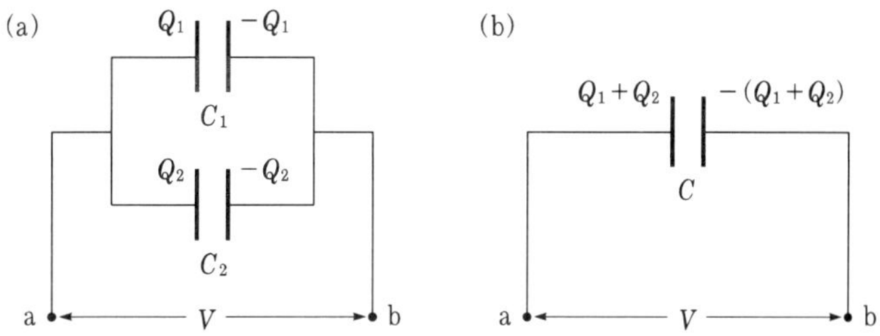

그림 4.4

$$Q = Q_1 + Q_2 = (C_1 + C_2)\,V \tag{4.10}$$

가 된다. 우변의 등식은 식 (4.9)를 이용하여 얻을 수 있다. 따라서

$$\frac{Q}{V} = C_1 + C_2 \tag{4.11}$$

로 되며, 좌변은 **병렬연결**할 때의 합성용량 C 이기 때문에

$$C = C_1 + C_2 \tag{4.12}$$

가 성립된다.

▌예제 4.2▐ 다음의 각 문제에 대하여 답하여라.

(a) $3\,\mu$F와 $2\,\mu$F인 축전기를 직렬로 연결하고 축전기의 양단을 20 V의 전지에 연결했을 때, 합성 전기용량 C를 구하고, 두 개의 축전기 각각에 저장된 전하량과 전위차를 구하여라.

(b) 위의 두 개의 축전기를 병렬로 연결했을 때 (a)와 같은 문제에 대하여 계산하여라.

풀이 (a) 식 (4.8)의 우변은

$$\frac{1}{C} = \frac{1}{3\times10^{-6}} + \frac{1}{2\times10^{-6}} = \frac{5}{6\times10^{-6}}$$

가 되기 때문에

$$C = 1.2\times10^{-6}\ \text{F} = 1.2\ \mu\text{F}$$

이 된다. 직렬연결에서는 축전기에 저장된 전하가 각각 같기 때문에, 식 (4.2)에서

$$Q = CV = 1.2\times10^{-6}\times20 = 2.4\times10^{-5}\ \text{C} = 24\mu\text{C}$$

이 된다. 따라서 전위차는 식 (4.5)에서 각각

$$V_{3\mu\text{F}} = 2.4\times10^{-5}/(3\times10^{-6}) = 8\,\text{V}$$
$$V_{2\mu\text{F}} = 2.4\times10^{-5}/(2\times10^{-6}) = 12\,\text{V}$$

가 된다.

(b) 식 (4.12)에서

$$C = 3\times10^{-6} + 2\times10^{-6} = 5\times10^{-6}\ \text{F} = 5\ \mu\text{F}$$

이 된다. 또 병렬연결에서는 전위차가 각각 같기 때문에 식 (4.9)에서

$$Q_{3\mu\text{F}} = C_{3\mu\text{F}}V = 3\times10^{-6}\times20 = 60\mu\text{C}$$
$$Q_{2\mu\text{F}} = C_{2\mu\text{F}}V = 2\times10^{-6}\times20 = 40\mu\text{C}$$

이 된다. 따라서 전체 전하량은

$$Q = CV = 5\times10^{-6}\times20 = 100\mu\text{C}$$

으로, 이 결과는 $Q_{3\mu\text{F}} + Q_{2\mu\text{F}}$ 와 일치하고 있다.

(a)와 (b)의 결과를 비교해 보면, 같은 전압을 가했을 때에 극판에 나타나는 전하량은 병렬로 연결한 쪽이 크다는 것을 알 수 있다. ■

4.3 축전기의 에너지

축전기는 전하를 저장하는 디바이스이지만, 전하를 축적함과 동시에 전기장의 위치에너지도 저장한다.

충전에 필요한 일

축전기를 충전시켜 극판에 전하가 저장되면 극판 사이에는 전기장이 발생하고 그 공간에는 (위치)에너지가 축적된다. 여기에서는 충전에 필요한 일 W를 계산하는 것으로부터 축전기에 저장된 **전기장의 위치에너지** U를 구해보겠다.

전기용량 C인 축전기의 극판 A와 B에 각각 전하 Q, $-Q$를 저장하기 위해서는 극판 B에서 극판 A로 전하를 조금씩 이동시키지 않으면 안 된다. 이때 극판 A의 전하는 0에서 증가하여 최종적으로 Q에 도달한다. 그 도중의 단계로서 극판 A에 저장되는 전하가 q, 극판 B의 전하가 $-q$로 된 시점을 생각하면, 극판 A, B 사이의 전위차는

$$v = \frac{q}{C} \tag{4.13}$$

이다. 이 식에서 전하와 전압에 소문자를 사용한 것은 충전할 때, 두 개의 양이 시간에 따라 변화하는 것을 표시하기 위해서이다.

축전기의 전기용량 C는 전하를 증가시켜도 변하지 않고 일정하다. 저장되어 있는 전하가 q, 전위차가 v일 때에 극판 B로부터 A로 미소한 전하 Δq를 이동시키는데 필요한 일은 식 (3.20)에 의해

$$\Delta W = v\, \Delta q = \frac{1}{C} q\, \Delta q \tag{4.14}$$

가 된다. 따라서 극판 A, B의 전하가 0에서 시작하여 Q와 $-Q$로 되기까지 필요한 일 W를 얻기 위해서는 ΔW의 합을 취하면 된다. 다시 말해, 식 (4.14)의 관계에서 Δq에 관한 합(적분)을 계산하면 되기 때문에

$$W = \sum \Delta W = \frac{1}{C}\int_0^Q q\,dq = \frac{1}{2C}Q^2 = U \tag{4.15}$$

가 된다. 이것이 전기용량 C인 축전기가 전하 Q를 저장하기까지 충전에 의해 한 일이며 **전기장의 위치에너지**와 같다.

식 (4.2)를 사용하여 식 (4.15)에서 전하 Q를 소거하면, 다음과 같은 식을 얻을 수 있다.

$$U = \frac{1}{2}CV^2 = \frac{1}{2}QV \tag{4.16}$$

축전기에 저장된 전하를 방전하면, 저장되어 있던 에너지가 방출되고 그로 인해 외부에 일을 한다.

| 예제 4.3 | 예제 4.2와 같이 두 개의 축전기에 저장된 에너지를 계산하여라.

풀이 (a) 식 (4.16)의 제1식을 사용하면

$$U = \frac{1}{2}C_{3\mu F}V_{3\mu F}^{2} + \frac{1}{2}C_{2\mu F}V_{2\mu F}^{2}$$
$$= \frac{1}{2}\times 3\times 10^{-6}\times 8^2 + \frac{1}{2}\times 2\times 10^{-6}\times 12^2 = 0.24\ \text{mJ}$$

제2식을 사용하면

$$U = \frac{1}{2}QV$$
$$= \frac{1}{2}\times 24\times 10^{-6}\times 20 = 0.24\ \text{mJ}$$

이 된다.

(b) 같은 방법으로 각각 [식 (4.16)의 제1식 및 제2식에 의해] 다음과 같이 된다.

$$U = \frac{1}{2}\times 3\times 10^{-6}\times 20^2 + \frac{1}{2}\times 2\times 10^{-6}\times 20^2 = 1\ \text{mJ}$$
$$U = \frac{1}{2}\times 100\times 10^{-6}\times 20 = 1\ \text{mJ}$$ ■

4.4 전기장의 에너지

장의 에너지란

진기장의 에너지란 도대체 무엇인가? 공간이 "장(場)"이란 단어로 표현될 때, 그 공간은 어떤 성질을 가지고 있다. 전기장이 에너지를 갖는 것은 공간의 어떠한 전기적 성질에 의한 것일까?

전기장은 전하에 대하여 쿨롱힘을 작용시킨다. 그 힘이 일을 할 때에 에너지가 소비된다. 결국, 아무 일도 하지 않으면 장의 에너지의 출입은 없지만, 전하를 움직이게 하면 에너지를 소비한다. 그 의미에서 장은 에너지(위치에너지)를 갖고 있다.

다음으로 **전기장의 에너지**가 어떤 표식으로 주어지는가를, 축전기를 예로서 생각해 본다. 축전기의 한쪽 극판에서 다른 쪽 극판으로 전하를 이동시켰을 때, 일을 하는 것은 4.3 절에서 보았다. 충전되어 있는 극판 사이의 공간에는 이 일을 하는 것만큼의 에너지가 저장되어 있다고 생각할 수 있다. 이렇듯 극판 사이의 전기장은 에너지를 갖고 있는 것을 알 수 있다.

극판의 면적이 S, 극판사이의 간격이 d인 평행판 축전기를 생각하자. 극판 사이의 공간에서 단위체적당 에너지 u(이것을 **에너지밀도**라고 한다)를 계산한다. 식 (4.16)에서 나타냈듯이, 그 공간에 존재하는 장의 전체 에너지는 $CV^2/2$이기 때문에 이것을 체적 Sd로 나누면 에너지밀도는

$$u = \frac{CV^2}{2Sd} \tag{4.17}$$

이 된다. 식 (4.4)에서 $C = \varepsilon_0 S/d$인 것과 균일한 전기장 E에서는 $V = Ed$의 관계가 있다는 것을 사용하면 식 (4.17)은

$$u = \frac{1}{2}\varepsilon_0 E^2 \tag{4.18}$$

로 나타낼 수 있다. 이것이 **진공 중의 전기장의 에너지밀도**이다. 이 관계는 평행판 축전기의 경우에 유도했지만, 진공 중의 어떠한 전기장에 대해서도 성립되며 이런 의미에서 식 (4.18)은 아주 일반적인 식이다.

CHAPTER 4 연습문제

[1] 전기용량이 10 μF인 축전기 A, B, C를 아래 그림과 같이 연결했을 때, 합성용량을 구하여라. 또 a, b 사이에 30 V의 전위차를 주었을 때, C의 양측에 나타나는 전위차를 구하여라.

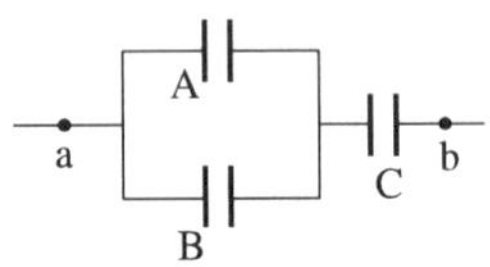

[2] 공간에 고립된 반경 R인 도체 구가 있다. 그 표면을 평행판 축전기의 한쪽 극판으로 생각하고, 다른 한쪽의 도체 극판이 무한히 멀리 떨어져 있는 곳에 있다고 하자. 이 가상적인 축전기를 이용하여 도체 구의 전기용량을 구하여라. 또 반경이 10 cm일 때의 값은 얼마인가?

[3] 300 μF인 축전기를 100 V로 충전하고 전기저항이 큰 도선을 통하여 방전시킨다. 이때 도선 내에서 발생하는 열은 얼마인가?

[4] 건조한 건물에서 나일론이나 비단의 카펫 위를 걷고서 방의 열쇠 구멍에 키를 가깝게 하면 불꽃이 튀는 일이 있다. 그 이유는 무엇인가?

CHAPTER 5

유전체

물체가 전기장 내에 놓이게 되면, 표면에 유도전하가 나타나고 물체 내부에 반대방향으로 전기장이 생긴다. 또 축전기의 극판 사이에 물체를 놓으면, 극판 사이의 전기장이 약해지고 축전기의 전기용량이 증가한다. 그 정도를 나타내는 양이 물질의 유전율이다. 이러한 유전현상을 이해함으로써 도체 내에 전기장이 존재하지 않는다는 것을 설명할 수 있다.

5.1 유전체

유전체

물질은 그 성질, 즉 **물성**에 의해 분류된다. 물성에는 전기를 잘 통하는가? 자석으로 될까? 안 될까? 단단한가? 연한가? 등 여러 가지가 있다. 어느 물성에 주목하는가에 따라 물질을 다르게 분류할 수 있다.

물체를 전기장 내에 놓았을 때 그 표면에 전하가 나타나는(유도되는) 현상이 일어난다. 1.3 절에서 서술했듯이, 이런 현상을 유전현상(誘電現象)이라 하고 그때 나타나는 전하를 유도전하라고 한다.

『물질이 전기장에 의해 유전되었을 때의 성질을 **유전성**이라 한다』

물질을 유전성으로 분류할 때, 전기적으로 **도체**인 물질은 그대로 도체라고 불린다. 그 이유는, 도체는 유전성에 관해서 눈에 띄는 것이 없기 때문이다. 한편, **절연체**는 나중에 설명하듯이 유전분극을 일으키기 때문에 **유전체**라고도 부른다. 바꿔 말하면, 유전체는 도전성에 의한 분류에서는 절연체로 분류된다.

물질의 유전율

실제로 사용되는 많은 축전기는 도체의 극판 사이에 유전체를 삽입한 구조를 하고 있다. 극판 사이에 유전체를 삽입한 축전기는 극판 사이가 진공일 때보다 전기용량이 증가한다. 이것은 유전성에 의해 아래와 같이 설명할 수 있다.

전기용량이 C_0 인 축전기를 생각하고, 극판 사이에 아무것도 삽입하지 않았을 때에는 전하 Q 를 저장하고 있다고 한다[그림 5.1(a)]. 이때 극판 사이에는 식 (4.1) 에 의해 $V_0 = Q/C_0$ 의 전위차가 있다. 극판 사이에 유전체를 삽입했을 때, 이 축전기의 전기용량의 값이 C 로 변한다고 한다. 이때 진공일 때와 같은 전하량 Q 를 저장하고 있다면, 극판 사이의 전위차 V 는 $V = Q/C$ 가 된다[그림 5.1(b)]. 유전체를 삽입했을 때와 진공일 때의 전기용량의 비를

$$\varepsilon_r = \frac{C}{C_0} \tag{5.1}$$

라 하며, 그 유전체 물질의 **비유전율**(relative dielectric constant)이라 한다. 이것은 진공의 유전율에 대한 물질의 유전율의 비이기 때문에, 물질의 유전율은 $\varepsilon_r \varepsilon_0$ 이다(ε_0 는 진공의 유전율).

극판 사이에 유전체가 없을 때와 있을 때, Q 가 일정하다는 조건에서

$$Q = C_0 V_0 = CV$$

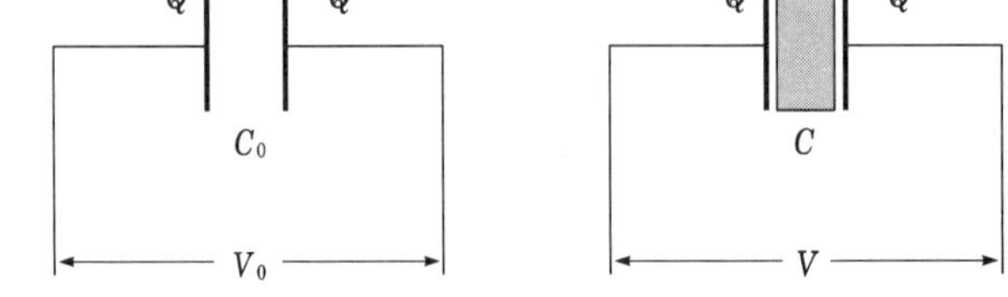

그림 5.1

가 성립된다. 이것을 $V = V_0(C_0/C)$으로 바꿔 쓰고 식 (5.1)을 사용하면,

$$V = \frac{V_0}{\varepsilon_r} \tag{5.2}$$

가 된다. 이 식은

『일정량의 전하를 저장하고 있는 축전기의 극판 사이에 유전체를 삽입하면, 진공일 때에 비하여 축전기의 전위차는 $1/\varepsilon_r$배 작게 된다』

라는 것을 나타내고 있다. 여기서 작게 된다는 것은 어떠한 물질에서도 ε_r이 1보다 크기 때문이다. 대표적인 물질의 비유전율을 표 5.1에 나타내었다.

표 5.1 물질의 비유전율(기체는 20℃, 1기압, 액체·고체는 상온에서의 값)

	물 질	비유전율
기 체	산소	1.000495
	수소	1.000254
	이산화탄소	1.000922
액 체	에틸알코올	25.07
	물	80.36
고 체	파라핀	1.9~2.4
	석영유리	3.5~4.0
	실리콘	11.7

전기분극

식 (5.2)에서 보았듯이, 유전체를 삽입하면 극판 사이의 전위차는 진공일 때의 $1/\varepsilon_r$로 감소한다. 따라서 전기장도 $1/\varepsilon_r$만큼 작게 되어, 진공의 경우 전기장을 E_0라 하면 유전체가 있을 때의 전기장 E는

$$E = \frac{E_0}{\varepsilon_r} \tag{5.3}$$

로 된다. 이 현상은 전기분극에 의해 설명된다.

거시적인 관점에서 보면, 전기분극은 유도전하에 의해 다음과 같이 해석될 수 있다. 우선 축전기 내에 유전체가 없을 때, 양의 극판에 나타난 **전하밀도**(단위면적당의 전하)를 σ_0, 음의 극판의 전하밀도를 $-\sigma_0$라 하면,

$$E_0 = \frac{\sigma_0}{\varepsilon_0} \tag{5.4}$$

가 된다[그림 5.2(a)]. 그림에 나타내고 있는 +, − 의 개수가 σ_0의 크기를 나타내며, 각각으로부터 우측방향으로 향하고 있는 전기력선의 수가 극판 사이의 전기장의 크기 식 (5.4)를 나타내고 있다.

그림 5.2(b)와 같이, 극판 사이에 유전체를 삽입하면 극판 사이의 전기장에 의해 양의 극판에 인접하고 있는 유전체 표면에 음의 전하밀도 $-\sigma_P$가 유도되며, 반대로 음의 극판에 인접한 표면에는 양의 전하밀도 σ_P가 유도된다. 이런 현상을 **전기분극**, 또는 간단히 **분극**(polarization)이라 한다. 유전체의 내부에서는 전하분포가 중성 그대로이다. 바꿔 말하면, 양전하의 분포와 음전하의 분포가 상대적으로 어긋나 표면에 분극이 나타나고 있다고 생각할 수가 있다(그림 5.3). 그림에서 ±로 나타낸 것은 양과 음의 전하가 서로 제거되는 것을 나타낸다.

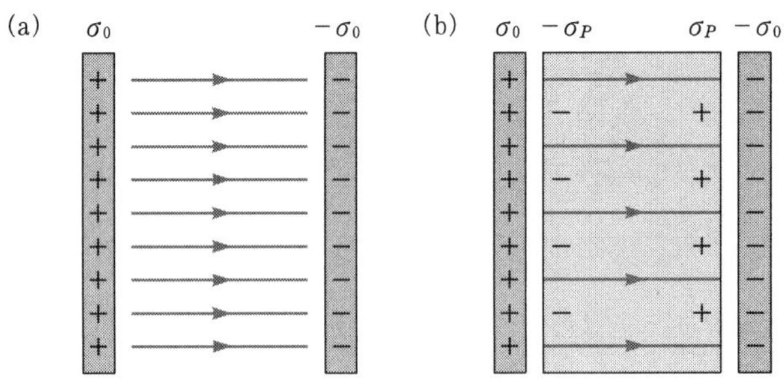

그림 5.2

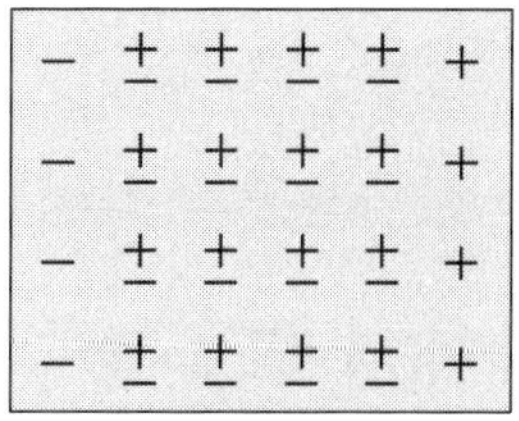

그림 5.3

유전체 표면에 나타난 **유도전하밀도** σ_P로 분극 P의 크기를 표시한다.

$$P = \sigma_P \tag{5.5}$$

여기서 **분극의 단위**는 $\mathrm{C/m^2}$이다.

분극 P의 크기는 그 원인인 전기장의 크기에 비례한다고 가정한다. 유전체를 삽입하기 전의 축전기 표면의 전하밀도를 σ_0으로 하고 있기 때문에, 유전체를 삽입하였을 때에 축전기가 갖는 실질적인 전하밀도는 $\sigma_0 - \sigma_P$로 된다(이때 전기력선의 수는 $\sigma_0 - \sigma_P$에 비례한 수로 감소한다). 따라서 유전체가 있을 때의 전기장은 Chap. 2의 문제 [4]의 해답에서

$$E = \frac{\sigma_0 - \sigma_P}{\varepsilon_0} \tag{5.6}$$

이 된다. 즉 식 (5.6)의 좌변에 식 (5.3)과 식 (5.4)를 사용하면

$$\sigma_P = \sigma_0\left(1 - \frac{1}{\varepsilon_r}\right) \tag{5.7}$$

인 관계를 얻을 수 있다.

전기감수율

식 (5.5)에서 도입한 전기분극은 전기장 내에 유전체를 삽입하였을 때, 그 표면에 전하가 나타남으로써 생긴다. 이와 같이 전기장이 있으므로 처음으로 생기는 물리량은 전기장의 크기에 비례한다고 생각하는 것은 당연하다.

식 (5.3), (5.4), (5.7)의 식에서 분극을 벡터로 나타내면

$$\boldsymbol{P} = (\varepsilon_{\mathrm{r}} - 1)\varepsilon_0 \boldsymbol{E} \equiv \chi_{\mathrm{e}} \varepsilon_0 E \tag{5.8}$$

로 표시되며, 우변의 항에 유전체의 **전기감수율** χ_{e}을 정의했다. 전기감수율이란 전기장에서 얼마만큼 분극이 생기는가에 해당하는 것이다. 이와 같이 결과가 원인에 비례하는 현상을 **선형현상** 또는 **선형효과**라 한다. 선형현상은 여러 가지 물리현상에 있어서 볼 수 있다.

진공 중에 어떤 작은 구형의 대전체가 만드는 전기력선은 2.2 절에서 보았듯이, 그림 5.4(a)와 같이 된다. 이 대전 구를 유전체 속에 넣으면, 유전분극에 의해 대전 구의 주변에 있는 유전체 표면에 대전 구와 반대 부호의 전하가 나타난다[그림 5.4(b)]. 그렇기 때문에, 비유전율이 ε_{r}인 유전체 내에서 전하 q의 대전 구가 주변에 만드는 전기장은 진공일 때의 식 (2.4)의 $1/\varepsilon_{\mathrm{r}}$로

$$\boldsymbol{E}(\boldsymbol{r}) = \frac{q}{4\pi\varepsilon_{\mathrm{r}}\varepsilon_0 r^2}\boldsymbol{e}_r \tag{5.9}$$

로 된다. 여기서도 대전 구의 중심을 좌표의 원점으로 하고 있다. 따라서 유전체 내부에서의 쿨롱의 힘은 식 (1.4)를 유전체의 비유전율로 나누고 $q_2 \to q$로 하면

$$\boldsymbol{F}(\boldsymbol{r}) = \frac{q_1 q}{4\pi\varepsilon_{\mathrm{r}}\varepsilon_0 r^2}\boldsymbol{e}_r \tag{5.10}$$

로 된다.

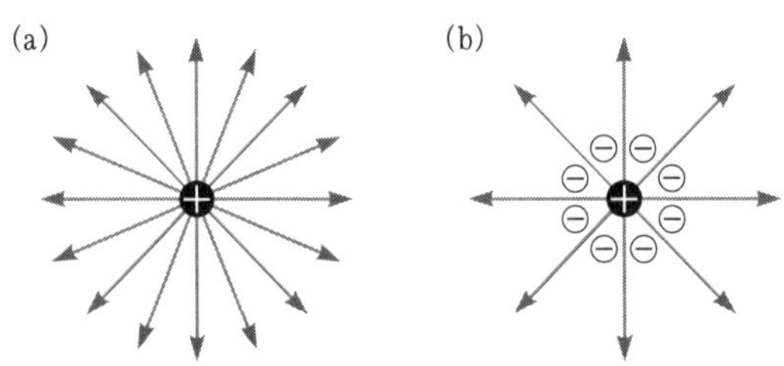

그림 5.4

진공 중의 전속밀도는 식 (2.24)에서 정의했다. 비유전율이 ε_r 인 **유전체 내의 전속밀도 $\boldsymbol{D}$**는 진공 중의 전속밀도 $\varepsilon_0 \boldsymbol{E}$에 유전체의 비유전율 ε_r을 곱한

$$\boldsymbol{D} = \varepsilon_r \varepsilon_0 \boldsymbol{E} \tag{5.11}$$

로 주어진다. 또 식 (5.8), (5.11)로부터

$$\boldsymbol{D} = \varepsilon_0 \boldsymbol{E} + \boldsymbol{P} \tag{5.12}$$

로 쓸 수가 있다. 예를 들면 유전체의 내부에 전하 Q_0가 균일하게 분포하고 있는 구가 있는 경우, 그 주위의 전속밀도는 식 (5.9)를 이용하여

$$\boldsymbol{D}(\boldsymbol{r}) = \varepsilon_r \varepsilon_0 \boldsymbol{E}(\boldsymbol{r}) = \frac{Q_0}{4\pi r^2} \boldsymbol{e}_r \tag{5.13}$$

으로 된다. 이와 같이 식의 가장 우변에는 유전율이 없기 때문에, 전속밀도는 그 근원인 전하의 양만으로 정해지고, 물질의 유전율에는 의존하지 않는 양이다. 결국, 전속밀도는 진공인가 유전체 내인가의 환경에 관계없이 존재하는 전하의 양에 의해 결정된다.

❙예제 5.1❙ 예제 4.1의 축전기의 극판 사이에 플라스틱을 넣으니, 극판 사이의 전위차는 1000 V로 되었다. 플라스틱의 비유전율을 구하여라. 또 플라스틱의 표면에 유도된 전하, 전기장의 크기를 구하여라.

풀이 플라스틱을 넣었을 때와 넣지 않았을 때 축전기의 전하는 변하지 않기 때문에, 전기용량 C는

$$C = \frac{Q}{V} = \frac{21 \times 10^{-6}}{1000} = 21 \times 10^{-9} = 21\,\mathrm{nF}$$

에 의해, 플라스틱의 비유전율은

$$\varepsilon_r = \frac{C}{C_0} = \frac{21 \times 10^{-9}}{7.1 \times 10^{-9}} = 3.0$$

이것에 의해 플라스틱 표면에 유도된 전하 Q_i, 전기장 E의 크기는 각각

$$Q_i = Q\left(1 - \frac{1}{\varepsilon_r}\right) = 21\,\mu\text{C} \times (1 - 0.333) = 14\,\mu\text{C}$$

$$E = \frac{V}{d} = \frac{1000}{5 \times 10^{-3}} = 2 \times 10^5\ \text{V/m}$$

전기장은 플라스틱을 넣기 전의 1/3로 약하게 된다. ■

| 예제 5.2 | 예제 5.1의 축전기에 저장된 에너지를 극판 사이에 플라스틱을 넣지 않은 경우(U_0)와 넣었을 때(U)에 관하여 계산하여라. 또 각각의 경우 에너지밀도 u_0, u를 계산하여라.

풀이 각각의 축전기에 저장된 에너지는

$$U_0 = \frac{1}{2} C_0 V_0^2 = \frac{1}{2} \times 7.1 \times 10^{-9} \times (3000)^2 = 3.2 \times 10^{-2}\ \text{J}$$

$$U = \frac{1}{2} C V^2 = \frac{1}{2} \times 21 \times 10^{-9} \times (1000)^2 = 1.1 \times 10^{-2}\ \text{J}$$

또 각각의 에너지밀도는

$$u_0 = \frac{U_0}{2^2 \times 5 \times 10^{-3}} = 1.6\ \text{J/m}^3$$

$$u = \frac{U}{2^2 \times 5 \times 10^{-3}} = 0.55\ \text{J/m}^3$$

로 된다. ■

5.2 유전전하의 분자모형

5.1절에서 전기장 내의 유전체는 높은 전위 쪽의 표면에 $-\sigma_P$의 유도전하밀도를 만드는 것, 그 결과 진공 중의 극판이 가지고 있던 전하밀도 σ_0가 $\sigma_0 - \sigma_P$로 감소하는 것에 관하여 논하였다. 이 절에서는, 이 유도전하가 어떠한 메커니즘에 의해 생기는 것인가를 설명하지만, 그러기 위해서는 미시적(micro)인 분자의 시점에서 생각할 필요가 있다.

절연체에는 도체와 달리 도체 내를 자유롭게 움직일 수 있는 전자가 없다. 여기서 유전체의 분극은 무엇이 원인이 되어 생기는 것인가 하는 의문이 생긴다. 그것에 대한 답은 절연체를 구성하고 있는 분자 내에서 전하분포가 변화하고, 분자가 분극을 일으키기 때문이라는 것이다. 물질의 분극 방식은 극성 분자인가 비극성 분자인가에 따라 다르다.

비극성 분자 물질의 분극

분자를 외부로부터 전기장을 가하지 않은 상태에서 봤을 때, 분자 내부에 전기적인 분극이 없는 것, 즉 분자 내의 어느 곳에서도 원자핵에 의한 양의 전하와 주변의 전자에 의한 음의 전하 분포에 의한 전기적 효과가 서로 상쇄되는 것을 **비극성 분자**라 한다[그림 5.5(a)]. 비극성 분자가 규칙적으로 나열하여 만들어진 결정에 외부로부터 전기장이 가해지지 않았을 때의 분자배열을 그림 5.5(b)에 나타내었다.

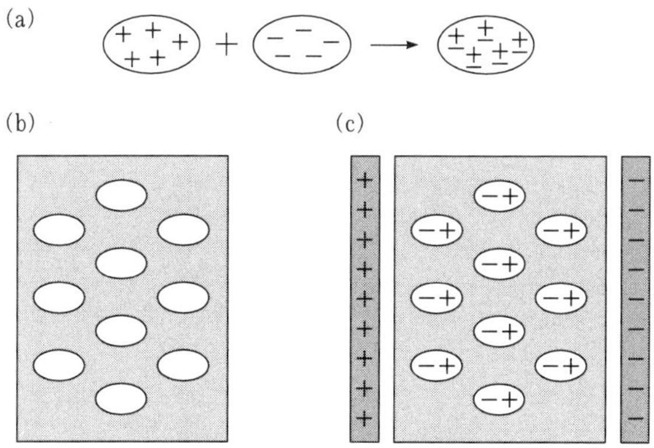

그림 5.5

비극성 분자로 되어 있는 물질을 대전시킨 평행판 축전기에 넣으면, 각 분자 내부의 양의 전하가 음의 극판 쪽으로 끌어 당겨지고, 음의 전하는 양의 극판 쪽으로 끌어 당겨진다. 그 결과 비극성 분자가 분극하여 2.2절에서 설명한 전기쌍극자를 갖고 정렬한다[그림 5.5(c)]. 이 상황은 유전체의 좌측 끝에 음의 전하가 우측 끝에 양의 전하가 나타나고, 둥근 원의 내부에는 양과 음의 전하가 합해져 있다고 생각할 수 있다. 이것이 비극성 분자로 된 물질에서의 **유전분극의 미시적인 이해**이다.

극성분자 물질의 분극

한편, 물 분자 H_2O와 같은 **극성분자**에서는 분자 전체에 같은 양(量)의 양과 음의 전하를 갖고 있어 전기적으로 중성이다. 하지만 분자의 내부를 보면, 한쪽에 양의 전하가 모여 있고 반대쪽에는 음의 전하가 모여 있어, 전하가 다소 한쪽으로 치우쳐 분포되어 있다. 결국, 분자의 전하분포는 전기장을 가해주지 않아도 그림 5.6(a)와 같이 분극되어 있다. 이 분자에서는 양전하의 중심과 음전하의 중심이 일치하고 있지 않기 때문에 전기쌍극자를 갖는다. 그림 5.6(b)와 같이, 극성분자로 된 물질에서는 외부로부터의 전기장이 없을 때, 극성분자가 서로 임의의(랜덤) 방향으로 나열되어 있기 때문에 전체를 거시적(macro)으로 볼 경우, 물질의 분극은 상쇄되어 있다.

임의(랜덤)로 방향을 하고 있는 것은 가지런히 정돈되어 있는 것보다도 엔트로피가 크다. 열역학적으로 말하면, 그 쪽이 계의 에너지가 낮기 때문이다. 이것을 전기장 내에

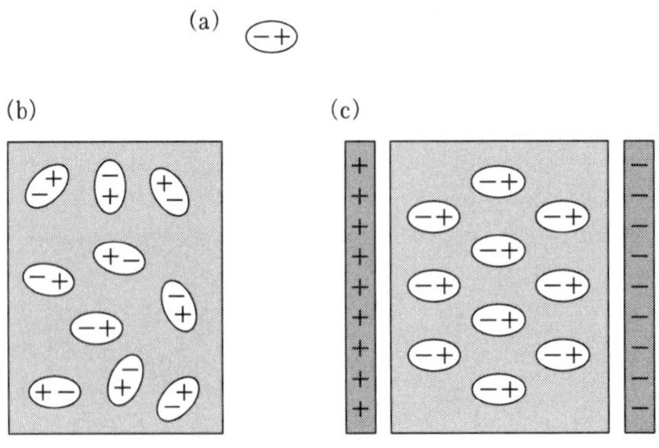

그림 5.6

놓으면 그림 5.6(c)와 같이, 전기쌍극자로 되어 있는 각 분자에 짝힘이 작용하여 각 분자의 분극이 전기장의 방향으로 정렬된다.

비극성 분자 물질과 극성분자 물질의 양쪽 모두 전기장 내에서 분자의 분극은 그림 5.5(c)와 그림 5.6(c)와 같이, 결과로서는 같지만 그렇게 되기까지의 메커니즘은 다르다.

유전체의 분극

대전된 축전기 내에 유전체를 놓았을 때의 분극을 생각한다. 그림 5.7(a)에 유전체를 넣기 전(즉 진공)의 전기력선을 화살표로 나타낸다. 이것은 그림 5.2(a)와 같은 것이다.

유전체를 극판 사이에 놓으면, 그것이 극성분자, 비극성 분자 어느 것으로 되어 있는 경우에도 분자가 분극하여 유전체의 양쪽 표면에 유도전하의 층이 형성된다. 유전체의 표면 이외, 즉 내부에서는 전하가 0이다.

그림 5.7(b)와 같이, 극판에 삽입된 유전체에는 표면의 유도전하 σ_P에 의해, 그림

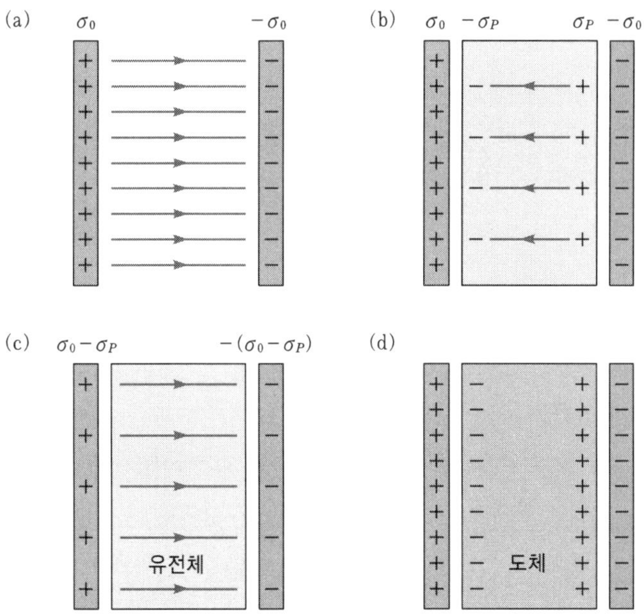

그림 5.7

5.7(a) 에 화살표로 나타낸 것과는 반대 방향의 전기장이 생긴다. 이것을 **유도전기장**이라 한다. 그 결과, 축전기의 전하 일부가 유도전하에 의해 없어지고, 축전기 전체에서는 전하 $\sigma_0 - \sigma_P$ 에 의해 우측 방향의 전기장이 존재한다. 그림 5.7(c) 에는 $\sigma_0 - \sigma_P$ 에 의한 전기력선을 나타내었다.

다음으로 도체를 축전기에 넣은 경우를 그림 5.7(d) 에 나타내었다. 이 경우에는 축전기의 전하와 같은 양의 전하가 도체 표면에 나타나기 때문에($\sigma_0 = \sigma_P$), 도체 내의 전기장은 완전히 상쇄되어 축전기의 전기장 E 는 0 으로 된다.

도체 내에 전기장이 없는 이유

표면전하에 의해 생긴 유도 전기장에 의해, 도체 내에는 어디에도 전기장이 존재하지 않는 이유를 설명한다. 전원에 연결되어 있지 않고 고립되어 있는 도체를 전기장 $\boldsymbol{E}_1$ 내에 놓았을 때에 어떤 일이 일어날까를 생각하자. 도체의 특징은 그 안을 자유로이 움직이는 전도전자가 있는 것이다. 그림 5.8(a) 와 같이, 도체를 전기장 내에 놓은 직후에 외부로부터의 전기장은 일단 도체 내로 들어가 내부에 전기장 $\boldsymbol{E}_1$ 을 만든다. 이 전기장이 도체 내의 전도전자를 움직여서 전류가 흐르기 시작한다. 이때 **전류밀도** $\boldsymbol{J}$와 전기장 $\boldsymbol{E}_1$ 에는 $\boldsymbol{J} = \boldsymbol{E}_1/\rho$ 의 관계가 있다(이것에 대해서는 6.3 절에서 배운다). ρ는 물질의 전기저항률이다. 이렇게 하여 그림 5.8(b) 와 같이, 양의 전하가 도체의 우측 표면에, 음의 전하가 좌측 표면에 쌓여간다. 이 두 장의 표면 전하층이 새롭게 도체 내부에 전기장 $\boldsymbol{E}_2$ 을 만든다. 그 방향은 그림 5.8(b) 에 나타내듯이, 양전하에서 음전하의 방향으로 향한다. 즉 처음 외부로부터 가해진 전기장 $\boldsymbol{E}_1$ 과는 반대 방향이다. 이와 같이 도체 내부에는 정전유도에서 생긴 **유도전기장** $\boldsymbol{E}_2$ 와 **외부전기장** $\boldsymbol{E}_1$ 이 합해진 전기장 $\boldsymbol{E}_1 + \boldsymbol{E}_2$ 가 존재하게 된다.

외부전기장에 의해 전하가 이동하고 있는 동안에는 도체 표면에 존재하는 전하의 양은 점차로 증가한다. 이와 함께 유도전기장 $\boldsymbol{E}_2$ 의 크기도 증가한다. 최종적으로 유도전기장은 외부전기장과 크기가 같아질 때까지 증가한다. 그 결과 도체 내의 어느 곳에서도 그림 5.8(c) 와 같이, $\boldsymbol{E}_1 + \boldsymbol{E}_2 = 0$ 이 된다. 이렇게 하여,

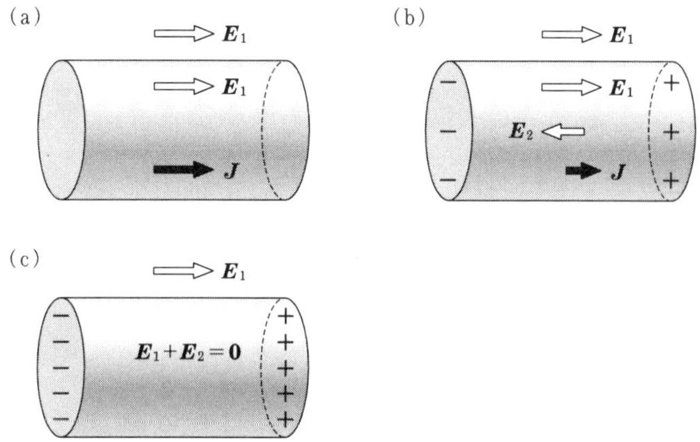

그림 5.8

『유도전기장이 외부전기장을 제거하여 내부에서 전류가 흐르 지 않게 되는 상태로 평형에 도달한다』

이것이 고립도체 내에 전류가 흐르지 않는 이유이다.

도체를 전기장 내에 놓고 나서, 유도전기장이 외부전기장을 제거하기까지 필요로 하는 시간은 약 10^{-8}초라는 아주 짧은 시간이라는 것을 알고 있다. 따라서 이것은 일상의 감각에서는 순간적으로 일어나고 있다고 생각할 수 있다. 결국, 전기장 내의 도체 내에서는 항상 전기장이 0이다.

5.3 유전체 내에서의 가우스 법칙

그림 5.9와 같이, 축전기의 좌측의 극판과 유전체의 좌측면을 포함한 모양으로 배치한 직육면체 상자의 단면도(a)와 입체도(b)를 생각하자. 직육면체의 좌측 절반은 도체극판 내에 있어, 그곳에서는 전기장이 0이기 때문에 상자의 좌측면에서는 $E=0$, 우측 절반은 유전체 내에 있기 때문에 직육면체의 우측면에는 E, 다른 4개의 측면에서는 $E_\perp=0$이다. 측면의 면적을 S라 하면, 직육면체의 상자 속에 있는 전하는 $(\sigma_0-\sigma_P)S$이다.

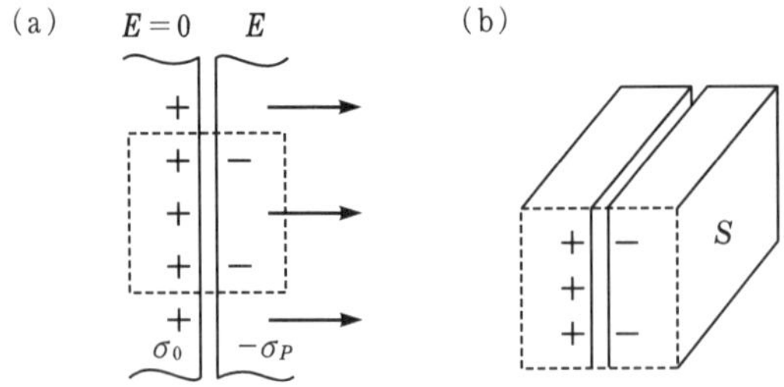

그림 5.9

가우스 법칙인 식 (2.20)을 이용하면,

$$ES = \frac{\sigma_0 - \sigma_P}{\varepsilon_0}S \tag{5.14}$$

가 성립한다. 식 (5.7)로부터 $\sigma_0 - \sigma_P = \sigma_0/\varepsilon_r$이기 때문에, 식 (5.14)는

$$\varepsilon_r ES = \frac{\sigma_0}{\varepsilon_0}S \tag{5.15}$$

로 쓸 수 있다. 결국, 전기장의 세기 $\varepsilon_r E$가 면적 S를 관통할 때의 전속은 직육면체로 둘러싸여 있는 전하의 양 $\sigma_0 S$을 진공의 유전율로 나눈 것이 된다. 따라서 **유전체 내의 가우스 법칙**은

$$\int \varepsilon_r \boldsymbol{E} \cdot d\boldsymbol{S} = \frac{q}{\varepsilon_0} \tag{5.16}$$

으로 된다. 이것은 진공에서의 가우스 법칙인 식 (2.20)에서 전기장을 유전체 내의 것($\boldsymbol{E} \to \varepsilon_r \boldsymbol{E}$)으로 한 것이다.

일정한 전하량 Q를 저장한 두 장의 극판 사이에 비유전율 ε_r의 유전체를 삽입하면, 전기장의 크기는 $1/\varepsilon_r$배로 되며, 두 장의 극판의 전위차도 $1/\varepsilon_r$배가 되는 것을 식 (5.2), (5.3)에 나타냈다. 그 결과, 축전기의 전기용량 $C = Q/V$는 극판 사이가 진공일

때의 전기용량 C_0의 ε_{r}배로 되는 것도 식 (5.1)에서 보았다. 결국,

$$C = \varepsilon_{\mathrm{r}} C_0 \tag{5.17}$$

이 된다.

평행판 축전기의 극판의 면적을 S, 간격을 d라 하면, 이 축전기의 전기용량은 식 (4.4)에서

$$C = \frac{\varepsilon_{\mathrm{r}} \varepsilon_0 S}{d} \tag{5.18}$$

로 된다. 식 (5.17)은 유전체의 비유전율을 구하는 방법을 나타내고 있다. 즉 축전기의 극판 사이에 유전체를 삽입한 경우의 전기용량 C와 극판 사이가 진공인 경우의 전기용량 C_0를 측정하여, 양쪽의 비를 구하면 ε_{r}이 정해지는 것이다.

CHAPTER 5 연습문제

[1] 식 (5.3), (5.4), (5.6)에서 식 (5.7)을 유도하여라.

[2] 표면적 $1\,\mathrm{m}^2$, 두께 $0.2\,\mathrm{mm}$ 인 종이를 삽입한 두 장의 금속 박(箔)으로 만든 축전기의 전기용량을 구하여라. 단, 종이의 비유전율을 3.5로 한다.

[3] $100\,\mathrm{V}$로 충전되어 있는 전기용량 $200\,\mu\mathrm{F}$인 축전기 A를 같은 전기용량의 충전되어 있지 않은 축전기 B와 병렬로 연결하였다.

(a) A, B의 전압을 구하여라.

(b) A, B가 갖는 전기장의 에너지를 구하여라.

(c) A가 처음에 갖고 있던 전기장의 에너지와 (b)의 에너지를 비교하여, 그 차의 에너지가 어떻게 되었는가를 설명하여라.

CHAPTER 6

전류

-전기저항과 기전력으로 결정되는 흐름-

우리들은 일상생활에 많은 전기기구를 사용하고 있으며, 전류에 기반을 두고 있다. 전류란 하전입자의 흐름이다. 물체 내에는 운동을 방해하는 것이 있고, 이것이 전기저항의 원인이다. 전류가 생기기 위해서는 하전입자를 움직이게 하는 힘이 필요하며, 이 힘을 기전력이라 한다. 이 장에서는 저항과 기전력을 메커니즘까지 설명한다.

6.1 전류를 담당하는 것

전기스탠드의 라이트를 켜고 책상 위를 밝게 한다. 컴퓨터를 사용할 때에 전원의 스위치를 넣는다. 이 때 콘센트로부터 전기기구까지의 코드에 전류가 흘러 기기를 작동시킨다. 이것은 전류가 일을 하고 있는 아주 가까운 예이다. 이때 전류를 발생시키고 있는 근원은 발전소의 발전기이다(그 원인은 14.1 절에서 설명한다). 또는 좀 더 손쉽게 배터리를 사용하는 경우는 그 기전력이 전류를 흐르게 한다. 기전력에 관하여는 6.4 절에서 설명한다. 발전기와 배터리, 어느 쪽의 경우든 **전류**는 1.3 절에서 설명한 하전입자의 흐름이다.

전자와 이온

우리들이 일상적으로 사용하고 있는 도선은 예를 들어 직경이 약 1 mm 정도이며, 그것은 물론 거시적인 크기이기 때문에 눈으로 보거나 손으로 만지거나 할 수 있다. 그러나 도선 속에서 전기를 운반하고 있는 입자는 **전자**와 **이온** 등 물질을 구성하고 있는 **미시적인 입자**이다. 원자의 크기가 1 nm(나노미터, 10^{-9}m) 정도라는 것을 생각하면, 도선에는 막대한 수의 미시적인 입자가 흐르고 있는 것이 된다.

그러면 그 막대한 수란 실제로는 몇 개 정도일까를 대략 계산해 보자. 예를 들어 도선의 직경을 1 mm라 한다. 1 mm는 1 nm의 10^6배이다. 3차원의 양인 체적으로 이야기하면, 1 mm^3은 1 nm^3의 $(10^6)^3 = 10^{18}$배이다. 즉 체적이 1 mm^3인 도선 속의 원자의 수는 약 10^{18}개라고 어림잡을 수 있다. 각 원자가 자유로이 움직이는 전자를 1개 갖고 있다고 한다면, 이 도선을 1 mm^3당 약 10^{18}개의 전자가 흐르게 되는 것이다.

전류계로 전류의 크기를 측정할 때는 그만큼 다수의 전자를 합친 거시적인 양을 측정하고 있는 것이다. **전류의 단위**는 **암페어**(A)이며, 1A는 매초 1C의 전하량이 흐르는 전류로 정의되어

$$1\text{A} = 1\text{C/s}$$

이다. 1개의 전자가 갖는 전하가 -1.6×10^{-19} C이기 때문에, 1A는 매초 약 6×10^{18}개의 전자가 흐르게 된다.

전도전자

금속 내에서 전류를 운반하고 있는 것은 전자이다. 금속 등의 고체 결정은 원자와 분자가 규칙적으로 나열되어 있으며 상호 결합되어 있다. 이것은 5.2절에서도 설명했다. 각각의 원자는 복수의 전자를 갖고 있지만 그것들은 두 종류로 분류된다. 원자 내에서 원자핵에 아주 가깝게 속박되어 있어 움직일 수가 없는 전자(그것을 **내각전자**라 한다)와 원자에 느슨하게 속박되어 있는 **가전자**이다.

가전자 내에서도 금속 내를 자유로이 움직여 전도에 기여하는 전자를 **전도전자**(conduction electron)라고 한다. 전도전자는 금속 내에서 계속하여 장소를 바꾸며 이동할 수가 있다. 하나하나 여기저기로 옮겨 다니는 막대한 수의 전자를 합한 것이 금속이란 거시적인 물질에서의 전류로 나타난다.

전류를 담당하는 것은 음의 전하를 갖는 전자만이 아니다. 이온이 용출하고 있는 용액이나 플라즈마 등 이온화된 기체 내에서는 중성원자에서 분리된 전자와 전자를 잃은 양이온 둘 다 전류를 운반한다. 또 IC 등에 사용되고 있는 반도체에서는 전자가

빠져나간 구멍도 전류를 운반한다. 이 구멍을 양전하를 갖는 입자라고 가정하여 **정공**(hole)이라 한다. 위에서 설명한 것과 같이, 전류를 운반하는 매체를 **캐리어**(carrier)라고 총칭하고 있다.

전도체와 절연체

물체 속을 전자가 쉽게 이동할 수 있고 전기를 잘 전달하는 물체를 **전도체**라 한다. 대부분의 경우, 이것을 간단히 **도체**라고 한다. 또는 열을 잘 전달하는 것과 구별할 필요가 있을 때에는 전기전도체라고도 한다. 전도체의 대표적인 물질은 구리와 철과 같은 금속이다.

이것에 대해, 예를 들어 유리와 같이 전기를 전달하기 어려운 물질을 **절연체**라 한다. 절연체는 고체에 한정된 것이 아니라 기체에도 있다. 예를 들면 공기는 절연체이다. 절연체라 하더라도 전기를 전혀 전달하지 못하는 것은 아니다. 전달되는 것이 극히 작다는 이야기이다. 그것을 나타내는 양이 식 (6.8)로 정의한 전기전도율이다. 물질을 도체와 절연체로 나누고 있는 성질인 **전기전도성**은 물질의 기본적인 성질의 하나이다.

6.2 전류

도선에 전지를 연결했을 때에 전지가 갖고 있는 기전력이 도선 내에 전기장을 발생시키고, 그것에 의해 힘을 받은 하전입자가 움직여서 도선에 일정한 **전류**가 생기게 된다. 이것이 **전기전도**이다. 어떻게 해서 일정한 전류가 흐르는 것일까에 대해 아래에서 설명한다(기전력의 설명은 6.4 절을 참조).

전류의 방향

원기둥의 도체에 우측방향으로 전기장 $\boldsymbol{E}$가 가해져 있을 때의 양전하의 흐름을 그림 6.1(a)에서 설명한다. 전기장 $\boldsymbol{E}$와 양전하 q가 받는 힘 $\boldsymbol{F} = q\boldsymbol{E}$는 항상 같은 방향이기 때문에 하전입자가 이동하는 속도 $\boldsymbol{v}_{\mathrm{d}}$도 우측방향의 벡터이다. 그림 6.1(b)에 같은 전기장의 방향에서의 음전하의 흐름을 나타내었다. 이 경우는, 힘 $\boldsymbol{F} = q\boldsymbol{E}$의 우변의

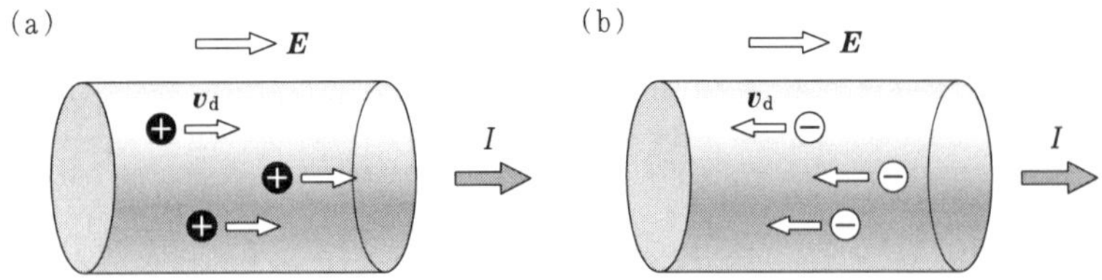

그림 6.1

부호를 명확히 나타내기 위해서 $-|q|\boldsymbol{E}$라고 쓰면, $\boldsymbol{F}$는 전기장과 반대방향이 되기 때문에 유동속도 $\boldsymbol{v}_\mathrm{d}$가 좌측방향이 된다. 음전하가 좌측방향으로 흐른다는 것은 양전하가 우측방향으로 흐르고 있다고 해석할 수 있다. 따라서 양전하의 흐름으로 정의되는 전류는 전기장과 같은 우측방향이다.

결국, 양전하의 흐름의 방향을 **전류의 방향**으로 정의하면, 캐리어의 전하의 부호에 상관없이 전류는 전기장과 같은 방향이 된다.

전류의 정의

면적 S를 단위시간(1초 동안)에 통과한 전하의 양으로, 그 면을 흐르는 **전류** I를 정의한다. 이것을 그 장소에서의 전하량의 시간 변화가 전하의 이동에 의해 전류가 주어졌다고 생각해도 좋다. 따라서 면적 S를 시간 dt 동안에 통과한 전하가 dQ일 때, 전류 I의 크기는

$$I = \frac{dQ}{dt} \tag{6.1}$$

로 주어진다.

전류의 크기 I는 유동속도(drift velocity)의 크기 v_d, **하전입자수의 밀도** n(단위는 m^{-3}), 전하 q을 이용해 표현할 수 있다. 캐리어는 시간 dt 사이에 $v_\mathrm{d}\,dt$만큼의 거리를 진행하기 때문에, 면적 S를 통과하여 지나가는 입자의 수는 이동하는 공간의 체적 $Sv_\mathrm{d}\,dt$와 전하입자 밀도 n의 곱인 $nSv_\mathrm{d}\,dt$가 된다(그림 6.2). 따라서 S로부터 흘러나오는 전하의 양은

$$dQ = nqv_\mathrm{d}\,S\,dt \tag{6.2}$$

로 된다. 따라서 전류는 식 (6.1)에 의해

$$I = \frac{dQ}{dt} = nqv_{\mathrm{d}} S \quad (6.3)$$

가 된다.

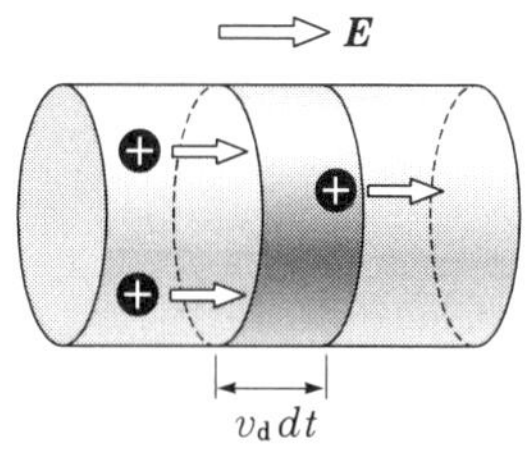

그림 6.2

전류밀도

단위면적당 흐르는 전류를 **전류밀도** J로 정의한다. 만일 도선의 단면적 S에 전류 I가 흐르면, 전류밀도 J는 식 (6.3)에서

$$J = \frac{I}{S} = nqv_{\mathrm{d}} \qquad (6.4)$$

가 된다. 이것을 전하의 부호가 양과 음인 경우에 공통적으로 나타내면

$$J = n|q|v_{\mathrm{d}} \qquad (6.5)$$

로 된다. 식 (6.5)는 전류의 방향은 상관없이 크기만을 나타낸 식이다.

전류밀도를 방향도 포함하여 표시하려면 벡터를 사용하는 것이 좋다. 식 (6.5)의 우변에서 벡터량은 유동속도이기 때문에 벡터량으로서의 전류밀도가

$$\boldsymbol{J} = nq\boldsymbol{v}_{\mathrm{d}} \qquad (6.6)$$

으로 정의된다. 식 (6.6)은 q의 부호가 양과 음의 경우 공통으로 적용되는 식이다. q의 부호가 양이면 $\boldsymbol{J}$의 방향은 $\boldsymbol{v}_{\mathrm{d}}$의 방향과 같고, 음이면 반대방향이다. 벡터량으로서의 전류를 벡터 $\boldsymbol{I}$로 나타내면 식 (6.4)로부터

$$\boldsymbol{J} = \frac{\boldsymbol{I}}{S}$$

이다.

전자의 랜덤한 운동

도체가 도선으로 전원에 연결되어 있지 않고 고립되어 있을 때, 도체 내의 캐리어는 흐르지 않는다. 이때 도체는 정전(靜電)적인 상황에 있다고 한다. 5.2 절에서 설명했듯이, 도체가 전기장 내에 놓여 있어도, 도체 속에서는 어느 곳에서도 전기장이 0 이다. 그렇기 때문에 캐리어는 힘을 받지 않아 전류가 흐르지 않는다. 하지만 그것은 도체 내의 각 전자가 정지하고 있다는 것은 아니다.

도체인 금속에는 결정 내를 자유로이 운동하고 다니는 전도전자가 있고, 온도에 의해 정해진 속도로 운동하고 있지만 그 방향은 랜덤하다. 이 경우 랜덤(random)이란 각 전자의 속도의 방향이 가지각색이란 것이다(그림 6.3). 그 속도(**랜덤 속도**라 불린다)의 크기는 상온에서 대략 10^6 m/s 정도의 고속이다. 이때 전체적인 움직임은 랜덤한 속도의 총합이기 때문에 반대방향의 속도를 갖은 전자가 서로 상쇄한 결과

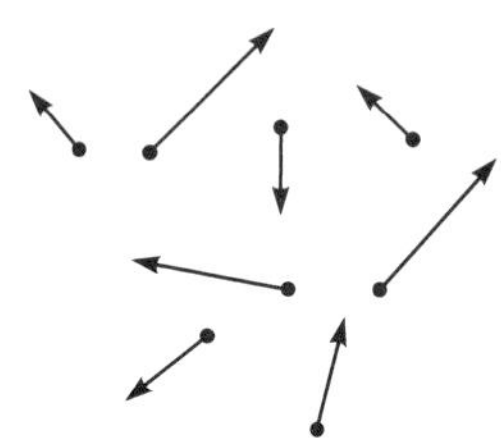

그림 6.3

『전체 전자의 속도의 벡터 합은 0 으로 된다』

따라서 실질적으로 전류는 0 이라 생각해도 좋다. 이것이 고립된 도체에 전류가 흐르지 않을 때의 각 전자의 실상이다.

유동속도

지금까지 전류를 정하는 하전입자의 속도로서 유동속도 $\boldsymbol{v}_{\mathrm{d}}$ 라 하는 양을 사용해 왔지만, 그것을 아직 정의하지 않았다. 여기서 유동속도를 정의하고 물리적인 의미를 설명한다.

우선, 도체 속에 일정한 전기장 E 가 정상적으로 만들어져 있다고 가정하자(그것이 실현되기 위해서는 6.4 절에서 설명하듯이, 닫힌 회로에 있어서 도체에 기전력이 공급되고 있을 필요가 있다). 하전입자 q 는 그 전기장으로부터 qE 의 힘을 받아서 가속된다. 각 하전입자는 원래 랜덤한 운동을 하고 있지만, 전기장에 의해 가속됨에 따라 전기장 방향으로 운동하는 하전입자의 수가 반대방향의 하전입자보다도 많게 된다. 이것이 전체적으로 하전입자를 전기장 방향으로 움직이게 한다.

하전입자는 가속되면서 결정 내에 있는 무엇인가의 **산란체**에 부딪친다. 이 **충돌**에 의해, 하전입자의 운동은 방향도 속도도 변화한다(충돌의 내용에 관해서는 6.3 절에서 설명한다). 그렇다고 하더라도 전기장이 작용하고 있기 때문에 하전입자는 전체로서 전기장의 방향으로 움직여 간다. 그림 6.4 에, 1개의 하전입자가 충돌에 의해 여러 방향으로 운동하면서도 조금씩 전기장의 방향으로 움직이는 모양을 나타내고 있다. 그때 **전기장에 의한 가속**과 **충돌에 의한 감속**이 균형이 잡힌 결과로서 속도인 값이 정해진다. 이와 같은

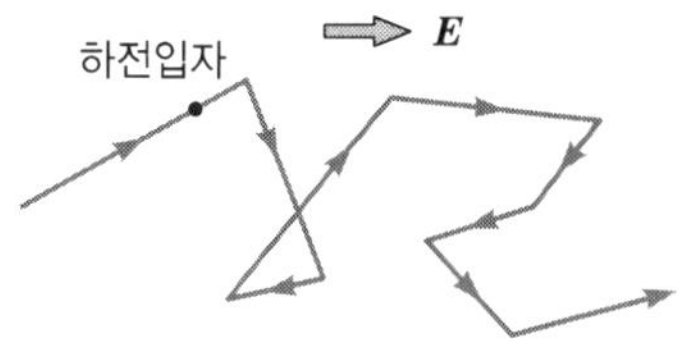

그림 6.4

『단순한 전기장의 가속에 의한 흐름이 아니고, 충돌의 효과도 받아들인 결과로서의 하전입자의 흐름을 **유동**(drift)이라 한다』

그때 가속과 충돌의 균형에 의해 결정되는 하전입자의 속도가 **유동속도**이다.

실제로는 물질 속에 막대한 수의 하전입자가 있고 입자마다 운동(속도와 충돌하는 빈도 등)이 다르다. 그러나 유동속도를 생각할 때에는 그를 평균적으로 잡고 전체의 하전입자가 같은 $\boldsymbol{v}_{\mathrm{d}}$로 움직이고 있다고 가정한다. 유동속도의 전형적인 값은 10^{-4} m/s로, 상온에서의 랜덤속도에 비하여 10^{10} 정도나 작다는 것이 실제 측정으로부터 알려져 있다.

6.3 전기저항

전기저항률과 옴의 법칙

도체에 있어서 전류밀도의 크기 J는 전기장의 크기 E에 비례한다. 이것을 **옴의 법칙**이라 한다. 이 법칙은 1826년 독일의 물리학자 옴(G. S. Ohm)이 발견한 것으로

$$\rho = \frac{E}{J} \tag{6.7}$$

로 나타내며, 이 식에서 물질의 **전기저항률**(비저항) ρ가 정의된다(이런 관계는 이미 5.2절에서 도체 속에서 전기장이 0이 되는 이유를 설명할 때 사용되었다).

전기저항률은 물질에서의 전기가 전달되기 어려운 정도를 표현하는 양이다. 반대로 말해, 이 값이 작은 물질일수록 전기가 전달되기 쉽다. **저항률의 단위**는 식 (6.7)의 우변에서 E와 J의 단위를 이용하면

$$(\mathrm{V/m})/(\mathrm{A/m^2}) = \mathrm{V \cdot m/A} = \Omega \cdot \mathrm{m}$$

이 된다. 이 V/A를 새로운 단위로서 **옴**(Ω)이라 한다.

전기저항률은 전기적 성질의 가장 기본적인 것이다. 그와 동시에 물질의 성질 중에서도 대표적인 것이라 하여도 좋을 것이다. 또 전기저항률의 값은 도체에서는 $10^{-6} \sim 10^{-8}$ 정도, 절연체에서는 $10^{8} \sim 10^{17}$로 상당히 넓은 범위에 걸쳐 있다.

또 전기저항률의 역수를 **전기전도율** σ로 정의한다.

$$\sigma = \frac{1}{\rho} \tag{6.8}$$

이것은 전기가 전해지기 쉬운 정도를 나타내는 양이며, 저항률이라 하는 물질의 고유한 양의 역수이기 때문에 전도율도 물질 고유의 양이다. 또 **전기전도율의 단위**는 **모**(mho, ℧)이지만, 이것은 저항의 단위 옴(ohm)의 철자를 역으로 표현한 것이다.

옴의 법칙 식 (6.7)을 벡터량으로 표현한 식이

$$\boldsymbol{E} = \rho \boldsymbol{J} \tag{6.9}$$

이다. 이 식에서 ρ가 방향에 의존하지 않는 스칼라량일 때, $\boldsymbol{E}$와 $\boldsymbol{J}$는 같은 방향의 벡터인 것을 알 수 있다.

균일적과 등방적

지금까지는 주목한 성질이 물체의 모든 곳에서 같다는 것을 "똑같다"라고 표현해왔지만 "**균일**하다"라고도 한다(균질이라고도 한다). 결정은 원자가 규칙적으로 나열되어 생긴 것이기 때문에 그 결정의 일부분을 여러 곳에서 빼낸다고 하여도 같다. 따라서 결정이

갖고 있는 여러 가지 성질은 거시적으로 보았을 때는 균일하다. 그리고 각 장소에서의 성질이 모든 방향에서 동일한 것을 **등방성**이라 한다.

결정에서는 원자의 배열이 규칙적이고 그 배열이 결정 전체에서 반복되어 있어, 방향에 따라 원자배열은 다르게 되어 있다. 결정이 갖는 여러 가지 물성은 원자의 나열방법을 반영하고 방향에 따라 다르다. 이와 같이 결정의 성질은 균일하지만 등방적이지는 않다.

전기저항

지금까지 대두된 전기저항률은 물질의 고유한 물리량이다. 여기서 전기저항이란 구체적인 모양과 크기를 갖는 물체에 관한 전기저항의 의미이다. 예를 들어 단면적 S, 길이 L인 균일한 원기둥 모양의 도체 양단에 전위차 V를 걸어 주었다고 하면

$$V = EL \tag{6.10}$$

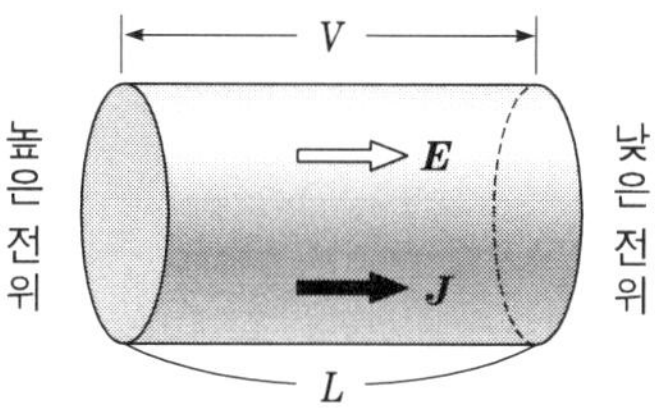

그림 6.5

의 관계이다(그림 6.5). 그리고 전류 I는 높은 전위 쪽으로부터 낮은 전위 쪽으로(전기장의 방향으로)

$$I = JS \tag{6.11}$$

가 흐른다. 여기서 E와 J는 원기둥 모양의 도체 내의 전기장과 전류밀도의 크기이다. 식 (6.10)의 E와 식 (6.11)의 J를 식 (6.7)에 대입하면, 전압 V와 전류 I의 관계가

$$V = \frac{\rho L}{S} I \tag{6.12}$$

로 표현할 수 있다. 여기서 **전기저항** R을, V와 I의 비로 정의한다.

$$R = \frac{V}{I} \tag{6.13}$$

우변은 어떤 형상을 갖는 물체에서 실제로 측정되는 전위차와 전류의 비이기 때문에 좌변의 저항도 그 물체에서의 저항값이다. 여기서 보충하면, **물질**이라고 하는 말은 그

자체의 공통적인 성질에 주목했을 때의 사물이고, **물체**라고 하는 말은 구체적인 어떤 형상을 갖는 사물에 대해 사용한다.

전기저항 R과 전기저항률 ρ와의 관계는 식 (6.12)와 식 (6.13)에서

$$R = \rho\frac{L}{S} \tag{6.14}$$

의 관계가 있다. 결국, 전기저항은 물체의 길이에 비례하고, 단면적에 반비례하고 있음을 알 수 있다.

식 (6.14)의 의미는 다음과 같이 이해할 수 있다. 그림 6.6(a)와 같이, 길이 L인 도체에 전위차 V를 주었을 때, 그 도선에 흐르는 전류를 I라 하자. 이때 식 (6.13)으로부터 $I = V/R$의 관계가 있다. 다음으로 그림 6.6(b)와 같이 동일한 도선을 두 개 연결하고 양단에 V의 전위차를 주었다고 하자. 이때 각각의 도선에 $V/2$씩의 전위차가 생긴다. 여기서 그림 6.6(b)의 좌측 반쪽을 생각하면, 흐르는 전류는 $V/2R$로 되며, 우측 반쪽에도 $V/2R$의 전류가 흐른다. 이런 결과는 도선이 1개 있을 때에 비해 저항이 2배가 된다고 생각해도 좋다. 그림 6.6(c)와 같이, 도선을 평행하게 나열시키고 양단에 V의 전위차를 주었다고 하면, 각 도선에 V의 전위차가 존재하며 어느 쪽에서든 $I = V/R$의 전류가 흐르기 때문에 전체적으로 $2I$의 전류가 흐른다. 이것은 저항이 1/2로 된 것과 동일하다. 따라서 저항 R은 L에 비례하고 S에 반비례한다.

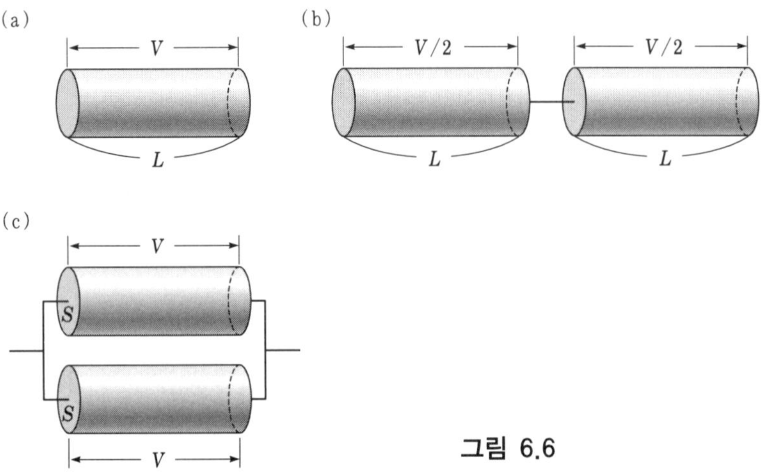

그림 6.6

이와 같이 전기저항은 실제 물체의 모양과 크기에 의한 양이기 때문에, 물질에 의한 저항의 차이를 보기 위해서는 물질 고유의 양을 나타내는 전기저항률이 편리하다.

식 (6.13)을 다시 쓰면

$$V = RI \tag{6.15}$$

의 관계도, 식 (6.7)과 동일하게 **옴의 법칙**이라 한다. 식 (6.7)은 전류밀도 J에 관한 옴의 법칙이고 식 (6.15)는 전류 I에 관한 옴의 법칙이다. 옴의 법칙은 저항 R인 도체에 전류 I가 흐른다면, 종점에서의 전압이 출발점보다도 $V = RI$만큼 낮게 된다는 것을 의미하고 있다. 이것을 저항에 의한 **전압강하**라 한다.

❙예제 6.1❙ 지름이 1 mm인 구리선에 2 A의 전류가 흐르고 있다. 이때 전도전자의 밀도는 $8.5 \times 10^{28}/\mathrm{m}^3$이다.

(a) 전류밀도와 유동속도를 구하여라.

(b) 구리선 속의 전기장의 크기와 40 m 떨어진 점에서의 전위차 및 전기저항을 구하여라. 단, 구리의 전기저항률은 $1.72 \times 10^{-8}\ \Omega \cdot \mathrm{m}$이다.

풀이 (a) 구리선의 단면적은

$$S = 3.14 \times (0.5 \times 10^{-3})^2 = 7.85 \times 10^{-7}\,\mathrm{m}^2$$

전류밀도는 식 (6.4)에서

$$J = \frac{2}{7.85 \times 10^{-7}} = 2.54 \times 10^6\ \mathrm{A/m^2}$$

유동속도는 식 (6.5)에서

$$v_\mathrm{d} = \frac{2.54 \times 10^6}{8.5 \times 10^{28} \times 1.6 \times 10^{-19}} = 1.87 \times 10^{-4} = 0.187\,\mathrm{mm/s}$$

이 된다.

매초 약 0.2 mm의 속도라는 것은 느린 것 같지만, 매초 결정의 원자 간격

$(\sim 2\times10^{-10})$의 100만 배 정도의 거리를 진행하고 있는 것이다.

(b) 전기장의 크기는 식 (6.7) 에서

$$E = \rho J = 1.72\times10^{-8}\times2.54\times10^{6} = 0.044\ \mathrm{V/m}$$

전위차는

$$V = EL = 0.044\times40 = 1.76\ \mathrm{V}$$

전기저항은 식 (6.13) 에서

$$R = \frac{1.76}{2} = 0.88\ \Omega$$

이 된다. ▩

전기저항의 원인인 충돌

고체 내에서 전도전자가 전류를 운반할 때, 그림 6.7과 같이 원자가 나열되어 있는 공간을 운동하기 때문에, 전자는

『결정을 만들고 있는 각 원자와 충돌하여 운동이 방해받는다』

라고 생각할 수 있겠지만, 그것은 정확하지 않다. 실제로는 규칙적으로 나열된 결정을 구성하고 있는 원자는 전도전자의 운동을 방해하지 않는다. 결국 원자는 그것이 규칙적으로 나열되어 있는 한은 전기저항은 생기지 않는다.

『**충돌의 원인**이 되는 것은 원자의 규칙적인 배열에서의 **흐트러짐**이다』

실제로 결정 속의 원자는 **불순물 원자**에 의해 규칙적인 배치로부터 흐트러져 있다(그림 6.8). 또 **열진동**에 의해 원자는 매 순간 미소한 변위를 하고 있기 때문에 규칙적인 배치가 아니다.

이 정도의 이야기는 고체물리학의 기본적인 내용이지만, 전문적인 이야기가 되기 때문에, 이 이상은 설명하지 않겠다. 구체적인 것은 이 분야의 교과서를 참고하길 바란다.

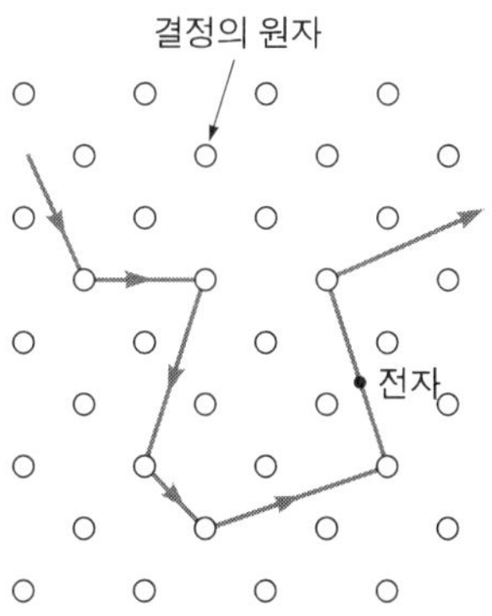

그림 6.7

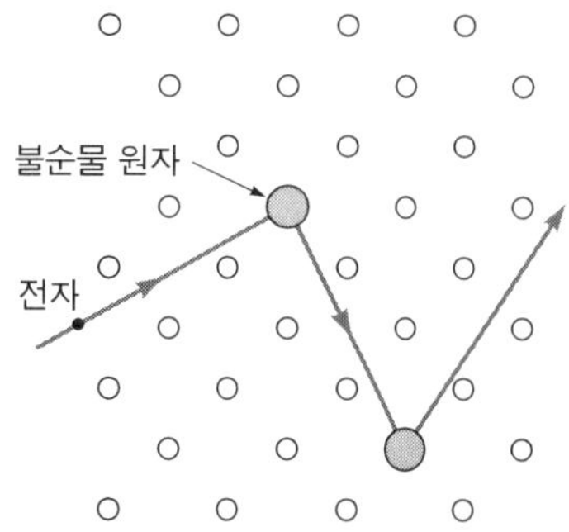

그림 6.8

전기저항의 온도변화

100 ℃ 이하에서 금속의 전기저항률을 측정하면 온도 T의 증가에 따라 그 값도 천천히 증가한다. 이 **저항률의 온도 의존성**을 식으로 표현하면

$$\rho(T) = \rho_0[1 + \alpha(T - T_0)] \tag{6.16}$$

이 된다. 여기서 ρ_0는 기준이 되는 온도 T_0에서의 전기저항률이다. T_0는 0 ℃ 또는 20 ℃를 선택하는 경우가 많다. α는 저항의 온도변화의 크기를 주는 물질상수로 **저항의 온도계수**라고 한다. 저항의 증가량이 온도에 비례하는 것은 저항의 원인인 원자의 열진동이 온도에 비례하여 활발해지기 때문이다.

컨덕턴스

전기가 흐르기 어려움을 나타내는 양으로 물질에 고유의 전기저항률과 물체의 모양에 의존하는 전기저항이 있는 것과 같이, 흐르기 쉬움을 나타내는 전기전도율에 대해서도 물체의 모양에 의존하는 양이 있다. 그것이 컨덕턴스이다.

컨덕턴스 G를 전기저항의 역수로

$$G = \frac{1}{R} \tag{6.17}$$

로 정의한다. 컨덕턴스와 전기전도율 σ와의 관계는 식 (6.8)과 식 (6.14)를 이용하면

$$G = \sigma \frac{S}{L} \tag{6.18}$$

의 관계가 있다. 이 식은 전도체 봉의 컨덕턴스를 그 물질의 전기전도율로 표현하고 있다. 전기도전율은 원기둥 모양의 전도체의 컨덕턴스와 원기둥의 크기를 측정하여 정할 수가 있다. **컨덕턴스의 단위**는 **지멘스**(1S = 1A/V)이다.

6.4 기전력

회로의 기전력

전류는 전하가 이동함으로서 생긴다. 전류가 다니는 길을 **전기회로**(간단히 **회로**)라 한다. 회로의 간단한 예로서 저항 R과 전지(-|⊢)를 포함하고 있는 경우를 그림 6.9(a)에 나타냈다. 얇고 긴 세로의 막대는 전지의 양극이고, 두껍고 짧은 막대가 음극이다. 양극은 음극보다도 전위가 높고, 양극 사이에는 일정의 전위차가 유지된다. 이것이 **전지의 전압**이다. S는 회로를 연결하거나 끊는 **스위치**이다.

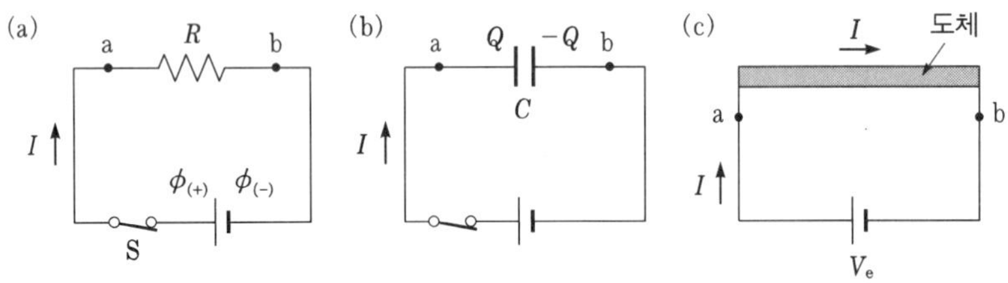

그림 6.9

지금까지는 무엇인가의 힘에 의해 흐르고 있는 전류가 있다고 하고 그것이 흐르기 쉬운가, 흐르기 어려운가 하는 문제를 생각해 왔다. 이 6.4절에서는 회로에 전류를 흐르게 하는 힘인 기전력을 설명한다.

기전력의 일

물이 높은 곳(수원)에서 낮은 곳으로 흐르는 양을 일정하게 보존하며 계속 흐르기 위해서는 두 곳의 수위의 차가 항상 일정하지 않으면 안 된다. 마찬가지로 회로에 일정한 전류 I가 정상적으로 계속 흐르기 위해서는, 예를 들어 그림 6.9(a)의 회로에서 전하 q가 점 a에서 출발하여 시계방향으로 한 바퀴 돌아 a로 돌아왔을 때, a의 전위가 처음과 같을 필요가 있다.

그림 6.9(a)의 회로에 전류 I가 화살표 방향으로 흐르고 있는 경우를 생각하자. 도선의 저항은 0이라 하면, 저항 R의 양쪽에서 점 a는 전지의 양극과 같은 전위로 되고$(\phi_{\mathrm{a}} = \phi_{(+)})$, 점 b는 음극과 같은 전위가 된다$(\phi_{\mathrm{b}} = \phi_{(-)})$. 이때 b에서는 a보다 $\phi_{\mathrm{a}} - \phi_{\mathrm{b}} = IR$만큼 전위가 내려가고, 그것을 전지가 원래의 전위까지 올림으로서 a의 전위가 일정하게 보존된다. 전지의 이런 작용이 **기전력**이다. 기전력은 수위가 높은 곳에서 떨어진 물을 원래의 위치로 퍼 올리는 펌프와 같은 일을 한다.

전기용량 C인 축전기를 전지에 연결하고, 전하 Q가 저장되어 있을 때는 회로의 양단에 $\phi_{\mathrm{a}} - \phi_{\mathrm{b}} = Q/C$란 일정의 전위차를 보존시킬 수 있다[그림 6.9(b)]. 같은 방법으로, 전지에 연결된 도체[그림 6.9(c)의 어두운 부분]의 양단 a와 b 사이에도 저항에 의한 전압강하만큼의 전위차가 보존되어 있다. 이와 같이 기전력은 회로 내의 디바이스와 도체에 전위차를 공급한다.

기전력을 일의 측면에서 정의한다면

> 『전하를 낮은 전위의 곳으로부터 높은 전위의 곳으로 올리는 일을 하는 것이 기전력이다』

라고 할 수 있다. 따라서

> 『회로에 정상전류가 흐르기 위해서는 기전력을 공급하는 **디바이스**(기기)가 필요하다』

이 디바이스가 직류전류에서는 전지이고, 교류의 경우에는 교류발전기이다.

도체 내에서의 전기장에 의한 가속은 항상 일정한 전위만큼 높은 부분이 존재하는 것으로 실현하고 있다.

기전력이 전위차를 유지한다

회로 내의 전지는 전압을 공급하는 블랙박스로서 다루어지는 것이 보통이다. 그러나 기전력을 정의하기 위해서는 전지의 내부에서 일어나고 있는 것을 생각할 필요가 있다.

전지의 내부를 음극에서 양극까지 전하 $q(>0)$가 이동할 때 전지가 전하에 대하여 하는 일을 qV_{e}로 표현하고, V_{e}를 **기전력**으로 정의한다. 이때 전하 q의 위치에너지는 $q(\phi_{\mathrm{a}}-\phi_{\mathrm{b}})$ 만큼 증가한다. 이것은 a, b 사이의 전위차 V_{ab}를 이용하면 qV_{ab}와 같다. 이것이 기전력이 하는 일 qV_{e}이기 때문에

$$V_{\mathrm{ab}} = V_{\mathrm{e}} \tag{6.19}$$

인 관계가 있다[그림 6.9(c)에 V_{e}을 나타냈다]. 이 식은 회로에 나타나는 전위차가 회로 내의 전지가 공급하는 기전력과 같다는 것을 나타내고 있다. V_{e}는 전위와 같은 차원의 양이다. 기전력이라고 하지만, 실제로는 힘이 아니고 단위전하당의 에너지로서 정의된다.

전지 속에서 일어나고 있는 일

기전력을 만들기 위해 전지의 내부에서 무슨 일이 일어나는가를 생각하자. 그림 6.9의 전지부분을 확대하여 내부를 나타낸 것이 그림 6.10의 원기둥이다. 전지의 양극의 단자 ⊕는 음극의 단자 ⊖보다 고전위이다. 그림 6.9의 점 a와 그림 6.10의 전지의 단자 ⊕는 전위가 같게 되어 있다. 그림 6.10에서 단자 ⊕, ⊖를 전지의 내부에 나타내고 있는 것은 전지 속에서 일어나고 있는 것을 나타내기 위해서이다.

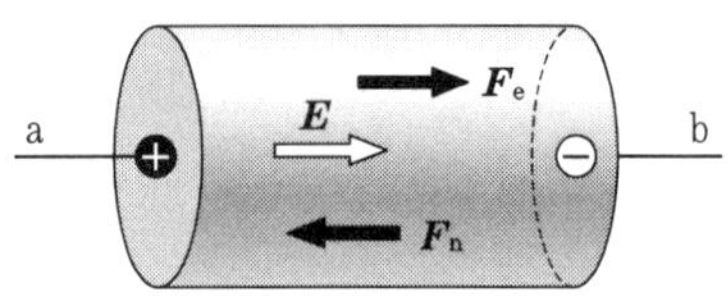

그림 6.10

전지의 내부에는 높은 전위의 ⊕에서 낮은 전위의 ⊖로 향하는 전기장 $\boldsymbol{E}$가 존재하고, 전하에 정전기력 $\boldsymbol{F}_{\mathrm{e}}$가 작용한다. 전하는 $\boldsymbol{F}_{\mathrm{e}}$에 의해 단자 ⊖로 흘러 그곳에 모이고, 5.2절에서 설명했듯이, 최종적으로 전지 내부의 전위차는 0으로 되어 버린다. 그러나 내부에는 그 외에 단자 ⊕와 ⊖ 사이의 전위를 일정하게 보존하는 비정전(非靜電)적인 힘 $\boldsymbol{F}_{\mathrm{n}}$이

존재하고, 이것이 전지의 기전력을 초래하고 있다.

예로서 볼타가 최초로 발명한 전지에서 힘 $\boldsymbol{F}_{\mathrm{n}}$ 이 생기는 원인을 생각하자. 그것은 황산의 수용액에 아연과 구리판을 담근 것이다(그림 6.11). 이때 일반적으로 금속원자는 양이온으로 되어 산으로 흘러나오는 경향이 있고, 금속판은 음으로 대전되어 금속과 산 사이에 전위차가 생긴다. 이 전위차는 금속의 종류에 따라 다르기 때문에, 아연과 구리 사이에 전위차가 생긴다. 기전력 기호의 길고 짧은 막대 사이에 지금 설명한 것과 같은 일이 일어나고 있는 것이다.

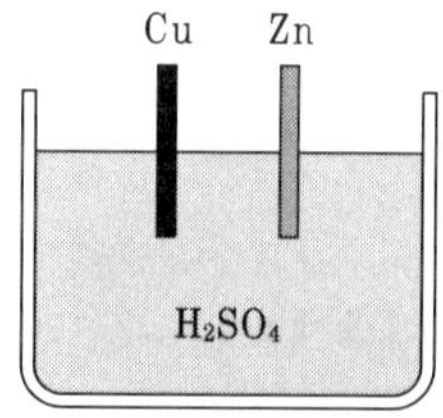

그림 6.11

지금까지 자세하게 설명해온 것을 다시 정리하면, 전지의 양극과 음극 사이의 양단의 전위차가 V_{ab}일 때, 전지 내부에서는 음극에서 양극 방향으로 전하를 $V_{\mathrm{e}} = V_{\mathrm{ab}}$ 만큼 고전위로 올리려는 힘이 작용하고 있다. 이것이 기전력이고

『기전력의 부호는 음극에서 양극으로 향한다고 할 때에 양의 값으로 한다』

이때 전지 내에서의 V_{e}는 회로의 양단의 전위차와 같은 크기로 되어 있다.

전지의 내부저항

기전력 V_{e} 를 공급하는 전지 자체도 내부에 저항을 가지고 있다. 이것을 **내부저항**이라 하고, 회로도에서는 전지와 같이 붙여서 나타낸다(그림 6.12). 내부저항 r이 있다면, 전지 속을 전류 I가 흐를 때, 내부저항에 의해 Ir만큼의 전압이 강하한다. 따라서 전류가 전지 속 b에서 a까지 흐를 때(그림 6.10), 단자 a와 b의 **전위차**는

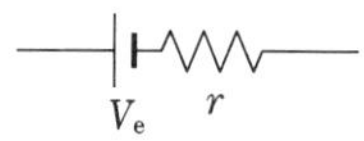

그림 6.12

$$V_{\mathrm{ab}} = V_{\mathrm{e}} - Ir \tag{6.20}$$

이다. $V_{\mathrm{ab}} = IR$ 이기 때문에

$$V_{\mathrm{e}} - Ir = IR$$

이 된다. 내부저항이 있을 때의 전류는

$$I = \frac{V_e}{R + r} \tag{6.21}$$

이다. 이 식은 전지의 내부저항은 외부저항에 직렬에 연결되어 있다고 취급해도 좋다는 것을 나타내고 있다.

▌예제 6.2▌ 기전력이 12 V, 내부저항이 1 Ω인 전지에 3 Ω의 저항이 연결된 폐회로가 있다(그림 6.13).

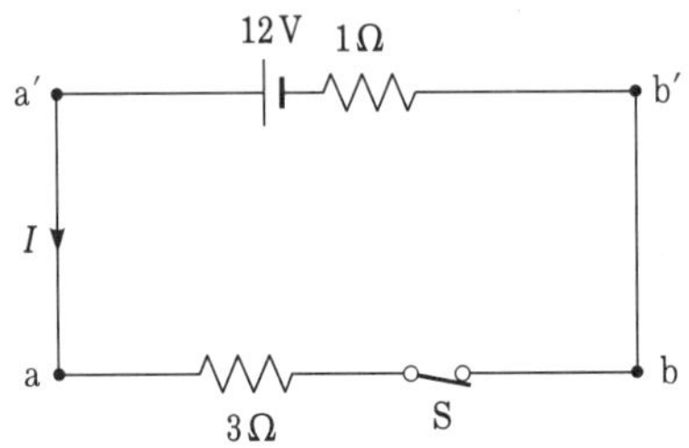

그림 6.13

(a) 회로에 흐르는 전류를 구하여라.

(b) ab 사이의 전위차를 구하여라.

(c) a′b′ 사이의 전위차를 구하여라.

풀이 (a) 식 (6.21)에서 $I = \frac{12}{1+3} = 3\,\text{A}$가 된다.

(b) b에서 a까지, $IR = 3 \times 3 = 9\,\text{V}$의 전압강하가 있기 때문에, $V_{ab} = 9\,\text{V}$가 된다.

(c) a′와 a 사이에는 저항이 없기 때문에, 이 두 점의 전위는 동일하다. b′와 b 사이에도 저항이 없기 때문에, 이 두 점도 같은 전위이다. 따라서 $V_{a'b'} = V_{ab} = 9\,\text{V}$이다. 이것은 식 (6.20)에 의해 기전력 12 V에서 내부저항에 의한 전압강하 3 V를 뺀 값이기도 하다. ■

6.5 전기회로의 에너지

지금까지 생각해온 회로 내의 서로 다른 소자인 저항, 축전기(Chap. 14에서 설명할 코일)를 한 개의 공통된 모델로 생각할 수가 있다. 그것은 a, b단자 사이의 전위차가 $V_a - V_b$에서 그곳을 전류 I가 흐른다는 모델이다. 전하가 이 회로 소자를 통과할 때 전기장이 전하에 대해 일을 한다.

전위가 높은 단자 a에서 전위가 낮은 b에 도달하기까지, 전기적인 힘은 전하 q에 대하여 qV_{ab}의 일을 한다. 따라서 전하 dQ가 그곳을 이동할 때의 **일**은

$$dW = V_{ab}\, dQ \tag{6.22}$$

이다. 이때 흐르는 전류를 I라 하면 시간 dt 사이에 전하에 대하여 한 일은

$$dW = V_{ab} I\, dt \tag{6.23}$$

이 된다. 이만큼의 **에너지**가 전류에서 이 소자로 이동되어, 그 에너지는 주울 열의 형태로 방출된다. 전류가 단위시간당 하는 일로서 **전력** P를 정의한다면, 식 (6.23)에서

$$\frac{dW}{dt} = P = V_{ab} I \tag{6.24}$$

가 된다.

단자 b가 단자 a보다 전위가 높고, $V_{ab} < 0$일 때는 반대로 회로소자에서 전류에 에너지가 이동한다. 소자가 전지일 때가 이 경우이고, 전지 내에서 일어나는 화학변화에 의해 생기는 화학에너지가 이온이 이동할 때의 전기에너지로 변한다. 이것이 외부의 회로에 전류로서 전달된다. P의 단위는 식 (6.24)의 우변에서, V_{ab}와 I의 단위를 사용하면

$$(\mathrm{J/C})(\mathrm{C/s}) = \mathrm{J/s} = \mathrm{W}(\text{와트})$$

이다. 전력에 시간을 곱한 양으로 **전력량**을 정의한다. **전력량의 단위**는 1kW의 전력이 1시간에 한 일인 **킬로와트시**(1kW·h)를 사용한다. 우리들이 전력회사에 요금을 지불하

는 것은 이것에 대한 것이다.

위의 모델에서 소자가 저항인 경우의 전력은 $V_{\mathrm{ab}} = IR$ 이기 때문에

$$P = V_{\mathrm{ab}} I = I^2 R = \frac{V_{\mathrm{ab}}^2}{R} \tag{6.25}$$

가 된다.

❙예제 6.3❙ 예제 6.2 의 회로에서 전지의 에너지 변환의 속도(단위시간에 발생하는 에너지), 전지가 에너지를 손실하는 단위시간당의 비율[이것을 산일속도(散逸速度)라 한다] 및 실제의 전력을 계산하여라.

풀이 전지의 에너지 변환의 속도는 전지가 갖고 있는 기전력 V_{e} 와 그곳을 흐르는 전류 I 와의 곱이기 때문에, $V_{\mathrm{e}} I = 12 \times 3 = 36\,\mathrm{W}$. 전지의 내부저항이 있기 때문에 에너지 손실 산일속도는 $I^2 r = 3^2 \times 1 = 9\,\mathrm{W}$. 따라서 전지의 실제 전력은 $EI - I^2 r = 36 - 9 = 27\,\mathrm{W}$. 이 결과는 내부저항에 의한 전압강하를 고려한 실효적인 전위차 V_{ab} 을 이용한 $V_{\mathrm{ab}} I = 9 \times 3 = 27\,\mathrm{W}$ 와 전지가 발생하는 에너지를 소비하고 있는 저항을 이용하여 계산한 $I^2 R = 9 \times 3 = 27\,\mathrm{W}$ 에 일치한다. ■

CHAPTER 6 연습문제

[1] 길이 20 m, 단면적 1 mm^2의 구리선이 20℃에 노출되어 있을 경우 전기저항을 구하여라. 단, 20℃에서 구리선의 전기저항률을 $1.72 \times 10^{-8}\ \Omega \cdot m$이다.

[2] 0℃에서 0.08 $\Omega \cdot m$의 전기저항률과 온도계수가 $\alpha = 4.5 \times 10^{-3}/℃$인 도선이 있다. 100℃에서 이 도선의 전기저항률을 구하여라.

[3] 원기둥 모양의 도체가 균질하지 않은 경우, 그 물체의 전기전도율을 어떤 수단으로 결정하면 좋은가?

[4] 두께가 1 mm인 니크롬선에 100 V의 전압을 인가하여 2 kW의 전력을 발생시키는데 필요한 니크롬선의 길이를 구하여라. 또 이때 니크롬선에 어느 만큼의 전류가 흐르는가? 단, 니크롬선의 전기저항률은 $1.1 \times 10^{-6}\ \Omega \cdot m$이다.

CHAPTER 7 직류회로

저항과 축전기 등의 디바이스를 여러 개 포함하는 회로에서 전류가 어떤 방향으로 흐르고 있는가를 생각해 보자. 우선 이 장에서는 전지로부터 공급되는 전류의 방향이 일정한 직류전류를 다룬다. 전류의 방향이 시간에 따라 주기적으로 변화하는 교류의 경우는 발전기의 원리를 배운 후인 Chap. 14에서 다룬다.

7.1 저항의 연결

직렬연결

두 개의 저항을 연결하는 방법에는 축전기의 경우와 같이, 직렬과 병렬의 두 가지가 있다. 그림 7.1(a)에서와 같이 저항 R_1과 R_2가 연결되어 있는 경우를 **직렬연결**이라 한다. 그림 7.1(a)에서 전류 I가 단자 a에서 단자 b의 방향으로 흐르고 있다고 하면, 저항 R_1과 R_2에 흐르는 전류의 크기는 당연히 같다.

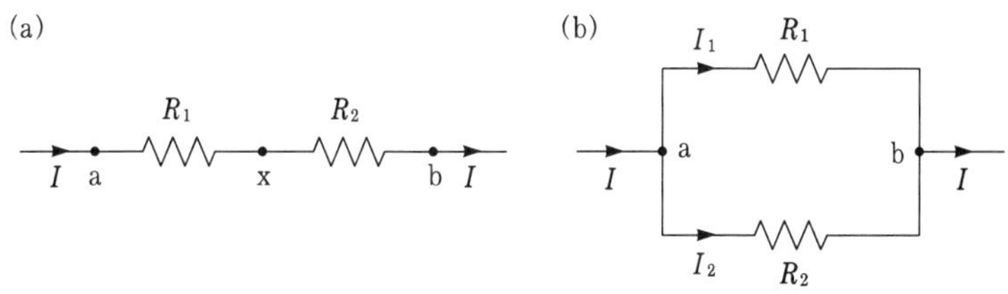

그림 7.1

그림 7.1(a)에서 두 개의 저항 사이에 점 x를 생각하면, 구간 [a, x]와 [x, b]에서의 전압강하는 각각

$$V_{ax} = IR_1, \qquad V_{xb} = IR_2 \tag{7.1}$$

이며, a, b 사이의 전위차는

$$V_{ab} = V_{ax1} + V_{xb2} = I(R_1 + R_2) \tag{7.2}$$

으로 표현할 수 있다. a, b사이의 전체의 저항은 V_{ab}/I 이기 때문에, 이것을 R로 표현하면 식 (7.2)에서

$$R = R_1 + R_2 \tag{7.3}$$

가 된다. 이것을 두 저항의 **합성저항**이라 한다. 즉 이 결과를 세 개 이상의 저항을 포함시켜 일반화하면, 여러 개의 저항을 직렬로 연결할 때의 합성저항은 각각의 저항값의 합과 같다. 이것을 식으로 표현하면

$$R = \sum_i R_i \tag{7.4}$$

로 된다.

병렬연결

그림 7.1(b)에서와 같이 저항 R_1과 R_2가 연결되어 있는 경우를 **병렬연결**이라 한다. a, b 사이를 흐르는 전류는 단자 a에서 R_1을 통과하는 전류 I_1과 R_2를 통과하는 전류 I_2로 나뉜다. 이때 $I = I_1 + I_2$이고, 단자 b에서 두 개의 전류는 합류한다.

병렬연결의 경우에는 양쪽의 저항에서 단자 a, b 사이의 전위차가 같지 않으면 안 된다(이것을 V_{ab}로 한다). 두 개의 저항을 흐르는 전류 I_1, I_2의 크기는 위의 조건을 충족시키기 위해

$$I_1 = \frac{V_{ab}}{R_1}, \qquad I_2 = \frac{V_{ab}}{R_2} \tag{7.5}$$

로 정해진다. 전체 전류 I는 두 개의 길을 흐른 전류의 합이기 때문에

$$I = I_1 + I_2 = V_{\mathrm{ab}}\left(\frac{1}{R_1} + \frac{1}{R_2}\right)$$

이 된다. 또 **합성저항** R은 $1/R = I/V_{\mathrm{ab}}$로 정의되므로

$$\frac{1}{R} = \frac{1}{R_1} + \frac{1}{R_2} \tag{7.6}$$

을 얻는다. 결국 두 개의 저항을 병렬로 연결했을 때, 합성저항의 역수는 각각의 저항값의 역수의 합과 같다. 이것을 세 개 이상의 경우를 포함하여 일반화하여 표현하면

$$\frac{1}{R} = \sum_i \frac{1}{R_i} \tag{7.7}$$

이 된다. 즉 식 (7.3)과 식 (7.6)을 보면, 저항과 축전기에서 직렬연결과 **병렬연결**의 식의 형태가 교체하고 있는 것을 알 수 있다.

|예제 7.1| 그림 7.2와 같이 15 V의 기전력을 갖는 전지에 6 Ω과 3 Ω의 저항을 병렬로 연결하고, 그곳에 3 Ω의 저항을 직렬로 연결한 회로가 있다. 회로의 합성저항을 계산하여라. 또 각각의 병렬저항에 흐르는 전류를 구하여라. 그리고 a, c 사이의 전위차를 구하여라.

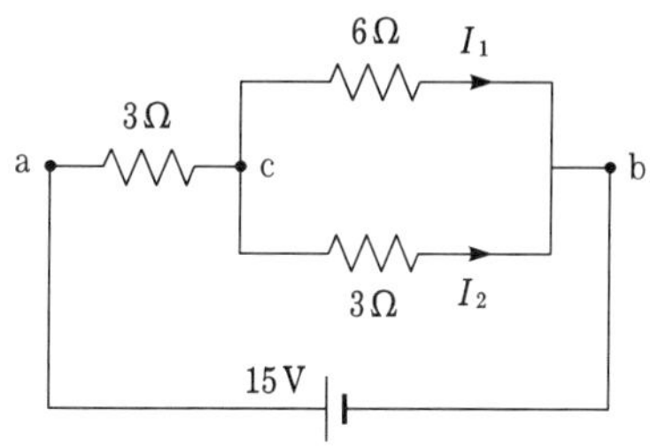

그림 7.2

풀이 우선, 병렬부분의 합성저항 R_{p}을 식 (7.6)에서 구하면,

$$\frac{1}{R_{\mathrm{p}}} = \frac{1}{6} + \frac{1}{3} = \frac{1}{2}$$

이므로, $R_p = 2\,\Omega$ 이 된다. 이 값과 직렬로 $3\,\Omega$ 을 연결한 회로 전체의 저항은

$$R = 2 + 3 = 5\,\Omega$$

따라서 a을 흐르는 전류 I 는 $15\,\mathrm{V}/5\,\Omega = 3\,\mathrm{A}$ 가 된다.

두 개의 병렬저항 양단에서의 전위차는 같기 때문에, $6I_1 = 3I_2$ 이다. 이로부터 $I_2/I_1 = 6/3 = 2$ 가 된다. 따라서 $I = 3\,\mathrm{A}$ 을 I_2 와 I_1 에 2:1로 되도록 나누면, 각각에 흐르는 전류는 $I_2 = 2\,\mathrm{A}$, $I_1 = 1\,\mathrm{A}$ 가 된다.

ac 사이의 전위차는 $V_{ac} = 3I = 9\,\mathrm{V}$ 가 된다. 이 값에 $6I_1 = 6\,\mathrm{V}$ 을 더하면, 전지의 기전력 15 V와 일치한다. ■

7.2 키르히호프의 법칙

실제로 사용되는 회로는 저항을 단순히 직렬연결과 병렬연결로 한 것이 아니라, 연결 방법이 복잡하게 조합되어 있다. 이와 같이 복잡한 경우, 전류, 전압 등 회로의 물리량을 계산할 때 도움이 되는 것이 키르히호프의 제1법칙과 제2법칙이다.

키르히호프의 제1법칙

그림 7.3과 같은 회로를 생각하자. 저항 R_1 과 R_2 에 화살표 방향으로 흐르는 전류를 각각 I_1, I_2 라 하자. 단자 a, b와 같이 세 개 이상의 도선이 합류하는 점을 **접합(분기점)**이라고 한다.

회로에 두 개 이상의 분기가 있어 전류가 나누어질 때, 키르히호프의 제1법칙이 사용된다. 그림 7.3에서는 접합 a에서 b로 도달하는데 다음과 같이 세 가지의 분기가 있다. 즉 저항 R_1 을 포함한 분기, 저항 R_2 를 포함한 분기, 전지와 그 내부저항 r 을 포함한 분기 등이다.

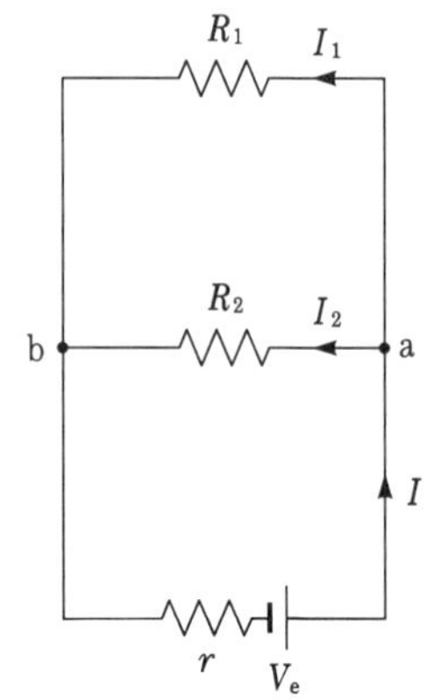

그림 7.3

각각의 분기에 흐르는 전류를 I_1, I_2, I라 하고, 전류의 방향은 화살표의 방향으로 한다. 접합 a 에서는

$$I = I_1 + I_2 \tag{7.8}$$

가 성립한다. 이것이 **키르히호프의 제1법칙**이다. 접합 b 에서는 $I_1 + I_2 = I$가 성립하고 있지만, 이것은 식 (7.8)과 같은 내용으로 새로운 정보는 아니다. 식 (7.8)은

$$I - I_1 - I_2 = 0 \tag{7.9}$$

로 표현할 수 있기 때문에, 접합에 들어가는 전류에 + 부호, 나오는 전류에 − 부호를 붙이면, 키르히호프의 제1법칙은

『접합에 흘러 들어가는 전류의 합은 0이다』

라고 바꾸어 말할 수가 있다. 결국, 전류를 부호를 포함하여 생각하면, 제1법칙은

$$\sum_i I_i = 0 \tag{7.10}$$

로 표현된다.

키르히호프의 제2법칙

전류가 흐르는 폐회로 경로를 **고리**(loop)라고 한다. 그림 7.3과 같은 회로를 그림 7.4에서 나타내듯이,

(1) 저항 R_1과 R_2을 포함한 고리: aR_1bR_2a

(2) 내부저항 r의 전지와 저항 R_2을 포함한 고리: aR_2bra

(3) 내부저항 r의 전지와 저항 R_1을 포함한 고리: aR_1bra

등 세 가지의 고리를 생각할 수가 있다.

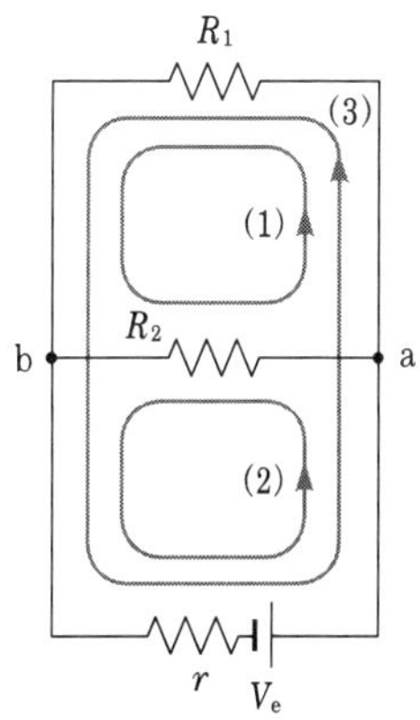

그림 7.4

키르히호프의 제2 법칙은

$$\sum_i V_{ei} - \sum_i R_i I_i = 0 \tag{7.11}$$

으로 주어진다. 이것은

『기전력과 저항을 포함한 임의의 고리를 한 바퀴 돌았을 때,
전위차의 합이 0 이다』

라는 것을 의미한다. 결국, 전지가 갖는 기전력이 저항에서의 전압강하를 회복하는 것으로, 회로를 한 바퀴 돌았을 때에 전위가 원래대로 돌아가는 것을 의미한다.

식 (7.11)을 사용할 때에는 전류와 기전력의 방향이 중요하다. 우선, (1)의 고리에 관해서

$$-R_1 I_1 + R_2 I_2 = 0 \tag{7.12}$$

가 되는 것을 설명한다. 고리의 방향은 위에서와 같이 결정되며, 전류의 방향은 그림 7.4 와 같이 되어 있다. 전류가 고리의 방향과 반대일 때는 $-R_2 I_2$ 이 되기 때문에, 식 (7.11)에 대입하면 $R_2 I_2$ 로 된다. (2)의 고리에서는

$$-R_2 I_2 - rI + V_e = 0 \tag{7.13}$$

로 된다. 이때 전지의 음극으로부터 양극으로 방향이 고리의 방향과 일치하기 때문에, 기전력을 $+V_e$ 로 하고 있다. (3)의 고리에서는

$$-R_1 I_1 - rI + V_e = 0 \tag{7.14}$$

가 된다.

❙예제 7.2❙ 그림 7.5 에 나타낸 것 같이, 내부저항이 있는 전지 두 개와 저항이 두 개가 직렬로 연결되어 있다. 이 회로를 흐르는 전류의 방향을 정하고 크기를 구하여라. 또 a, b 사이의 전위차를 구하여라.

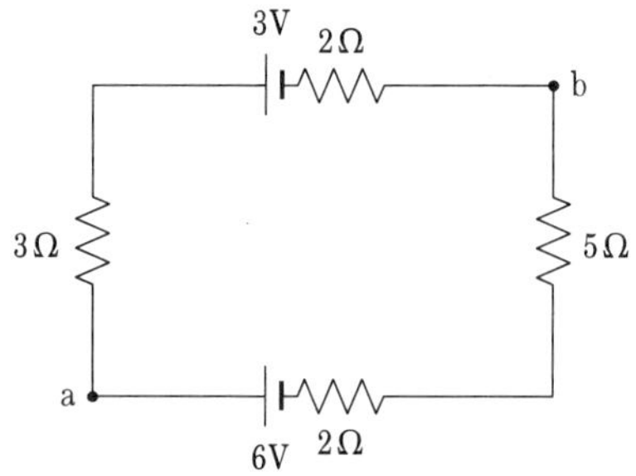

그림 7.5

풀이 기전력이 3V인 전지는 양극과 음극의 배치로부터 반시계방향으로 전류가 흐르고, 6V의 전지는 반대로 시계방향으로 전류가 흐른다. 두 개가 경합한 결과 회로에는 전압의 크기가 큰 6V의 방향인 시계방향으로 전류가 흐를 것으로 예상할 수가 있다. 여기서 전류를 I로 하고, a로부터 시계방향으로 회전시켜 키르히호프의 제2법칙 식 (7.11)을 사용한다. 전지의 기전력은 음극에서 양극으로 측정할 때에 양의 값이기 때문에

$$-3+6 = 3I+2I+5I+2I$$

가 된다. 따라서 $I = 0.25\,\mathrm{A}$가 된다.

b에 대한 a의 전위를 구하려면, a로부터 출발하여 b에 도달할 때의 전위의 변화를 계산한다. a에서 b까지의 경로는 사각형의 윗변과 아랫변을 통과하는 두 가지가 있다. 윗변을 통과하면

$$V_{\mathrm{ab}} = 3\times 0.25+2\times 0.25+3 = 4.25\,\mathrm{V}$$

가 되며, 아랫변을 통과하면

$$V_{\mathrm{ab}} = -2\times 0.25+6-5\times 0.25 = 4.25\,\mathrm{V}$$

로 된다. 당연하지만 결과는 같다. ■

7.3 RC회로

전류가 시간 변화한다

저항과 축전기가 있는 회로를 ***RC*** **회로**라 한다. 지금까지는 회로의 기전력과 저항이 시간적으로 변화하지 않는다고 가정해 왔다. 그 경우에는 회로의 각 부분의 전압과 전류도 시간적으로 일정했다. 그러나 회로에 축전기가 있다면, 축전기의 충전과 방전에 시간이 걸리기 때문에 회로의 전압, 전류, 전하가 시간과 함께 변화하게 된다. 지금까지는 시간적으로 일정한 전압, 전류, 전하의 양을 표시하는데 V, I, Q와 같이 대문자를 사용해 왔지만, 앞으로는 시간 변화하는 양을 표시할 때는 v, i, q와 같은 소문자를 사용한다(즉 시간 변화하는 양의 표시 방법에는 변수 t를 나타내고 $V(t)$, $I(t)$, $Q(t)$로 할 수도 있다).

RC회로의 전류의 시간변화

그림 7.6(a)에 나타낸 것과 같이 저항과 축전기를 직렬로 연결한 회로(RC회로)를 생각하자. 전지는 일정한 기전력 V_e을 갖고, 그 내부저항은 간단히 하기 위해 0으로 가정하자.

$t=0$에서 회로의 스위치 S를 연결하면, 전지의 기전력에 의해 전류가 흘러, 축전기의 충전이 시작된다. $t=0$에서는 축전기의 전하 q가 아직 0이기 때문에, $v_{bc}=0$이다. 이때 키르히호프의 제2법칙으로부터, R의 양단의 전압은 $v_{ab}=V_e$, 따라서 $t=0$에서의 전류는 옴의 법칙에서 $I_0=v_{ab}/R=V_e/R$이다.

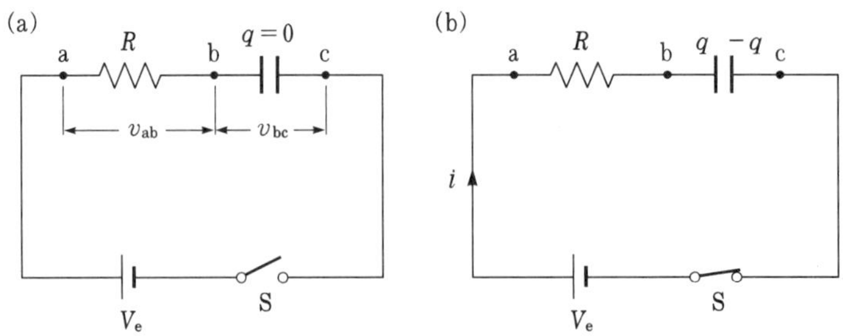

그림 7.6

$t > 0$ 에서는 축전기에 충전이 시작되면, q가 증가하고 v_{bc}도 증가한다. 전압의 합 $v_{\mathrm{ab}} + v_{\mathrm{bc}}$는 항상 일정하며 V_{e}와 같기 때문에, v_{ab}는 $t = 0$에서의 값인 V_{e}로부터 감소하고, 이에 비례하여 전류 i도 감소한다. 충분한 시간이 경과하면, 축전기는 충전이 완료되며, 그 이후에는 전류가 흐르지 않기 때문에, v_{ab}는 0이 된다. 전지의 기전력 V_{e}은 모든 축전지 양단에 나타나며 $v_{\mathrm{bc}} = V_{\mathrm{e}}$ 이다. 이 같은 현상이 RC회로를 전지에 연결했을 때 일어나는 전류 i와 축전기의 전하 q의 정성적인 시간변화이다.

다음으로 i와 q의 시간변화를 식으로 나타내자. 스위치를 연결하고부터 t초 후의 축선기의 전하를 q, 회로의 전류를 i라 하자[그림 7.6(b)]. 이때

$$v_{\mathrm{ab}} = iR, \quad v_{\mathrm{bc}} = \frac{q}{C}$$

인 관계가 있다. 여기서 q, i 모두 시간 t의 함수이다. 따라서 키르히호프의 제2법칙에 의해

$$V_{\mathrm{e}} - iR - \frac{q}{C} = 0 \tag{7.15}$$

로 표현되며, i에 대하여 정리하면

$$i = \frac{V_{\mathrm{e}}}{R} - \frac{q}{RC} \tag{7.16}$$

이 된다. 이를 이용하면, 시각 t에서의 q와 i의 관계를 유도할 수 있다.

식 (7.16)은 전류의 정의인 식 (6.1)에 의해

$$\frac{dq}{dt} = -\frac{1}{RC}(q - CV_{\mathrm{e}}) \tag{7.17}$$

로 쓸 수 있다. 이 식을 변수 q를 좌변에, t를 우변에 포함하도록 변수 분리하여 다시 쓰면

$$\frac{dq}{q - CV_{\mathrm{e}}} = -\frac{dt}{RC} \tag{7.18}$$

가 된다. 좌변을 q, 우변을 t에 대해 각각 적분하면

$$\int_0^q \frac{dq'}{q' - CV_e} = -\frac{1}{RC}\int_0^t dt' \qquad (7.19)$$

라고 쓸 수 있다. 좌변에 0.2 절에 설명한 합성함수의 적분을 사용하면

$$\log\left(\frac{q - CV_e}{-CV_e}\right) = -\frac{t}{RC} \qquad (7.20)$$

$\log x = t$일 때 $x = e^t$라고 하는 것이 대수와 지수의 관계이기 때문에, 식 (7.20)은 $(q - CV_e)/(-CV_e) = e^{-t/RC}$가 된다. 이것을 다시 쓰면

$$q = CV_e(1 - e^{-t/RC}) = Q_f(1 - e^{-t/RC}) \qquad (7.21)$$

을 얻는다. $Q_f = CV_e$는 충분한 시간이 경과했을 때의 축전지의 전하이고, 식 (7.21)의 양변을 t로 미분하면, 전류의 시간변화

$$i = \frac{dq}{dt} = I_0 e^{-t/RC} \qquad \left(I_0 = \frac{V_e}{R}\right) \qquad (7.22)$$

을 얻는다. 이와 같이 전하와 전류는 같은 시간의 지수함수이다.

전류의 시간변화를 그림 7.7에 나타낸다. RC만큼의 시간이 경과하면, 회로에 흐르는 전류는 $1/e\,(\sim 0.37)$로 감소한다. RC를 **시간상수**라 하고 τ로 표시한다. $t = 0$에서의 초기조건을 식 (7.21)에서는 $q = 0$이 되어 충족하고 있으며, 식 (7.22)에서는 $i = I_0$가 되어 충족하고 있다. 충분한 시간이 경과 후 $(t \to \infty)$에는 식 (7.21)로부터 $q = Q_f = CV_e$, 식 (7.22)으로부터 $i = 0$이 된다.

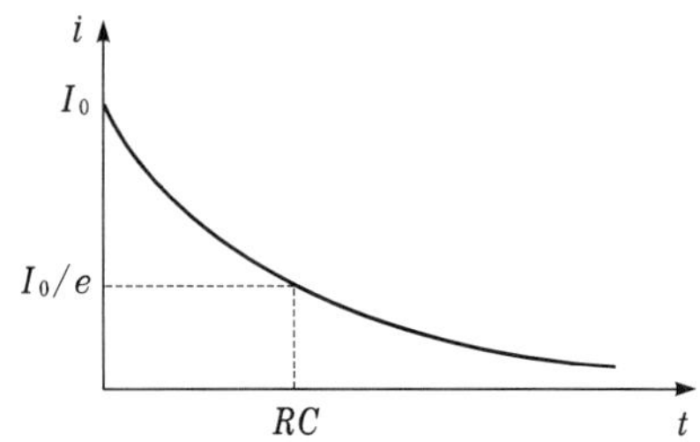

그림 7.7

| 예제 7.3 | $8\,\mathrm{M}\Omega$ 인 저항과 $1.0\,\mu\mathrm{F}$ 인 축전기가 직렬로 연결되어 있다. 회로의 시간상수 τ 을 계산하여라. 또 $t = 36.8\,\mathrm{s}$ 후에 축전기에 방전되지 않고 남아있는 전기량은 얼마인가?

풀이 시간상수 τ 는

$$\tau = RC = 8 \times 10^{6} \times 10^{-6} = 8\,\mathrm{s}$$

또 구하고자 하는 전기량을 q 라 하면

$$\frac{q}{Q} = 1 - e^{-t/RC} = 1 - e^{-36.8/8} = 0.99$$

결국, 축전기에 처음에 축적되어 있던 전기량의 99%가 남아 있다.

방전

축전기를 충전하고 Q_0 의 전하를 저장했을 경우, RC 회로에서 전지를 제거하고 단자 a, b를 스위치에 연결한다[그림 7.8(a)]. 그 다음에 스위치를 닫는다. 이때의 시각을 $t = 0$ 라 하면, 축전기로부터 방전이 일어나고 전하가 감소하기 시작한다[그림 7.8(b)는 전하가 q 의 시점]. q 가 0 으로 된 시점에서 방전은 멈춘다. $V_{\mathrm{e}} = 0$ 에서 식 (7.16)을 사용하면

$$i = \frac{dq}{dt} = -\frac{q}{RC} \tag{7.23}$$

이다.

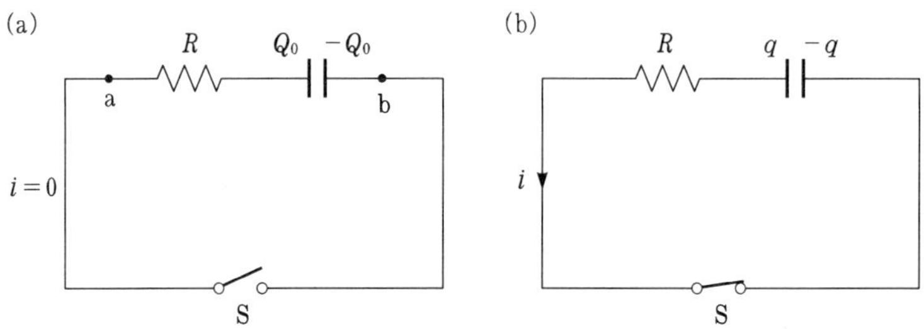

그림 7.8

$t = 0$ 에서 $q = Q_0$ 라 하면, $I_0 = -Q_0/RC$, 식 (7.23)을 적분하면

$$\int_{Q_0}^{q} \frac{dq'}{q'} = -\frac{1}{RC}\int_0^t dt'$$

에 의해

$$\log \frac{q}{Q_0} = -\frac{t}{RC}$$

로 되어,

$$q = Q_0 e^{-t/RC} \tag{7.24}$$

$$i = -\frac{Q_0}{RC} e^{-t/RC} = I_0 e^{-t/RC} \tag{7.25}$$

가 얻어진다. 식 (7.22) 와 식 (7.25)를 비교하면, 충전과 방전할 때 전류를 표시하는 식은 같으며, I_0 의 부호만이 다르다는 것을 알 수 있다(그림 7.9). 결국, 방전의 경우는 $I_0 < 0$ 이기 때문에, 그림 7.8(b) 에서 전류가 화살표와는 반대방향으로 흐르고, 축전기의 전하 q가 감소하는 것을 나타내고 있다.

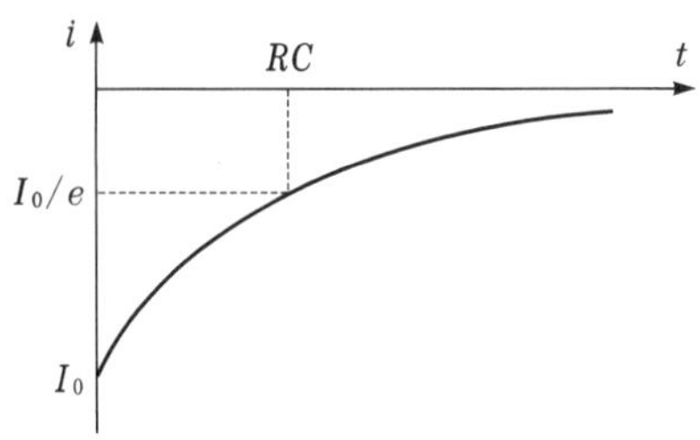

그림 7.9

CHAPTER 7 연습문제

[1] 두 개의 같은 전구($R=2\,\Omega$)가 8V 의 전원에 직렬로 연결되었을 때와 병렬로 연결했을 때의 전력을 비교하여라.

[2] 아래 그림에서와 같은 회로에서, 전류계를 흐르는 전류가 0 으로 되도록 R_1과 R_2의 분점을 정한다면, 전지의 미지의 기전력 V를 알 수가 있다. 이때 V를 R_1, R_2, V_1으로 표시하여라.

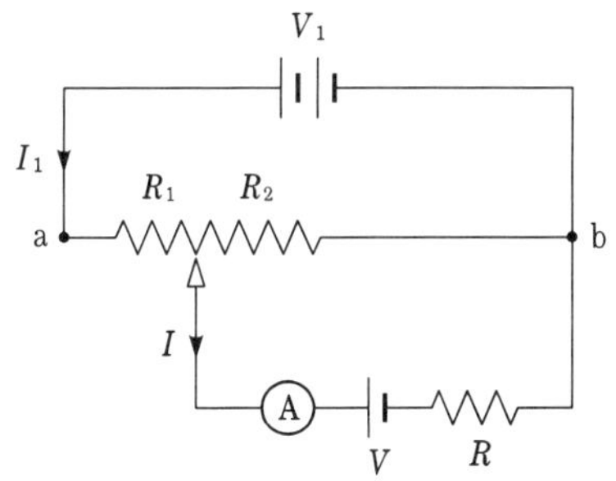

CHAPTER 8

자석과 자기적인 장

이 장에서는 일상 주변의 자기를 서술하고, Chap. 12 까지 다루는 자기현상의 도입부로 한다. 자기적인 장(場)으로서 자속밀도를 도입한다. 자속밀도는 전기의 경우 전기장에 대응하는 것으로 자기현상 전체에서 주된 역할을 하고, 움직이고 있는 전하에 힘을 작용하는 장으로서 정의된다.

8.1 자석과 자극

자기의 기원

역사상 인류가 처음으로 자기현상을 접한 것은 마찰전기가 발견된 것과 같은 고대 그리스 시대로 알려져 있다. **자석**으로 된 철 조각이 처음 발견된 곳은 터키 서부의 지중해에 근접한 Izmir(이즈미르)로부터 40 킬로 정도 북동쪽인 지금의 Manisa(마니사)이다. 이 마을은 고대에 Magnesia(마그네시아)라고 불렸고, 그것이 자기의 영어인 magnetism의 어원으로 되었다.

어렸을 때 막대자석에 쇠못을 붙이며 놀았던 경험은 누구에게나 있을 것이다. 자석이 떨어져 있는 곳의 못을 끌어당겨 달라붙게 하는 것을 저자가 처음으로 경험했을 때는 마법이라 생각하였다. 또 소풍에 가지고 갔던 물통의 뚜껑에는 남북의 방향을 나타내는 자석의 침(**자침**)이 붙어 있었다. 이것에 **막대자석**을 가까이 대면, 자침이 흔들린 후에 막대자석 쪽을 가리키고 멈추었다. 막대자석이 있는 곳을 바꾸면, 그것에 끌려 자침이 가리키는 방향도 바뀐다. 이것은 막대자석이 있는 장소가 바뀌면, 자침에 작용하는 자기력도 변화하기 때문이다.

자침도 자석이다. 지금 서술한 막대자석과 자침의 움직임은

『자석의 양끝에는 두 종류의 **자극**, N극과 S극이 있다』

라고 생각하면 설명할 수 있다. 즉 자침이 막대자석 주변에서 흔들리고, 어떤 한 방향을 가리키는 것은 자침과 막대자석의 자극 사이에 무언가의 힘이 작용하고 있다고 생각할 수 있다. 북쪽을 가리키는 자석의 끝 부분을 **N극**, 반대인 남쪽을 가리키는 자석의 끝 부분을 **S극**이라고 한다(N극을 양극, S극을 음극이라고도 부른다).

자석 사이에 작용하는 힘

자석이 서로 당기거나 밀거나 할 때의 힘을 자극의 측면에서 설명해 보자. 두 개의 막대자석을 가까이 하는 경우를 생각하자. 한쪽 자석의 N극에 다른 쪽 자석의 S극을 가까이 대면, 서로 당겨서 달라붙는다[그림 8.1(a)]. 한편, N극끼리 또는 S극 끼리를 가까이 했을 때는 서로 반발한다[그림 8.1(b)]. 결국, 다른 부호의 자극은 서로당기고, 같은 부호의 자극은 반발한다.

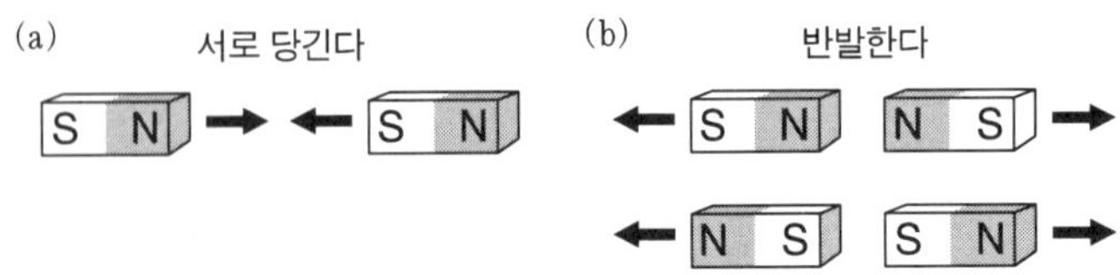

그림 8.1

이 성질은 다른 부호의 전하는 서로 당기고 같은 부호의 전하가 반발한다고 하는, 전하 사이의 쿨롱의 힘과 똑같은 것이다. 2.1절에서 쿨롱의 힘을 전기장 측면에서 설명한 것과 똑같이 자극 사이에 힘이 작용하는 현상을 자기적인 장에 의해 이해할 수 있다.

자기적인 장

전하가 그 주위에 전기장을 발생시키는 것과 같이, 자석은

『그 주위 공간의 자기적인 성질을, 자석이 없을 때와는 다른 것으로 하고 있다』

라고 생각하는 것이 자연스럽다. 자석은 공간에 자기적인 움직임을 가지게 하지만, 이러한 공간을 **자기적인 장**(場) 혹은 간단히 **자기장**이라고 한다.

막대자석의 자극이 그 주위의 공간을 변화시켜 발생시킨 자기적인 장에 다른 한 개의 자석의 자극이 반응하는 현상은 자극 사이에 힘이 작용하고 있기 때문이라고 생각하는 것으로 이해할 수 있다. 이때 전하에 대응하는 물리량으로서 **자하**(磁荷)를 생각하고, 자석의 양단에 있는 자극에 양 또는 음의 자하가 모여 있다고 생각하면 이해하기 쉽다.

자하는 존재하지 않는다

여기서 주의하지 않으면 안 되는 것은 자하란 것이 실제로는 존재하지 않는다는 것이다. 그것은 다음의 사실에서도 추측된다. 지금 자석을 두 개로 나누면 N극의 반대측의 절단면에는 새로운 S극이 나타나고, S극의 반대측의 절단면에는 새로운 N극이 생긴다[그림 8.2(a)]. 자석에서 예로 들어 N극만을 떼어놓으려고, N극 측을 작게 분리하면[그림 8.2(b)], 작은 조각의 절단면에 S극이, 큰 조각의 절단면에는 N극이 발생한다. 이렇게 분리된 두 개의 자석이 항상 N극과 S극을 갖고, 자석을 아무리 작게 분할해도 같은 일이 일어난다. 막대자석에는 N극과 S극이 항상 공존하고, N극과 S극을 분리할 수는 없다. 양 또는 음의 자하가 단독으로 존재하지 않는 것은 양과 음의 전하가 단독으로 존재할 수 있는 전기의 경우와 기본적으로 다르다.

전하는 전기장을 발생시키는 것에서 알 수 있듯이, 전기현상의 근원이다. 이것에 대하

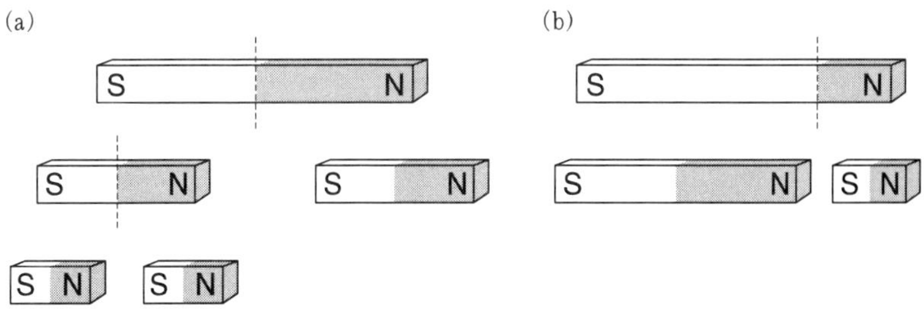

그림 8.2

여 자하가 실제의 것이 아니라면, 자기현상의 근원을 무엇에서 찾으면 좋을까? 이 질문에 대한 답은, 운동하는 전하에 대한 것을 1819 년에 발견한 덴마크의 외르스테드(H. C. Oersted)이다(이것에 대해서는 9.1 절에서 기술한다).

지구의 자기

지구상에서 자침이 정해진 방향을 가리키고 있다는 것은 지구상에 자기적인 장이 있다는 것을 의미하고 있다. 자침의 N 극이 지구의 북쪽을 가리키고, 자침의 S 극이 남쪽을 가리킨다. 이 사실로부터 지구를 한 개의 자석이라고 볼 수가 있으며, 그 N 극이 지구의 남극의 근처에 있고, S 극이 북극의 근처에 있다고(그림 8.3) 말할 수 있다.

지구가 갖고 있는 자기를 **지자기**(地磁氣)라고 한다. 지구의 자석으로서의 남북과 지리적인 남북은 반대로 되어 있다. 또 자석의 N 극과 지리상의 남극이 일치한 장소에 있는 것이 아니라, N 극은 지구 남극으로부터(S 극은 지구의 북쪽으로부터) 조금 어긋난 점에 있다 (그림 8.3). 8.2 절에서 설명하는 자력선을 지구의 주변에서 생각하면, 남극 근처의 지표에서 나오고 북극 근처에서 내부로 들어간다.

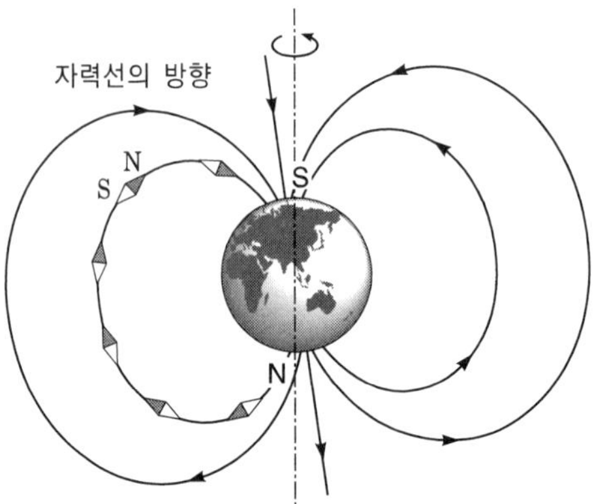

그림 8.3

자기모멘트

자하는 실제로는 존재하지 않지만 전하에 대응하는 자기적인 양으로서 자하를 생각하면, 자석의 N 극, S 극을 논하거나 자력선을 생각할 때에 이해하기 쉽다. 여기에서 자하를 **자기량** $q_{\mathrm{m}}(q_{\mathrm{m}} > 0)$으로 표시하고, 자기량 q_{m}과 $-q_{\mathrm{m}}$의 한쌍을 **자기쌍극자**로 정의한다(그림 8.4). 이것은 2.2절의 전기쌍극자에 대응하는 자기적인 양이며, 자석을 아무리 작게 분할해도 자하를 빼낼 수는 없어 자기쌍극자가 생기게 된다.

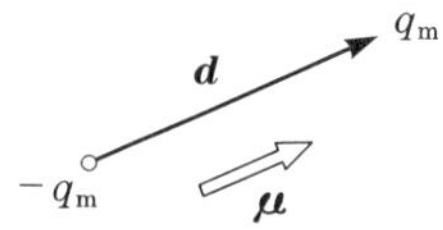

그림 8.4

두 개의 자하 q_{m}과 $-q_{\mathrm{m}}$의 거리가 d일 때, 크기가 $q_{\mathrm{m}}d$이며 방향이 $-q_{\mathrm{m}}$에서 q_{m}로의 방향의 벡터를 이 자기쌍극자의 **자기모멘트**라고 부르고, $\boldsymbol{\mu}$로 표시한다.

$$\boldsymbol{\mu} = q_{\mathrm{m}}\boldsymbol{d} \tag{8.1}$$

8.2 자속밀도

움직이고 있는 전하가 자기장을 만든다

전기적인 현상과 자기적인 현상에는 서로 대응하는 양을 생각할 수 있다. 전기장은 전하에 의해 발생하는 것을 Chap. 2에서 봤지만, 자기적인 장은 무엇에 의해 발생하는 것일까? 여기에서 자속밀도(magnetic flux density, 자기선속밀도)를 도입하기 전에 Chap. 2에서의 전기장과 쿨롱힘을 생각해 보자.

(A) 정지하고 있는 전하가 주위에 전기장을 만든다(2.1절).

(B) 그 전기장 E가 전기장 내에 놓여진 다른 전하 q에 $F = qE$인 쿨롱힘을 미치게 한다.

이 전기장에 관한 두 가지의 명제에 대해, 아래에서 자기적인 장의 세기를 나타내는 양(量)으로 도입한 자속밀도에는 다음의 성질이 있는 것을 확인할 수 있다.

(a) 움직이고 있는 전하(전류)가 주위에 자속밀도를 만든다.

(b) 그 자속밀도가 그 속을 움직이고 있는 다른 전하와 전류에 힘을 미친다.

(A)와 (a), (B)와 (b)의 유사성으로부터 정지한 전하가 만드는 전기장에 대응하는

양으로서 움직이고 있는 전하가 만드는 자속밀도를 생각할 수 있다.

이 장에서는 우선 명제 (b)에 의해 자속밀도를 도입하고, 다음으로 자기적인 힘을 의논한다[명제 (a)에 대해서는 9.1절에서 논한다].

자속밀도의 정의

자기적인 장의 내부를 움직이고 있는 전하에는 힘이 작용한다. 이것을 **자기력**이라고 한다. 하전입자가 속도 v로 자기적인 장에 수직으로 움직이고 있을 때, 자기력 F의 크기는

$$F = |q|vB \tag{8.2}$$

로 주어진다. 식 (8.2)는 **자속밀도** B를 정의하는 식이다. 동시에 자속밀도에서 자기적인 장의 양(量)을 정의한다.

식 (8.2)를 말로서 표현하면

『속도 v로 움직이고 있는 전하 q의 입자에 힘 $F = |q|vB$
을 작용하는 장이 자속밀도 B이다』

가 된다.

자속밀도의 단위는 식 (8.2)의 정의에서, $\mathrm{N \cdot s/(C \cdot m) = N/A \cdot m = T}$ (**테슬라**)이다. 식 (8.2)에 나와 있는 네 개의 물리량을 전부 단위량으로 생각하면, 1쿨롱의 전하가 1 m/s의 속도로 움직이고 있을 때, 1 N의 힘을 발생시키는 자속밀도가 1T라고 말할 수 있다. 현재 실험실에서 실현 가능한 최대의 자속밀도는 80 T이다.

자속밀도는 벡터량이다. 게다가 공간의 각 점에서 정의되기 때문에, 장(場)의 양(量)이기도 하다. 결국, 전기장과 똑같이 자속밀도도 벡터장을 만든다.

그림 8.5에 표시된 것 같이, $\boldsymbol{v}$와 $\boldsymbol{B}$가 수직일 때에는, 힘 $\boldsymbol{F}$의 방향은 $\boldsymbol{v}$와 $\boldsymbol{B}$ 양쪽에 수직이고, 화살표의 방향이 되는 것을 실험을 통해 알고 있다.

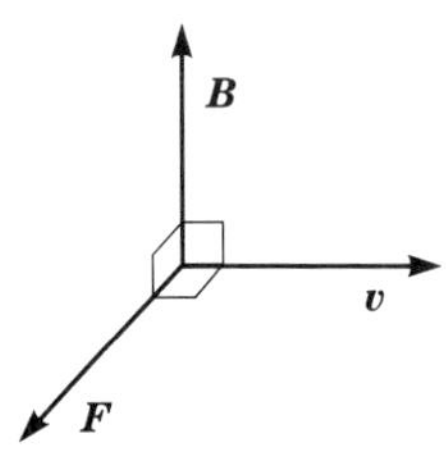

그림 8.5

로렌츠힘

식 (8.2)의 우변에 v가 있는 것은 자기적인 힘이 작용하려면 전하가 움직이고 있을 필요가 있다는 것을 의미한다. 이 사실은 정지하고 있는 전하에 쿨롱힘이 작용하는 전기장의 경우와 본질적으로 다르다.

또 하나 전기장과의 중요한 차이는 자기력 $\boldsymbol{F}$의 방향이 $\boldsymbol{B}$와 같은 방향이 아니라는 것이다. 전기력인 쿨롱힘은 전기장과 같은 방향에 작용했지만, $\boldsymbol{F}$의 방향은 $\boldsymbol{B}$와 $\boldsymbol{v}$의 두 방향에 수직이다. 즉 $\boldsymbol{F}$의 방향은 $\boldsymbol{v}$와 $\boldsymbol{B}$가 만드는 면에 수직이다.

다음으로 $\boldsymbol{v}$와 $\boldsymbol{B}$가 수직이 아닌 경우에 발생하는 힘을 생각하자[그림 8.6(a)]. 이때 식 (8.2)의 v을, $\boldsymbol{v}$의 $\boldsymbol{B}$에 수직 방향의 성분[그림 8.6(a)의 점선]으로 바꾸면, $\boldsymbol{F}$의 크기를 얻을 수 있다. $\boldsymbol{v}$가 $\boldsymbol{B}$에 평행할 때는 수직 성분이 없기 때문에 $\boldsymbol{F}=0$이다. 위와 같은 것을 $\boldsymbol{v}$와 $\boldsymbol{B}$가 직각이라고 한정하지 않고 일반적인 경우로서 식으로 나타내면

$$F = |q|vB\,\sin\theta \tag{8.3}$$

이 된다. θ는 $\boldsymbol{v}$에서 $\boldsymbol{B}$까지의 각도이다. 이 관계는 벡터곱을 사용해

$$\boldsymbol{F} = q\boldsymbol{v}\times\boldsymbol{B} \tag{8.4}$$

로 나타낼 수 있다. 지금까지 자기력이라고 불리고 있던 이 힘을 **로렌츠힘**이라고 한다.

벡터 곱 $\boldsymbol{v}\times\boldsymbol{B}$의 방향은 식 (0.40)에서 나타내는 것과 같이 $\boldsymbol{v}$에서 $\boldsymbol{B}$로 오른나사를 돌렸을 때에 나사의 진행하는 방향이다. 이것은 다음과 같이 생각하여도 얻을 수 있다.

$\boldsymbol{F}$의 방향은 $\boldsymbol{v}$와 $\boldsymbol{B}$가 형성하는 면에 수직이다. 오른손을 그림 8.6(b)와 같이 펼쳤을

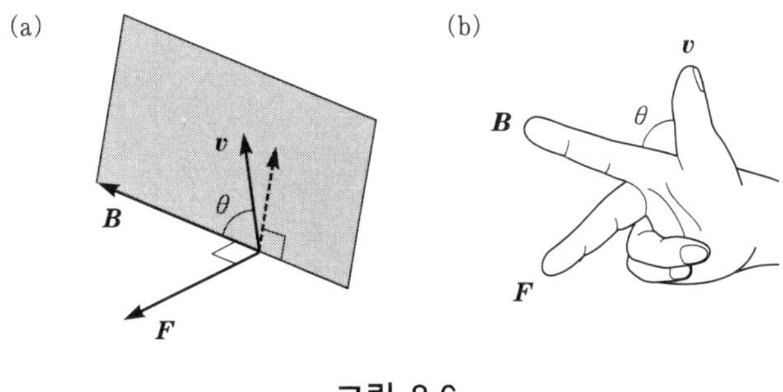

그림 8.6

때, $\boldsymbol{v}$가 엄지, $\boldsymbol{B}$가 검지방향을 향하게 하고, 엄지와 검지 사이의 각도를 θ라고 하면, 중지의 방향이 힘의 방향을 나타낸다. 이때 v, $\boldsymbol{B}$, $\boldsymbol{F}$ 등의 방향의 관계를 **오른손의 법칙**이라고 한다. 식 (8.4)는 이러한 것들을 나타내고 있으며, 지금까지 논한 것은 양의 전하 $(q>0)$의 경우이다.

음의 전하 $(q<0)$의 경우에는 q을 마이너스 부호와 크기를 표시하는 절댓값 $|q|$로 나타내면, $q=-|q|$라고 생각한다. 이것에 의해 식 (8.4)의 우변에 마이너스 부호가 붙기 때문에, $\boldsymbol{F}$는 $\boldsymbol{v}\times\boldsymbol{B}$와 반대방향이 된다. 이 경우에는 왼손을 사용해 양의 전하의 경우와 똑같이 생각하면, 검지가 양전하일 때는 반대 방향을 향한다고 설명할 수 있다. 이것을 **왼손의 법칙**이라고 한다.

| 예제 8.1 | z축 방향으로 균일한 자속밀도가 있는 공간을 양성자 빔이 속도 1.4×10^5 m/s로 나아가고 있다. 진행방향은 xz면 내이며, $+z$축으로부터 $\pi/4$만큼 $+x$축 방향으로 기울어져 있고, 자속밀도의 크기는 2T라고 한다. 이때, 한 개의 양성자에 작용하는 힘을 구하여라.

풀이 식 (8.3)으로부터

$$F=|q|vB\sin\theta=1.6\times10^{-19}\times1.4\times10^5\times2\times\frac{1}{\sqrt{2}}=3.2\times10^{-14}\,\mathrm{N}$$

방향은 오른손의 법칙에 의해 $-y$축 방향이다.

이 문제를 벡터기호를 사용해서 풀어 보자.

$$\boldsymbol{v}=1.4\times10^5\sin(\pi/4)\boldsymbol{e}_x+1.4\times10^5\cos(\pi/4)\boldsymbol{e}_z,\quad \boldsymbol{B}=2\boldsymbol{e}_z$$

에 의해

$$\boldsymbol{F}=q\boldsymbol{v}\times\boldsymbol{B}=1.6\times10^{-19}\times1.4\times10^5\times\frac{2}{\sqrt{2}}(\boldsymbol{e}_x+\boldsymbol{e}_z)\times\boldsymbol{e}_z$$

식 (0.45)의 제3식과 식 (0.46)에서 $\boldsymbol{e}_x\times\boldsymbol{e}_z=-\boldsymbol{e}_y$, $\boldsymbol{e}_z\times\boldsymbol{e}_z=0$이기 때문에

$$F = -3.2 \times 10^{-14} e_y \,\mathrm{N}$$

가 된다. 이와 같이 벡터를 사용해 계산하면, 계산 결과에 방향도 포함되어 있어 오른손의 법칙을 사용하지 않아도 되는 이점이 있다. ■

자기력선

2.2 절에서 전기장을 나타내려면 전기력선을 이용했던 것과 같이, 자속밀도의 모양도 자력선으로 나타낼 수가 있다. 즉 자속밀도가 존재하는 공간에서 한 개의 곡선을 생각했을 때,

『곡선위의 모든 점에서의 접선이, 그 점에서의 자속밀도 $\boldsymbol{B}$의 방향에 일치하고 있는 것과 같은 선』

이 **자기력선**이다(그림 8.7). 한 개의 자기력선을 그리려면, 각 점에서의 자속밀도 $\boldsymbol{B}$의 방향의 무한소인 길이의 선분을 잇는 것으로 얻을 수 있다. 자기력선이라고 하는 것은 적절한 명칭은 아니다. 왜냐하면 자기력의 방향은 이 선에 수직이고, 자기력선의 방향은 아니다. 이것이 전기력선의 경우와 다른 것으로 주의가 필요하다.

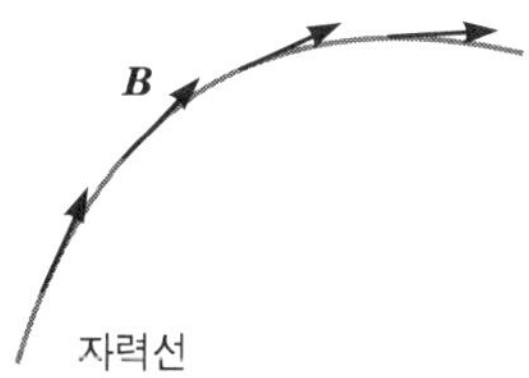

그림 8.7

자기력선은 자석의 N 극에서 나오고 S 극으로 들어간다(그림 8.8). 자속밀도의 방향은 어느 점에 자침을 놓았을 때에 그 자침의 N 극이 가리키는 방향과 일치하고 있다. 8.1 절 그림 8.3 에서 보인 곡선은 자기력선의 예이다. 전기력선일 때와 같이, 자기력선도 모든 점에서 그리는 것은 실제적이지 않다. 몇 개의 대표적인 자기력선만을 그림으로 나타낸 것이다. 인접한 자기력선과의 간격이 좁을 때는 자속밀도가 크고, 자기력선이 서로 떨어져 있을 때는 자속밀도가 작다.

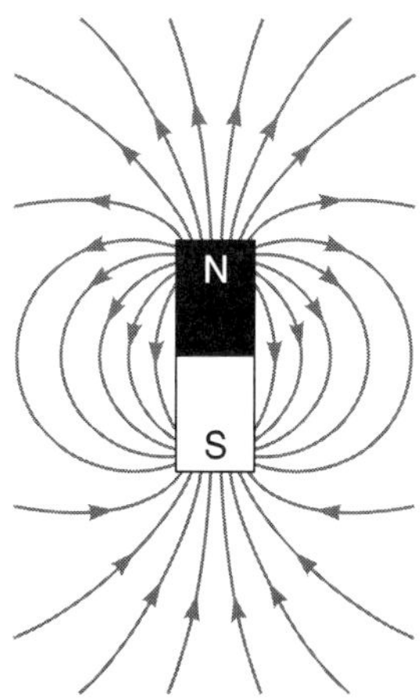

그림 8.8

8.3 자속

전속을 2.4 절에서 정의했던 것과 같이, 이 절에서 **자속**(magnetic flux, 자기선속)을 정의한다. 먼저 균일한 자속밀도 $\boldsymbol{B}$가 있을 때는 어느 면을 생각하고 그 면을 관통하는 자속을 면의 면적과 자속밀도의 면에 수직한 성분의 곱으로 정의한다. 따라서 $\boldsymbol{B}$와 각도 θ을 이루는 평면을 관통하는 자속 Φ_B는 평면의 면적을 S라고 하면

$$\Phi_B = BS\cos\theta \tag{8.5}$$

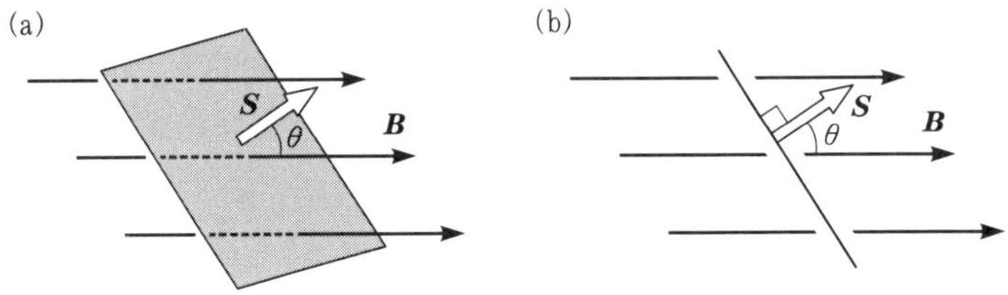

그림 8.9

이 된다[그림 8.9(a)]. 이것을 바로 옆에서 본 모습을 그림 8.9(b)에 나타낸다. 이것은 0.3 절에서 논했던 면적벡터 $\boldsymbol{S}$와 $\boldsymbol{B}$의 스칼라곱

$$\Phi_B = \boldsymbol{B}\cdot\boldsymbol{S} \tag{8.6}$$

로 주어진다.

일반적으로 자속밀도가 균일하지 않을 때, 또는 면이 평행하지 않을 때는 임의의 면적벡터를 요소 $d\boldsymbol{S}$로 나누고, 그곳에서의 자속밀도의 법선성분 $B_\perp$ 을 생각한다(그림 8.10). $d\boldsymbol{S}$를 통과하는 자속을

$$d\Phi_B = B_\perp dS = B\cos\theta\, dS = \boldsymbol{B}\cdot d\boldsymbol{S} \tag{8.7}$$

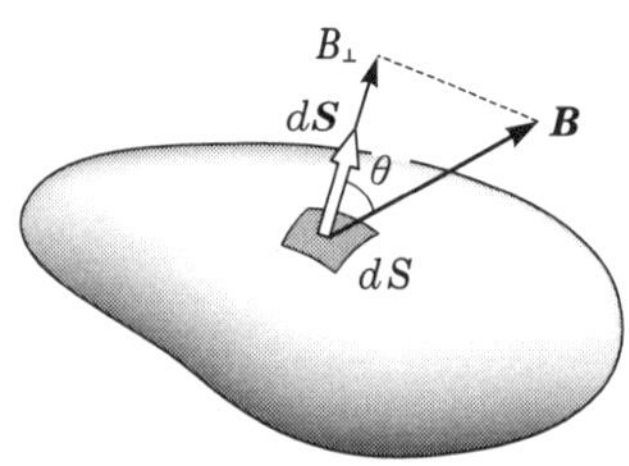

그림 8.10

로 정의하면, 폐곡면을 통과하는 총 자속 Φ_B는 전속을 식 (2.18) 에서 구한 것과 같이, 면적요소에 관한 자속

식 (8.7)을 전체 면상에서 적분한

$$\Phi_B = \int B_\perp \, dS = \int B \cos\theta \, ds = \int \boldsymbol{B} \cdot d\boldsymbol{S} \tag{8.8}$$

로 주어진다. **자속의 단위**는 **웨버**(Wb)이고, 이것은

$$1\,\text{Wb} = 1\,\text{T} \cdot \text{m}^2$$

이다.

자속밀도에 관한 가우스 법칙은

$$\int \boldsymbol{B} \cdot d\boldsymbol{S} = 0 \tag{8.9}$$

이다. 이 식은 폐곡면을 통과하는 자속을 모두 더하면, 반드시 0이 된다는 것을 의미한다. 결국, 폐곡면 내부에서 외부로 관통하는 자속을 양(+)의 양(量)으로 하고, 외부에서 내부로 관통하는 자속을 음(−)의 양(量)으로 하면, 이 두 개의 합이 0이라는 것이다. 바꿔 말하면, 들어오는 자속과 나가는 자속의 양은 같다.

전기장에 관한 가우스 법칙 식 (2.22)의 경우는 우변이 전하 Q/ε_0이였다. 이것에 대해, 자속밀도에 관한 가우스 법칙 식 (8.9)의 우변이 0이라는 것은 자하가 존재하지 않는 것을 반영하고 있다. 관통하는 자력선이 dS에 수직이면, 면적요소 dS에서 $B_\perp = B$이기 때문에, 식 (8.7)은

$$B = \frac{d\Phi_B}{dS} \tag{8.10}$$

이 된다.

통상, 질량에 대한 밀도, 인구에 대한 인구밀도를 생각하는 것처럼, 어느 양(量)이 정의되고 그 단위체적(혹은 면적)당의 양을 밀도로 생각하는 것이 순서이지만, 여기에서는 식 (8.2)에서 자속밀도를 정의하고, 그것을 어느 면에서 더한 자속이라는 양(量)이, 나중에 식 (8.5)에 등장했던 형식으로 되어 있다.

❙예제 8.2❙ $4\ \mathrm{cm}^2$ 의 평면이 균일한 자기장 내에 놓여 있다. 자속밀도 $\boldsymbol{B}$와 평면의 수직방향이 이루는 각도는 $\pi/3$, 이 면을 관통하는 자속이 $6\ \mathrm{mWb}$일 때, 자속밀도는 얼마인가?

풀이 식 (8.5)에서

$$B = \frac{\Phi_B}{S\cos\theta} = \frac{6\times 10^{-3}}{4\times 10^{-4}\times 0.5} = 30\ \mathrm{T}$$

가 된다. ■

CHAPTER 8 연습문제

[1] 어느 막대자석의 양단의 N극과 S극에서 자기력의 세기는 같을까 아니면 다를까?

[2] 자속의 단위 1 Wb가 1 N·m/A인 것을 나타내시오.

CHAPTER 9 전류가 만드는 자속밀도

정지한 전하에 쿨롱의 힘을 미치게 하는 장(場)으로서 전기장을 도입한 것에 대해서, 자속밀도가 전하에 힘을 미치려면 전하가 움직이고 있을 필요가 있다는 것을 Chap. 8 에서 설명하였다. 이 대응관계로부터 전기장은 정지한 전하에 의해 형성되었지만, 자속밀도는 움직이고 있는 전하에 의해 형성된다고 유추된다. 이 장에서는 여러 가지 형태의 전류가 만드는 자속밀도를 표시하는 식에 대하여 알아본다.

9.1 움직이고 있는 전하가 만드는 자속밀도

에르스테드(Oersted)의 실험

1819 년 덴마크의 에르스테드는 도선에 전류를 흘렀을 때에, 옆에 있던 자침이 흔들리는 것을 발견했다. 이 발견은

『전류가 자기적인 장을 만든다』

라는 것을 관측한 것이다. 이로 인해 자기의 근원이 전류라는 것이 명백하게 되었고, 더욱이 전자기학을 전기와 자기를 관련시켜 통일적으로 이해하는 계기가 됐다. 이와 같은 실험은 프랑스의 앙페르(Ampere)도 했었다. 이것과 반대의 현상, 도선의 근처를 움직이는 자석이 도선의 회로에 전류를 만드는 것을 나중에 영국의 페러데이(Faraday)와 미국의 헨리(Henry)가 발견했다. 이것이 Chap. 12 에서 서술할 전자기 유도현상이다.

움직이는 점전하가 만드는 자속밀도

일정한 속도 $\boldsymbol{v}$로 움직이고 있는 점전하 q가 형성하는 자속밀도가 어떻게 나타내는지를 알아보자. 점전하 q가 어느 순간에 점 O에 있다고 하고, O로부터 $\boldsymbol{r}$의 거리에 있는 점 P에 생기는 자속밀도 $\boldsymbol{B}$를 구한다[그림 9.1(a)]. 그림 9.1(a)를 그리려면, 최초에 두 개의 벡터 $\boldsymbol{v}$와 $\boldsymbol{r}$이 형성하는 면을 생각한다(점 P는 이 면 내에 있다). 이때 발생하는 $\boldsymbol{B}$의 크기는 $|q|$와 $1/r^2$에 비례한다. 이것은 점전하가 만드는 전기장 식 (2.4)와 같다.

그러나 자속밀도 $\boldsymbol{B}$의 경우는 앞장에서 설명한 것과 같이 전기장일 때와 방향이 다르다. 전기장의 경우에는 원점 O와 점 P를 연결하는 선의 방향이었지만, $\boldsymbol{B}$는 $\boldsymbol{r}$과 $\boldsymbol{v}$를 포함하는 면에 수직인 방향이다. 수직방향은 좌우 두 개가 있지만, $\boldsymbol{B}$의 방향은 8.2절에서 설명한 오른손법칙을 따른다. 결국 $\boldsymbol{B}$는 $\boldsymbol{v} \to \boldsymbol{r}$로 오른나사를 돌렸을 때에 나사가 진행하는 방향이다[그림 9.1(a)에서 P로부터의 실선의 화살표로 나타내었다].

또 자속밀도 $\boldsymbol{B}$의 크기는 $\boldsymbol{v}$에서 $\boldsymbol{r}$까지의 각도를 θ라고 하면

$$B = \frac{\mu_0}{4\pi}\frac{|q|v\sin\theta}{r^2} \tag{9.1}$$

이다. μ_0는 **진공의 투자율**이라고 부르며

$$\mu_0 = 4\pi \times 10^{-7}\,\mathrm{T \cdot m/A} \tag{9.2}$$

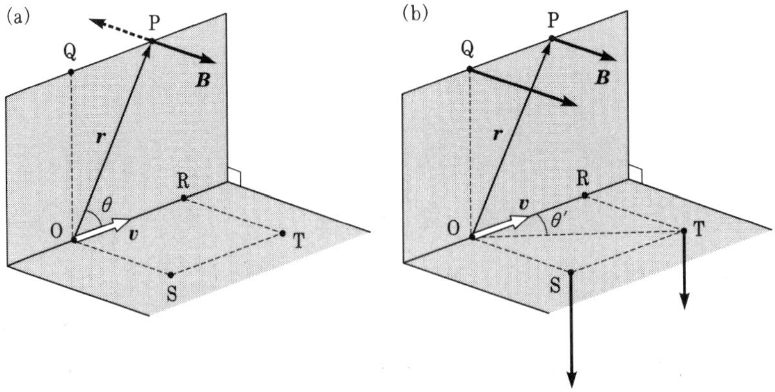

그림 9.1

이다. 위의 결과는 벡터곱을 사용하여 크기와 방향을 정리하면

$$\boldsymbol{B}(\boldsymbol{r}) = \frac{\mu_0}{4\pi}\frac{q\boldsymbol{v}\times\boldsymbol{e}_r}{r^2} \tag{9.3}$$

로 나타낼 수 있다($\boldsymbol{e}_r$은 $\boldsymbol{r}$방향의 단위벡터). 식 (9.3)의 좌변에서는 $\boldsymbol{B}$가 위치벡터 $\boldsymbol{r}$의 함수인 것을 명시했다. $q<0$일 때, $\boldsymbol{B}$의 방향은 $q>0$일 때와 반대로 된다[그림 9.1(a)의 점선 화살표]. 식 (9.3)은 움직이고 있는 점전하가 그곳에서 위치벡터 $\boldsymbol{r}$인 점에 형성하는 자속밀도이며, 이것이 앞으로 설명할 직선전류, 전류소편(素片), 원(圓)전류가 만드는 자속밀도를 계산하는 바탕이 된다.

> **| 예제 9.1 |** 그림 9.1(a)에 나타낸 점 Q, R, S, T에 있어서 자속밀도의 크기와 방향을, 점 P에서의 자속밀도와 비교하여 정성적으로 그림으로 나타내어라. 단, $\boldsymbol{v}$는 모든 경우 똑같다고 한다.

풀이 답을 그림 9.1(b)에 나타낸다. 점 Q에서는 $\theta=\pi/2$, $\sin\theta=1$이기 때문에, 점 P에서의 $\boldsymbol{B}$보다 인자 $1/\sin\theta$만큼 크다. 또 r이 작은 것도 점 Q에서의 $\boldsymbol{B}$를 크게 한다. 점 R에서는 $\boldsymbol{v}$와 $\boldsymbol{r}$이 평행이기 때문에 $\boldsymbol{B}=\boldsymbol{0}$이다. 점 S에서는 $\boldsymbol{v}$와 OS가 이루는 면인 밑면에 대해 $\boldsymbol{B}$는 아랫방향이 된다. 크기는 $1/r^2$에 비례하기 때문에, 점 Q에서의 값에 $(\mathrm{OQ}/\mathrm{OS})^2$이 곱해진다($B$가 $1/r^2$에 비례하기 때문). 그 결과 Q에서의 값보다 크게 된다. 점 T에서의 $\boldsymbol{B}$도 아랫방향이고, 크기는 S에서의 값에 $\sin\theta'$와 $(\mathrm{OS}/\mathrm{OT})^2$이 곱해진다. ■

직선전류가 만드는 자속밀도

직선 모양의 도체에 정상전류 I를 흘리면, 전류로부터 거리 r인 점 P에 생긴 자속밀도는 그림 9.2(a)와 같이 전류의 방향에 수직인 면 내에 전류의 주위를 회전하는 것처럼 발생한다. 자속밀도의 방향은 전류의 방향을 오른나사의 진행방향이라고 할 때, 나사가 회전하는 방향이다[그림 9.2(a)의 화살표]. 또 전류를 측면에서 봤을 때의 모습이 그림 9.2(b)이다. 자속밀도의 크기는 전류 I에 비례하고, 전류로부터의 거리 r에 반비례한다.

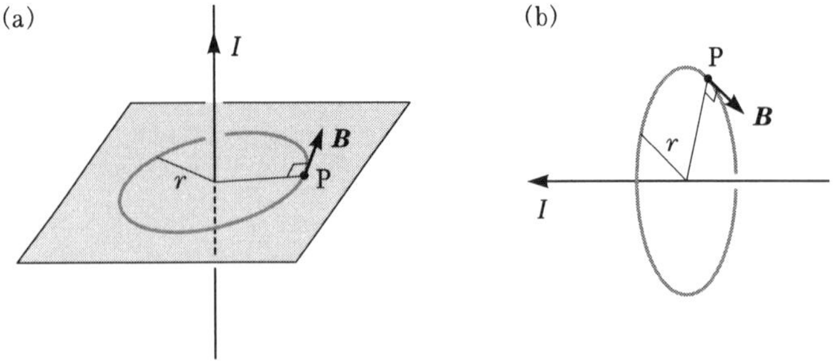

그림 9.2

이때의 계수가 $\mu_0/2\pi$가 되는 것은 실험으로부터 알 수 있기 때문에, 직선전류가 거리 r인 점에 형성하는 자속밀도의 크기는

$$B(r) = \frac{\mu_0 I}{2\pi r} \tag{9.4}$$

이다. 이 결과는 예제 9.3 에서 비오-사바르(Biot-Savart)의 법칙을 이용하여 증명한다.

9.2 비오-사바르의 법칙

전류소편이 만드는 자속밀도

앞의 절에서는 직선전류가 만드는 자속밀도를 생각하였다. 그 결과를 일반화하여 직선뿐만 아니라, 임의의 형태의 도체에 흐르는 전류가 만드는 자속밀도를 계산할 수 있다. 그렇게 하기 위해서는 도체를 직선 모양이라고 가정시키는 미소부분 $d\boldsymbol{s}$ 로 분할하고, 그곳을 이동하는 전하가 형성하는 자속밀도 $d\boldsymbol{B}$ 를 구하여 도체 전체에 대하여 더하면 된다. 그 작도법을 다음의 예제 9.2 에 나타낸다.

|예제 9.2| 그림 9.3 에서 전류가 흐르는 도체요소 $d\boldsymbol{s}$가 점 P 에 형성하는 자속밀도 $d\boldsymbol{B}$ 를 작도하여라.

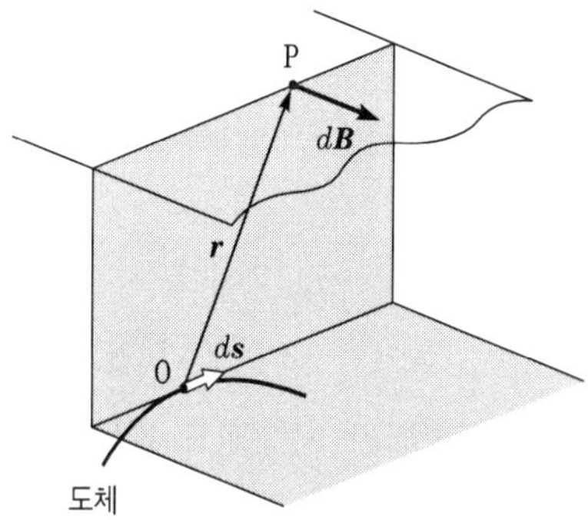

그림 9.3

풀이 점 O와 P를 잇는 벡터 $\boldsymbol{r}$과 도체요소 $d\boldsymbol{s}$로 결정되는 면을 생각한다. 또 점 P를 통하여 이 면에 수직인 면을 생각한다. $d\boldsymbol{B}$의 방향은 그림 9.3에 표시한 것처럼, 이 면 내에 있으며 OP에 수직한 방향이 된다. 이것은 그림 9.1(a)의 $\boldsymbol{v}$를 $d\boldsymbol{s}$라고 한 것이다.

다음으로 앞절의 결과 식 (9.1)을 이용해 도체의 단면적이 S인 미소부분 $d\boldsymbol{s}$의 전류(이것을 **전류소편**이라고 부른다)가 점 P에 형성하는 자속밀도를 계산한다. 미소부분의 체적은 $S\,ds$이고, 전하 q의 하전입자가 단위체석낭 n개일 때 도체요소를 움직이고 있는 총 전하는

$$dQ = nqS\,ds$$

이다. dQ가 유동속도 v_{d}로 점 O로부터 움직일 때, 점 P에 형성되는 자속밀도 dB는 식 (9.1)을 이용하여

$$dB = \frac{\mu_0}{4\pi}\frac{|dQ|v_{\mathrm{d}}\sin\theta}{r^2} = \frac{\mu_0}{4\pi}\frac{n|q|v_{\mathrm{d}}S\,ds\sin\theta}{r^2}$$

이다. r은 O에서 P까지의 거리이다. $I = n|q|v_{\mathrm{d}}S$를 사용하면 위의 식은

$$dB = \frac{\mu_0}{4\pi}\frac{I\,ds\sin\theta}{r^2} \tag{9.5}$$

가 된다. 식 (9.5)의 벡터 표시는($\boldsymbol{r}$의 함수인 것을 나타내어)

$$dB(r) = \frac{\mu_0}{4\pi}\frac{I ds \times e_r}{r^2} \tag{9.6}$$

이다.

식 (9.6)을 말로서 표현하면

『도선의 미소부분 ds를 흐르는 전류 I가 있고, 그곳으로부터 위치 벡터가 r인 점 P에 만드는 자속밀도 dB는 식 (9.6)이다』

라는 것이다. 이것은 프랑스의 학자 비오(Biot)와 사바르(Savart)에 연관되어, **비오-사바르의 법칙**(Biot-Savart's Law)이라고 불리고 있다. ■

비오-사바르의 법칙은 미소부분의 전류가 형성하는 자속밀도를 구하는 것이다. 이것을 도체에 따라 적분하면, 임의의 형상의 도체에 흐르는 전류가 점 P에 만드는 자속밀도를 알 수 있다. 즉 점 P에서의 자속밀도는

$$B = \int dB = \int \frac{\mu_0}{4\pi}\frac{I\, ds \times e_r}{r^2} \tag{9.7}$$

로 주어진다. 이것을 **비오-사바르의 공식**이라고 한다. 식 (9.7)의 가장 우측 변에서 ds에 관한 적분을 하기 때문에, 그 결과는 점 O에서 P로의 위치벡터 r의 함수는 아니다. 단, B를 계산하는 점 P의 좌표에는 의존하고 있다.

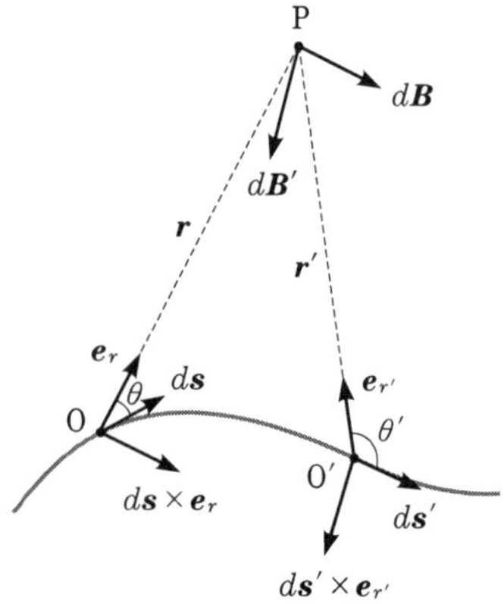

그림 9.4

식 (9.7)의 적분기호의 안을 보면, 적분변수 ds가 e_r과의 벡터 곱의 형태를 나타내고 있다. 이 의미는 조금 이해하기 어려울지도 모른다. 여기에서 $ds \times e_r/r^2$의 의미를 그림 9.4로 설명한다. 우선 이 양은 곡선상의 점 O에서 결정되는 ds와 점 P를 결정하고 있는 r에 의해 정의되는 벡터로 dB에 비례한다. dB의 출발점은 점 P이다. 벡터곱의 공식

으로부터 이 항의 크기는 $ds \sin\theta / r^2$이고, 방향은 $\boldsymbol{ds}$와 $\boldsymbol{r}$이 형성하는 면에 수직인 방향이다. $\boldsymbol{ds}$가 적분경로상을 이동할 때, 새로운 점 O′에서의 $\boldsymbol{ds}'$와 $\boldsymbol{r}'$에 대하여 똑같은 형태를 생각하면, 역시 P를 출발점으로 하는 $d\boldsymbol{B}'$가 결정된다. 이때 일반적으로 $d\boldsymbol{B}'$와 $d\boldsymbol{B}$의 방향은 다르다. O′P의 거리 r'도, 각도 θ'도, 점 O에서 생각한 것과는 다르다. 도체 경로상의 이런 미소량(量)들의 적분이 점 P에서의 자속밀도 $\boldsymbol{B}$를 부여한다.

여기에서 설명한 것은 전류의 이동경로가 일반적인 형상의 경우이고, 그 때문에 적분의 내용이 복잡하게 된다. 나중에 설명할 예제 9.3과 같은 직선의 경우와 9.3절의 원전류의 경우에는 이동경로가 어떤 대칭성을 갖고 있기 때문에 적분을 쉽게 계산할 수 있다.

| 예제 9.3 | 비오-사바르의 공식을 사용해 직선전류가 만드는 자속밀도를 나타내는 식 (9.4)를 유도하여라.

풀이 길이 $2a$인 도체를 y축을 따라 두고, 그 중심을 원점 O로 한다. 그리고 전류 I의 방향을 y축의 양의 방향으로 하고, 도체요소 $ds = dy$가 x축상의 점 $P(x, 0, 0)$에 형성하는 자속밀도 $d\boldsymbol{B}$를 생각한다[그림 9.5(a)].

그림에서 $r = \sqrt{x^2 + y^2}$, $\sin\theta = x / \sqrt{x^2 + y^2}$의 관계가 있다. $d\boldsymbol{B}$의 방향은 $\boldsymbol{ds} \times \boldsymbol{e}_r$의 방향($z$축의 음의 방향)이다. 이 방향은 $\boldsymbol{ds}$가 y축상을 움직이고 있는 사이에는 변하지 않는다. 이와 같은 성질을 식 (9.5)에 적용하여, dB를 선 길이의 범위$(-a,\ a)$로 적분하면, 적분공식

$$\int_{-a}^{a} \frac{x\, dy}{(x^2 + y^2)^{3/2}} = \frac{2a}{x\sqrt{x^2 + a^2}}$$

을 사용하여

$$B = \frac{\mu_0 I}{4\pi} \int_{-a}^{a} \frac{x\, dy}{(x^2 + y^2)^{3/2}} = \frac{\mu_0 I}{4\pi} \frac{2a}{x\sqrt{x^2 + a^2}}$$

을 얻는다. 이것은 도체가 충분히 길 때$(a \to \infty)$,

$$B = \frac{\mu_0 I}{2\pi x}$$

가 된다.

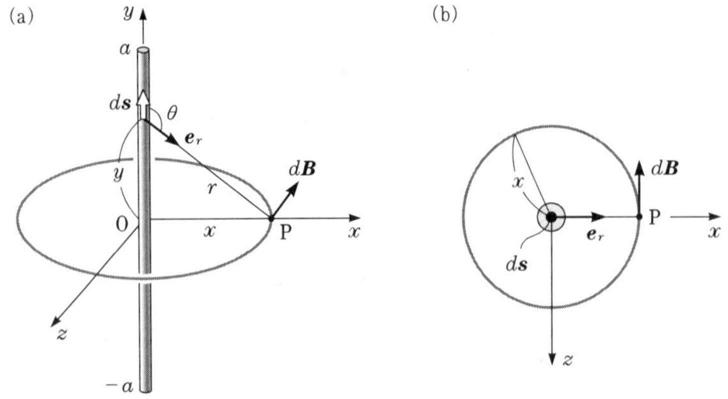

그림 9.5

지금의 상황에서는 점 P를 y축에 수직인 면 내의 원주상을 y축의 주위로 움직여도 자속밀도의 크기는 변하지 않기 때문에, 반경 r인 원주상에서는 어디에서든 식 (9.4)와 같이

$$B(r) = \frac{\mu_0 I}{2\pi r}$$

이 된다(위의 식에서 변수 x를 r로 바꿨다).

이 상황을 바로 위쪽에서 본 것이 그림 9.5(b) 이다. 이와 같이 지면의 뒷면에서 지면 앞으로 향하는 경우를 ⊙로, 지면 앞에서 뒷면으로 향하는 경우를 ⊗의 기호로 나타낸다. 그림 (b)에서 원주상의 각 점에서 $d\boldsymbol{B}$의 방향은 반시계방향의 접선방향이다. 따라서 윗방향의 직선전류의 경우의 자기력선은 직선을 중심으로 한 반시계방향인 원이 된다.

위에서 본 것처럼, 자기력선은 자속밀도의 근원이 되고 있는 전류를 둘러싸고 있다. 이것은 전기력선이 전기장의 근원인 전하로부터 나왔던 것과는 사정이 다르다. 전기력선은 양의 전하에서 나오고 음의 전하로 들어간다. 자기력선에는 출발점도 종점도 없다. 이것은 자속에 관한 가우스 법칙 식 (8.9)의 결과이고, 거기에서도 설명했던 것과 같이 이것은 자하가 존재하지 않는다는 것을 나타낸다. ■

9.3 원전류가 만드는 자속밀도

직관적인 이유

그림 9.6 에 나타내듯이 반경 a 인 원에 전류 I가 화살표 방향으로 흐르고 있을 때, 원의 중심에 만들어지는 자속밀도를 계산한다. 먼저 그 전에 자속밀도의 방향이 원의 중심을 통과하는 수직 위쪽 방향(화살표로 표시)이 된다는 결과를 직관적으로 이해해 둔다.

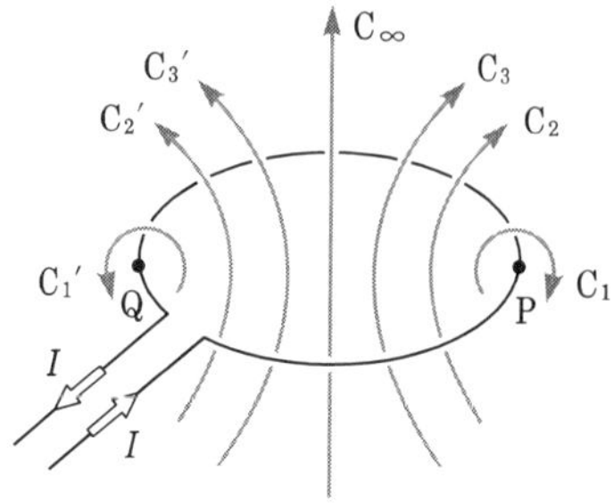

그림 9.6

원전류상의 점 P의 부근에서 미소한 직선부분의 전류를 생각하면, 9.2 절에서 본 것처럼 도선의 매우 가까운 곳에서는 이것을 오른나사가 회전하는 방향으로 둘러싸는 작은 원형의 자기력선 C_1 이 존재한다. 원궤도의 중심축에 대해 점 P와 반대측의 점 Q 에서의 자기력선은 그림의 C_1' 이 된다. 작은 원 C_1 을 C_2, C_3, … 로 크게 해 나가면, 자기력선은 원의 내부에서 차례로 위쪽 방향으로 향한다. 반대측 점에서 원 C_2', C_3', … 을 생각하고, C_i와 $C_i'(i=1, 2, \cdots)$ 의 쌍을 생각하면, 자속밀도의 원궤도를 포함하는 면에 수직인 성분은 C_i와 C_i'가 서로 더해지고, 원궤도를 포함하는 면 내의 성분은 C_i와 C_i'가 상쇄되어 없어진다. C_i와 C_i'가 함께 원의 중심을 통과하는 자기력선 C_∞를 생각하면 자속밀도는 위쪽 방향성분만으로 된다. 이 결과 원전류가 만드는 자속밀도는 궤도의 모든 부분에서 생긴 기여를 합쳐서 더했을 때, 수직 위쪽 방향만으로 된다고 예상된다.

다음으로 원의 중심에서의 자속밀도의 크기가 $\mu_0 I/2a$가 되는 것을 비오-사바르 공식을 이용해 유도한다.

비오-사바르 공식의 응용

그림 9.7 에서 도선의 미소부분 $d\boldsymbol{s}$의 전류가 원의 중심에 만드는 자속밀도 $d\boldsymbol{B}$는 $\boldsymbol{r}$과 $d\boldsymbol{s}$가 원주상에서 항상 수직이기 때문에, 식 (9.5)로부터 크기는

$$dB = \frac{\mu_0 I ds}{4\pi a^2}$$

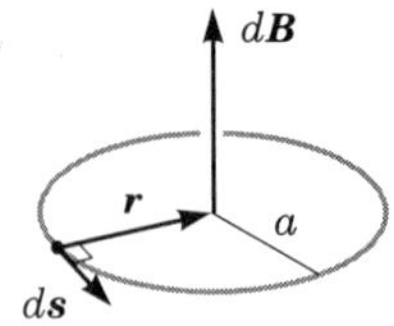

그림 9.7

가 된다. 그 방향은 그림에 나타냈듯이, 오른손법칙으로부터 원에 수직으로 위쪽 방향이다. 이것을 원에 따라 한 바퀴 적분하면, 원전류가 그 중심점에 만드는 자속밀도는

$$B = \oint dB = \frac{\mu_0 I}{4\pi a^2}\oint ds = \frac{\mu_0 I}{4\pi a^2} 2\pi a = \frac{\mu_0 I}{2a} \tag{9.8}$$

이 된다.

중심축상의 자속밀도

다음으로 원전류가 원의 중심이 아닌 중심축상의 임의의 점 P 에 만드는 자속밀도를 구한다. yz 면 내에 놓여 있는 반경 a인 링 모양의 도체에 전류 I가 흐른다고 한다. 원의 중심축 상에 어떤 점 P 의 중심으로부터 거리를 x라고 한다[그림 9.8(a)].

도체의 일부분 $\boldsymbol{ds}$를 먼저 y축 상의 점 Q 에서 생각해 보자. 점 Q 에서 P 로의 벡터를 $\boldsymbol{r}$이라고 하면, yz 면 내에 있는 $\boldsymbol{ds}$와 $\boldsymbol{r}$은 수직이다. $\boldsymbol{ds}$부분의 전류가 점 P 에 만드는 자속밀도의 크기는 비오-사바르 공식인 식 (9.5) 에서 $r^2 = x^2 + a^2$를 사용하면

$$dB = \frac{\mu_0 I}{4\pi}\frac{ds}{(x^2 + a^2)} \tag{9.9}$$

가 되기 때문에, $d\boldsymbol{B}$의 x, y 성분은

$$dB_x = dB\cos\theta = \frac{\mu_0 I}{4\pi}\frac{a\ ds}{(x^2 + a^2)^{3/2}} \tag{9.10}$$

$$dB_y = dB\sin\theta = \frac{\mu_0 I}{4\pi}\frac{x\ ds}{(x^2 + a^2)^{3/2}} \tag{9.11}$$

이 된다.

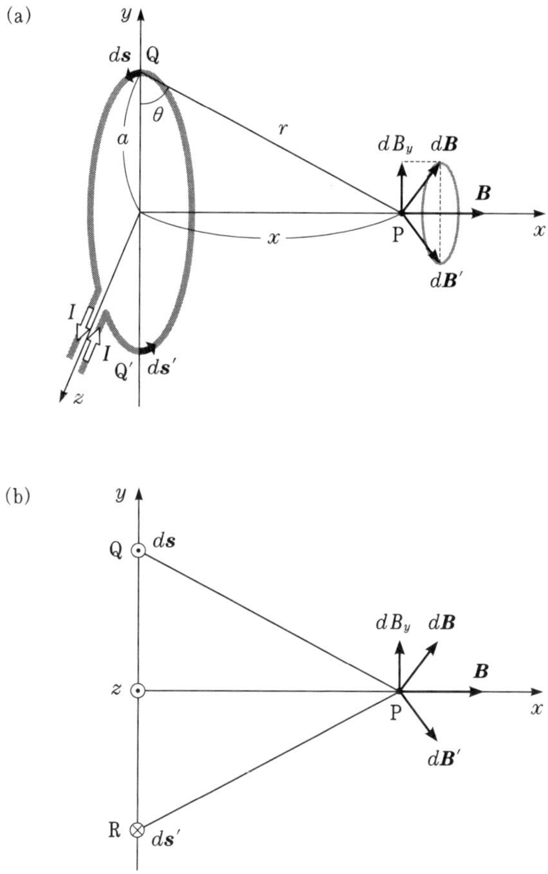

그림 9.8

ds와 궤도의 반대측 점 Q′의 미소부분 ds'가 점 P에 만드는 자속밀도 dB'의 y성분은 $-dB_y$이다. 그림 9.8(b)에 나타내고 있는 ds와 ds'가 만드는 자속밀도의 y성분의 합은 $dB_y=0$이고, x성분인 dB_x의 값은 똑같다. dB_x와 dB_y에 관한 이런 사정은 원기둥 모양의 도체 각 부분에서 성립하고 있다. 그것은 생각하고 있는 계가 x축 주위에 임의의 각도만큼 회전하여도 상태가 변하지 않기 때문이다. 이러한 대칭성을 **축대칭**이라고 한다. 또 y성분일 때와 똑같은 이유에 의해 $dB_z=0$이다.

식 (9.10)을 원에 따라 한 바퀴 적분하면 축대칭성에 의해 피적분함수는 일정하기 때문에

$$B_x = \oint \frac{\mu_0 I}{4\pi} \frac{a\,ds}{\left(x^2 + a^2\right)^{3/2}} = \frac{\mu_0 I}{4\pi} \frac{a}{\left(x^2 + a^2\right)^{3/2}} \oint ds$$

$$= \frac{\mu_0 I a^2}{2\left(x^2 + a^2\right)^{3/2}} \tag{9.12}$$

를 얻는다. 이것은 원궤도의 축상의 점에서의 자속밀도이고 $+x$방향을 향하고 있다. 특히 $x = 0$이라고 놓으면, 원의 중심에서의 결과 식 (9.8)

$$B = \frac{\mu_0 I}{2a}$$

가 된다.

솔레노이드

도선을 나선 형태로 감은 것을 **코일**이라고 하고, 로 표시한다(그림 9.9). 특히, 도선을 원기둥 모양으로 감은 코일을 **솔레노이드**라고 한다. 또 단위길이당 감긴 횟수를 **감은 수**라고 하고 n으로 나타낸다.

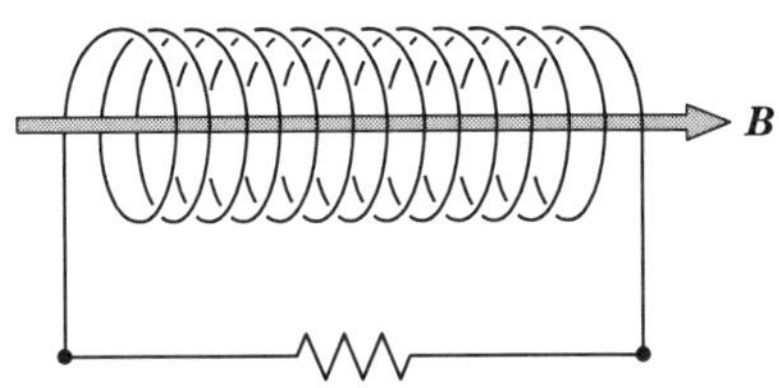

그림 9.9

무한히 긴 솔레노이드에 전류 I가 흐를 때, 솔레노이드의 중심축상의 자속밀도의 크기는

$$B = \mu_0 n I \tag{9.13}$$

이고, 방향은 전류가 흐르는 방향에 오른나사를 돌렸을 때 나사가 진행하는 방향이다(그림 9.9). 이것을 다음의 예제 9.4에서 증명한다.

> **예제 9.4** 감은 수 n으로 감겨 있는 무한히 긴 솔레노이드에 전류 I를 흘렸을 때, 중심축상의 점 P에 생기는 자속밀도를 계산하고, 식 (9.13)을 유도하여라.

풀이 솔레노이드는 많은 원전류의 집합이라고 생각할 수 있다. 그림 9.10에서 솔레노이드

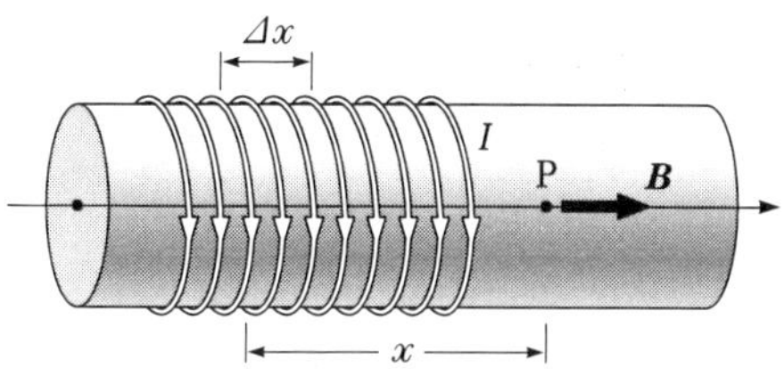

그림 9.10

를 흐르는 전류가 점 P에 만드는 자속밀도를 생각한다. 그림 9.10 에서는 솔레노이드의 중심축을 x 축으로 잡고 있다. 이때 n개의 고리의 두께가 아주 작다고 가정한다. 즉 자속밀도를 구하는 점 P로부터 거리 x 에 비해 충분히 작은 Δx 의 안에 N 개의 고리가 감겨 있다고 하고($N = n\Delta x$ 의 관계가 있다), 그곳에 있는 고리에서 점 P까지의 거리는 N 개의 고리에 대해 어떤 것이라도 같다고 근사한다. Δx 에 있는 원전류의 한 개가 점 P에 형성하는 자속밀도는 식 (9.12) 이다.

솔레노이드의 감은 수를 n 이라고 하면, 길이 Δx 에는 $N = n\Delta x$개의 원전류가 있기 때문에 코일 축상에서의 자속밀도는 간단히 식 (9.12) 를 N 배하면

$$B_x = \frac{\mu_0 N I a^2}{2(x^2 + a^2)^{3/2}} \tag{9.14}$$

이다. 이것을 코일의 무한한 길이에 대해 적분하면

$$B = \frac{\mu_0 n I a^2}{2} \int_{-\infty}^{\infty} \frac{dx}{(x^2 + a^2)^{3/2}} = \mu_0 n I$$

가 되고, 식 (9.13)이 된다. 마지막 결과를 얻는데 적분공식

$$\int_{-\infty}^{\infty} \frac{dx}{(x^2 + a^2)^{3/2}} = \frac{2}{a^2} \tag{9.15}$$

를 사용했다. ■

9.4 자속밀도와 자기장의 세기

전기장의 경우 2.5절에서 전속밀도

$$D = \varepsilon_0 E$$

을 도입했다. 이것을 사용하면, 가우스 법칙

$$\oint E \cdot dS = \frac{q}{\varepsilon_0}$$

는

$$\oint D \cdot dS = q$$

가 되고, ε_0가 존재하지 않는 형태로 된다.

이것에 대응해 자기적인 장을 표현하는 또 다른 양

$$H = \frac{1}{\mu_0} B \tag{9.16}$$

을 정의하고, H를 **자기장의 세기**라고 한다. 이것을 이용하면 비오-사바르의 법칙 식 (9.6)은 μ_0가 나타나지 않는 형태

$$dH(r) = \frac{1}{4\pi} \frac{I\, ds \times e_r}{r^2} \tag{9.17}$$

로 된다.

자기장과 전기장의 명칭의 대비

전기장 E는 그 안에 놓인 하전입자에 작용하는 힘에 의해 정의되고, 자속밀도 B는 그 안을 움직이는 하전입자에 작용하는 힘에 의해 정의되었다. 이렇게 E와 B에는 그 도입의 방법에 대응관계가 있다. 더욱이 전속밀도 D는 식 (2.23), (2.24)에 의한 전하와 관계가 있고, 자기장의 세기 H는 식 (9.17)에 의한 전류와 관계가 있다. 이렇게 생각하면,

『**전기장** $\boldsymbol{E}$와 **자속밀도** $\boldsymbol{B}$는 비슷한 성질의 벡터량이고, **전속밀도** $\boldsymbol{D}$와 **자기장의 세기** $\boldsymbol{H}$는 유사한 양이라고 생각할 수 있다』

그런데 이 대응을 명칭에서 보면, 전기장과 자속밀도를 대응시키고, 전속밀도와 자기장의 세기를 대응시키고 있다고 하는 꼬인 관계가 있다. 그렇기 때문에 이해하기 어려운 점이 있지만, Chap. 15 에서 서술하는 전자기학의 기본방정식(맥스웰방정식)에서는 명칭대로 전기장 $\boldsymbol{E}$와 자기장의 세기 $\boldsymbol{H}$가, 또 전속밀도 $\boldsymbol{D}$와 자속밀도 $\boldsymbol{B}$가 대응하는 것이 된다.

이상 서술한 것에서 알 수 있듯이, 이 책에서는 **자속밀도**와 **자기장의 세기**라는 용어를 사용하고, 단순한 「자기장」이란 용어는 사용하지 않는다. 자석에 의해 공간의 성질이 변하는 장을 정성적으로 표현할 때에는 **자기적인 장**이라는 용어를 사용한다.

CHAPTER 9 연습문제

[1] 직선전류가 만드는 자속밀도 식 (9.4)를 비오-사바르의 법칙에 원기둥좌표를 이용해 나타내어라.

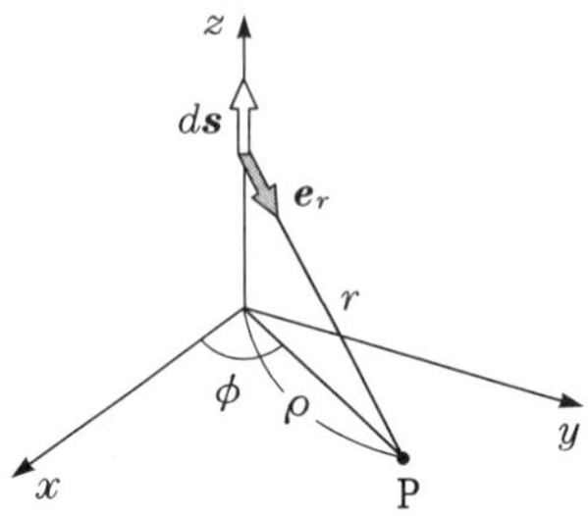

[2] 무한히 긴 도선에 10 A의 전류가 흐르고 있다. 이 도선에서 4 cm의 거리에 있는 점의 자속밀도를 구하여라.

[3] 50 Ω 의 저항을 갖는 도선이 반경 10 cm의 원형으로 되어 6 V의 전지에 연결되어 있다. 원의 중심에서의 자속밀도를 구하여라.

[4] 길이 40 cm인 원기둥에 도선을 1200번 감은 솔레노이드에 2 A의 전류를 흘릴 때, 내부에 생기는 자속밀도를 구하여라.

[5] 감은 수 100, 반경 0.3 m인 무한한 길이의 솔레노이드에 전류 5 A를 흘렸을 때 솔레노이드 축상의 중심으로부터 0.4 m 떨어진 점에 만들어지는 자속밀도를 계산하여라.

CHAPTER 10 전류에 작용하는 자기력

자속밀도 내를 움직이고 있는 하전입자에는 로렌츠 힘이라고 불리는 자기력이 작용한다. 따라서 자속밀도 내의 전류는 경로에 대응하여 여러 가지 힘이 작용한다. 그리고 전류가 흐르고 있는 고리가 사각형인 경우, 그 힘이 고리를 회전시키고 이것을 이용해서 교류기전력을 발생시키는 것이 된다.

10.1 자속밀도 내에서의 하전입자의 운동

등속원운동

자속밀도 $\boldsymbol{B}$ 안에서 운동하는 하전입자에 작용하는 로렌츠 힘은 식 (8.4)로 주어졌다. 로렌츠 힘은 하전입자의 운동의 각 점에서 속도와 자속밀도에 수직인 방향으로 작용한다. 그림 10.1은 그림 8.5와 같으며, $\boldsymbol{v}$, $\boldsymbol{B}$, $\boldsymbol{F}$의 배치는 오른손 계이다[그림 8.6(b) 참조].

『입자의 운동방향에 수직으로 작용하는 힘은 그 입자에 대해 일을 하지 않는다』

라는 것은 역학에서 배운 것이다. 그것은 일이 힘 $\boldsymbol{F}$와 변위 $d\boldsymbol{s}$의 스칼라곱(내적)으로 주어지고[식 (3.12) 참조], 직교하는 벡터의 스칼라곱은 0이기 때문이다. 그러므로 로렌츠 힘으로 운동하는 하전입자와 자기적인 장과의 사이에 에너지 교환은 일어나지 않는다. 따라서 하전입자의 운동에너지는 변화하지 않고, 속도는 일정하다.

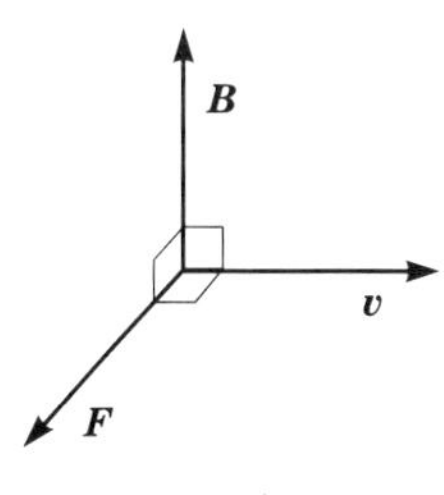

그림 10.1

그러면 로렌츠 힘은 하전입자의 운동에 어떤 영향을 주고 있는 것일까? 사실은 하전입자의 운동방향을 변화시켜주는 일을 하여, 궤도를 휘게 한다.

자속밀도 내의 하전입자의 운동을 $\boldsymbol{B}$ 에 평행한 방향에서 봤을 때의 모습을 그림 10.2 에 나타낸다(균일한 자속밀도가 지면에 수직이고, 동시에 지면으로부터 나오고 있는 방향일 경우).

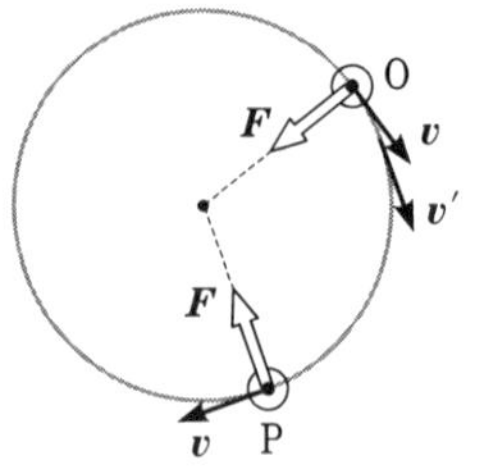

그림 10.2

양의 전하 q를 가지며, 속도 $\boldsymbol{v}$로 시계방향으로 원운동을 하는 입자가 점 O 에 있을 때, 입자에 작용하는 로렌츠 힘 $\boldsymbol{F}$는 그림 10.2 에 보듯이 원 중심으로의 방향이다. 이 힘에 의해 입자의 진행방향은 직진방향에서 오른쪽으로 벗어나 $\boldsymbol{v}'$가 된다. 그 후에도 입자는 항상 운동방향에 수직인 힘 $\boldsymbol{F}$를 받으면서 진행하고, 점 P 쪽으로 진행한다. 궤도 OP 는 한 개의 원주의 일부분이다.

그림 10.2 에 나타낸 운동에서는 하전입자의 $\boldsymbol{v}$와 $\boldsymbol{F}$의 크기는 어느 쪽이든 시간적으로 일정한 **등속원운동**을 한다. 예를 들어 궤도상의 점 O 와 점 P 에서 속도도 힘도 방향은 변하지만, 힘의 크기는 항상 일정하고 방향은 운동방향에 수직이다. 이 운동을 입체적으로 표현한 것이 그림 10.3 이다.

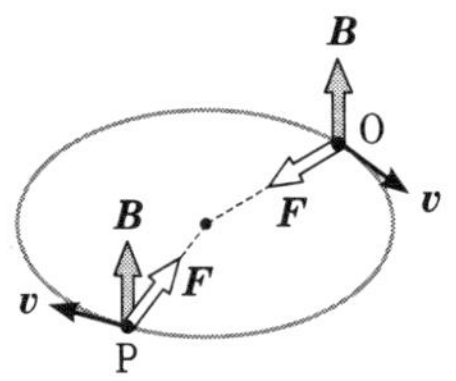

그림 10.3

등속원운동의 주파수

질량 m, 전하 q의 입자가 일정속도 $\boldsymbol{v}$로 원운동을 할 때의 반경을 r이라고 하면, 이 입자에 작용하는 원심력의 크기는 mv^2/r이다. 이것이 식 (8.2) 의 로렌츠 힘 $|q|vB$와 평형을 이루고 있다는 조건으로부터 등속원운동의 반경은

$$r = \frac{mv}{|q|B} \tag{10.1}$$

이 된다. 전하에 절댓값 기호를 붙이는 것은 음전하의 경우도 반경이 양이 되도록 하기 위해서이다.

등속원운동의 각속도 ω는 $v = r\omega$의 관계가 있기 때문에, 식 (10.1)을 이용하면

$$\omega = \frac{v}{r} = \frac{|q|B}{m} \tag{10.2}$$

가 되며, 각속도와 자속밀도의 관계를 얻을 수 있다. 원 궤도를 일주하면 각도는 2π가 되기 때문에, 이것을 각속도로 나눈 것이 일주에 필요한 시간, 즉 **등속원운동의 주기** T가 된다.

$$T = \frac{2\pi}{\omega} \tag{10.3}$$

식 (10.2)를 사용하면

$$T = \frac{2\pi r}{v} = \frac{2\pi m}{|q|B} \tag{10.4}$$

이 되기 때문에 자기장 내에서 하전입자의 원운동의 주기는 자속밀도에 반비례한다.

주기 T는 단위시간당 회전수 f의 역수이기도 하다($T = 1/f$). 회전수 f를 **주파수**라고도 한다. 식 (10.3)에서 주파수는

$$f = \frac{\omega}{2\pi} \tag{10.5}$$

가 된다. **주파수의 단위**는 **헤르츠**(Hz)이다.

각속도 ω와 주기 T는 자속밀도와 입자의 질량에 의해 결정되지만, 속도 $\boldsymbol{v}$와 원궤도의 반경 r에는 관계가 없다. 이 사실을 이용한 가속기의 한 가지인 사이클로트론(cyclotron)에서는 주기 $T = 2\pi m/|q|B$의 교류전기장에 의해 원자핵을 가속한다.

자기장과 동시에 전기장도 존재할 때에는 속도 $\boldsymbol{v}$로 운동하는 하전입자에 작용하는 전체 힘은 식 (2.2)와 식 (8.4)의 합

$$\boldsymbol{F} = q(\boldsymbol{E} + \boldsymbol{v} \times \boldsymbol{B}) \tag{10.6}$$

이다.

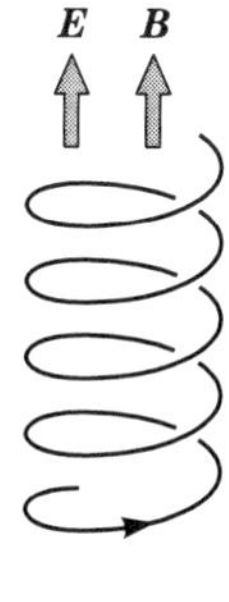

그림 10.4

로렌츠 힘은 $\boldsymbol{B}$에서 방향의 성분이 0이다. 따라서 전기장과 자속밀도가 동시에 균일한 장(場) 내에서의 하전입자의 운동은 전기장 방향의 등속 직선운동과 자속밀도에 수직한 면 내에서의 등속원운동을 중첩시킨 **나선운동**이 된다(그림 10.4에 $q > 0$인 경우를 나타냈다. $q < 0$일 때는

나선이 역회전으로 된다).

|예제 10.1| 전자레인지에서는 $f = 2450$ MHz의 전자기파를 이용하고 있다. 전자가 이 주파수로 원운동을 하려면 얼마만큼의 세기의 자속밀도가 필요할까?

풀이 식 (10.2)에서

$$B = \frac{m\omega}{|q|} = \frac{9.1 \times 10^{-31} \times 2\pi \times 2450 \times 10^{6}}{1.6 \times 10^{-19}} = 8.8 \times 10^{-2}\ \mathrm{T}$$

10.2 전류에 작용하는 자기력

도체 내를 운동하는 하전입자에는 자속밀도 $\boldsymbol{B}$의 아래에서 식 (8.2)의 자기력이 작용한다. 따라서 자기장 내에 놓인 전류가 흐르고 있는 도체에는 전류를 담당하고 있는 각 하전입자가 자속밀도로부터 받는 힘의 총합으로 작용하는 것이 된다. 이러한 「전류가 흐르고 있는 도체에 작용하는 자기력」을 앞으로는 간단히 「**전류에 작용하는 자기력**」이라고 부르기로 한다. 이 힘을 계산하려면 한 개의 하전입자에 작용하는 힘의 식 (8.2)로부터 출발한다.

직선모양의 도체에 작용하는 힘

먼저 직선모양의 도체를 생각하고 그 길이를 L, 단면적을 S라고 한다(그림 10.5). 전류 I는 화살표 방향으로 왼쪽에서 오른쪽으로 흐른다고 한다. 도선이 균일한 자속밀도 $\boldsymbol{B}$ 내에 있고, 자속밀도는 지면의 앞쪽에서 수직하게 반대 면으로 뚫고 들어가는 방향(그림의 ⊗)으로 한다. 전하의 부호가 양일 때, 전하의 유동속도 $\boldsymbol{v}_{\mathrm{d}}$는 전류와 같은 방향이고 자속밀도에 수직이다. 따라서 한 개의 하전입자에 작용하는 힘 $\boldsymbol{F}$는 그림에서 보듯이 윗방향이고, 크기는

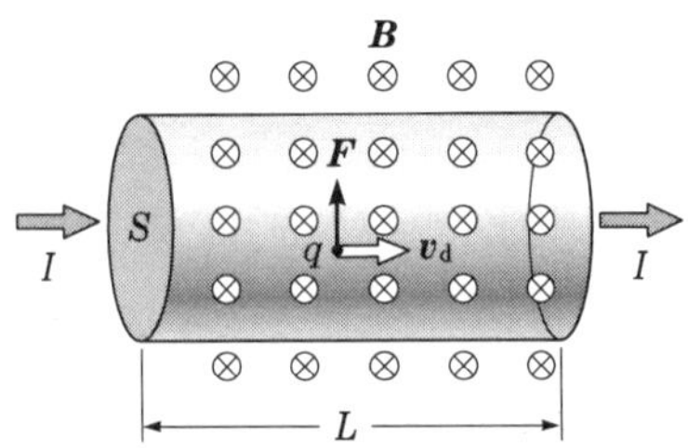

그림 10.5

$q v_{\rm d} B$ 이다.

길이 L, 단면적 S인 도체 내를 움직이는 모든 전하에 작용하는 힘은 전하밀도를 n이라고 하면, 한 개에 작용하는 힘에 이 영역에 포함되어 있는 하전입자의 수를 곱해

$$F = (nSL)(qv_{\rm d}B) \tag{10.7}$$

가 된다. 식 (6.4)에서 보듯이, 전류밀도 $\boldsymbol{J}$가 $nqv_{\rm d}$이고 전류밀도에 면적을 곱한 JS가 전류 I이기 때문에, 이 도체가 받는 힘은

$$F = ILB \tag{10.8}$$

라고 나타낼 수 있다.

자속밀도 $\boldsymbol{B}$가 도체에 수직하지 않고, 그 각도가 θ일 때는 8.2절의 단일 전하의 경우와 같이, 로렌츠 힘에 벡터곱 식 (8.4)를 사용한다. 길이 L인 도체를 그 방향도 포함하여 나타내려면, 일종의 벡터라고 생각한다. 즉 크기가 L이고, I와 같은 방향의 벡터 $\boldsymbol{L}$을 이용한다(그림 10.6). 이때 도체가 받는 힘은

$$\boldsymbol{F} = I\boldsymbol{L}\times \boldsymbol{B} \tag{10.9}$$

라고 나타낼 수 있다. $\boldsymbol{v}$와 $\boldsymbol{B}$가 이루는 각도 θ는 $\boldsymbol{v}$에서 $\boldsymbol{B}$로의 방향을 양의 부호로 하여 측정한다. 그림 10.5와 그림 10.6은 모두 오른손 계($q>0$의 경우)이다.

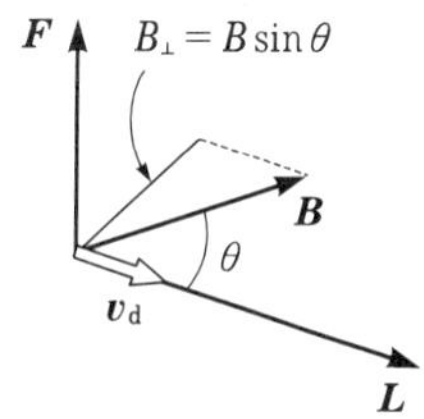

그림 10.6

|예제 10.2| 균일한 자속밀도 내에 놓인 도선에 x축의 음의 방향에서 양의 방향으로 40 A의 전류가 흐르고 있다. $\boldsymbol{B}$는 xy평면상에 있고, x축에서 $\pi/6$의 방향이며, 1.5 T의 크기이다. 도선 1 m인 부분에 작용하는 힘의 크기와 방향을 구하여라.

풀이 식 (10.9)에서

$$F = ILB\sin\theta = 40\times1\times1.5\times\frac{1}{2} = 30\ \mathrm{N}$$

방향은 오른손 계에 의해 $\boldsymbol{L}$에서 $\boldsymbol{B}$로 오른나사를 돌렸을 때에 나사가 진행하는 방향이기

때문에, z축의 양의 방향이다.

같은 것을 벡터표시로 계산하면

$$\boldsymbol{L} = L\boldsymbol{e}_x, \quad \boldsymbol{B} = 1.5\left(\cos\frac{\pi}{6}\boldsymbol{e}_x + \sin\frac{\pi}{6}\boldsymbol{e}_y\right)$$

이기 때문에, 식 (10.9)를 사용하여

$$\boldsymbol{F} = I\boldsymbol{L}\times\boldsymbol{B} = 40\times1\times\boldsymbol{e}_x\times1.5\left(\frac{\sqrt{3}}{2}\boldsymbol{e}_x + \frac{1}{2}\boldsymbol{e}_y\right)$$
$$= 30(\sqrt{3}\,\boldsymbol{e}_x\times\boldsymbol{e}_x + \boldsymbol{e}_x\times\boldsymbol{e}_y)$$

여기에서 기본벡터의 벡터곱의 관계 식 (0.45), 식 (0.46)을 사용하면 $\boldsymbol{F} = 30\boldsymbol{e}_z$, 즉 $+z$방향으로 30 N의 힘이다. ■

직선이 아닌 도체에 작용하는 힘

도체가 직선이 아닌 경우에는 그것을 미소한 부분 $d\boldsymbol{s}$로 나누고, 각각을 직선이라고 가정한다. 각 미소부분에 작용하는 힘 $d\boldsymbol{F}$는 식 (10.9)로부터

$$d\boldsymbol{F} = I\,d\boldsymbol{s}\times\boldsymbol{B} \qquad (10.10)$$

가 된다. 이것의 도체 전체의 선적분이 전류가 흐르고 있는 곡선상의 도체에 작용하는 자기력을 준다.

10.3 평행한 전류 사이에 작용하는 힘

전류가 흐르는 두 개의 도체 사이에는 자기적인 힘이 작용한다. 간격이 d로 평행한 위치에 있는 도체 1, 2를 생각하고, 각각에 전류 I_1과 I_2가 흐르고 있다고 한다(그림 10.7). 9.1 절에서 서술한 것처럼, 도체 1에 흐르는 전류가 주위에 자속밀도를 형성한다. 이 자속밀도는 도체 2를 흐르는 전류에 로렌츠 힘을 작용시킨다. 반대로 도체 2의

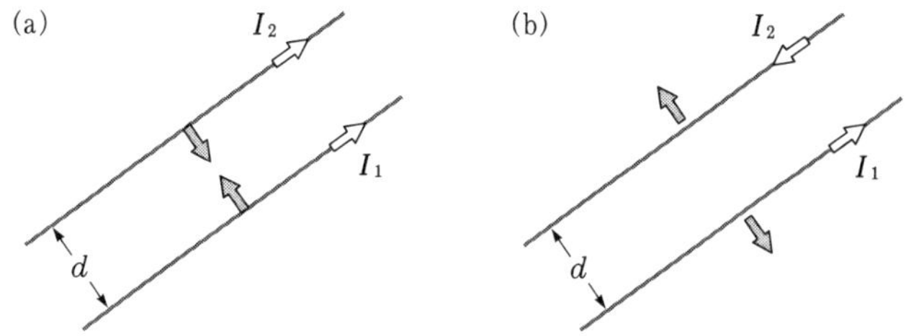

그림 10.7

전류도 그것이 형성하는 자속밀도 내에 있는 도체 1의 전류에 대해 로렌츠 힘을 작용시킨다. 이렇게 해서 두 개의 도체가 상호적으로 힘을 서로 작용시키고 있다. 두 개의 도체 사이에 작용하는 힘은 전류의 방향이 같은 경우에는 인력이[그림 10.7(a)], 전류의 방향이 반대의 경우에는 척력이 된다[그림 10.7(b)]. 이때의 힘의 크기와 방향을 아래에서 유도한다.

우선 I_1과 I_2가 같은 방향의 경우를 생각한다(그림 10.8). 전류 I_2가 흐르고 있는 점 P에 I_1이 만드는 자속밀도 $\boldsymbol{B}_1$의 크기는 식 (9.4)에서 보듯이

$$B_1 = \frac{\mu_0 I_1}{2\pi d} \tag{10.11}$$

이고, 그 방향은 I_1을 오른나사라고 했을 때에 오른나사가 회전하는 방향이다. $\boldsymbol{B}_1$의 크기는 I_2가 흐르고 있는 도체 내의 어느 점에서도 같다. 그 이유는 I_1이 무한히 길다고

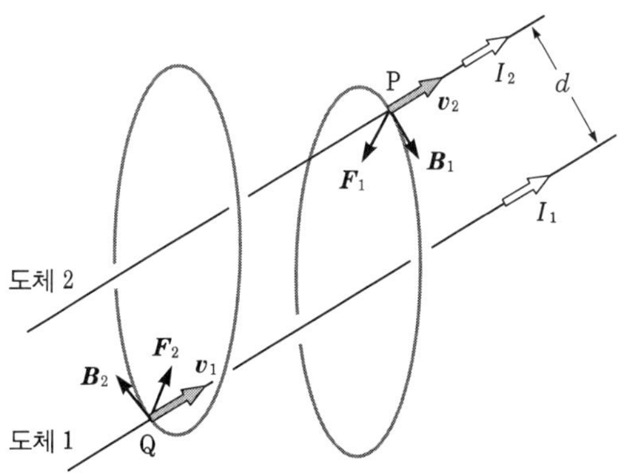

그림 10.8

생각하고 있기 때문에, 도체 1 전체의 전류가 만드는 자속밀도는 어느 점에서도 같아지게 되기 때문이다.

도체 2 의 길이 L 의 부분에 자속밀도 식 (10.11) 이 만드는 힘 $\boldsymbol{F}_1$ 의 크기는 식 (10.8) 을 사용하여

$$F_1 = I_2 L B_1 = \frac{\mu_0 I_1 I_2 L}{2\pi d} \tag{10.12}$$

가 된다. 이 힘의 방향은 I_2 에서 $\boldsymbol{B}_1$ 의 방향으로 오른나사를 돌렸을 때에 오른나사가 진행하는 방향이기 때문에, 도체 2 는 도체 1 쪽으로 $\boldsymbol{F}_1$ 의 힘을 받는다(그림 10.8).

다음으로 전류 I_2 가 I_1 의 점 Q 에 만든 자속밀도 $\boldsymbol{B}_2$ 의 크기를 생각하면

$$B_2 = \frac{\mu_0 I_2}{2\pi d}$$

이고, 그 방향은 그림 10.8 에 나타난 대로이다. 이 자속밀도에 의해 도체 1 의 길이 L 의 부분에는

$$F_2 = I_1 L B_2 = \frac{\mu_0 I_1 I_2 L}{2\pi d}$$

이라는 $\boldsymbol{F}_1$ 과 같은 크기의 힘이 발생한다. 힘의 방향은 도체 1 에서 도체 2 로 향한다. 이와 같이 평행이고 같은 방향의 전류가 흐르는 도체 사이에는 인력이 작용한다[그림 10.7(a)].

마찬가지로 평행하고 반대방향으로 전류가 흐르는 도체 사이에는 서로 척력이 작용한다고 할 수 있다. 이 내용을 확인하는 것은 연습문제 [3] 에서 한다.

| 예제 10.3 | 100 A 의 직선 전류가 흐르고 있을 때, 이곳에서 얼마만큼의 거리인 곳에서 전류가 만드는 자기적인 장과 지자기가 같게 될까? 단, 지자기의 크기는 5.0×10^{-5} T라고 한다. 또 전류가 만드는 자기장을 이용해 실험을 할 때 이 값은 어떤 의미를 가질까?

풀이 식 (9.4)에 의해

$$r = \frac{\mu_0 I}{2\pi B} = \frac{4\pi \times 10^{-7} \times 100}{2\pi \times 0.5 \times 10^{-4}} = 40 \text{ cm}$$

인 곳에서 100 A 의 전류가 만드는 자속밀도와 지자기에 의한 것이 같다. $r = 40$ cm 이상 떨어진 곳에서는 지자기가 전류가 만드는 자기적인 장(場)보다 크기 때문에, 단순히 전류로 형성된 자기적인 장(場) 아래서 실험하고 있는 것으로는 되지 않는다. 도선에서 거리가 4 cm 정도의 범위에서의 실험이라면, 지자기의 효과는 1/10 이기 때문에 어느 정도는 무시해도 괜찮다. ■

전류가 흐르고 있는 평행한 도체 사이의 인력(또는 척력)은 A (암페어)라는 전류의 단위를 정하는 것에도 사용된다. 결국, 식 (10.12)에 의한 1 A란 똑같은 전류가 흐르는 무한히 긴 평행 도체가 1 m 떨어져 있을 때, 도체 1 m당 서로 2×10^{-7} N의 힘을 발생시키는 전류라고 정의한다.

10.4 고리 전류에 작용하는 힘

자속밀도 내에 있어서 사각형의 고리에 흐르는 전류에 작용하는 힘은 평행전류 사이에 작용하는 힘을 조합해서 생각할 수 있다. 이 힘은 고리를 회전시킨다. 이 모터의 원리를 이해하기 위해서, 다음의 예제를 생각한다.

▌예제 10.4▌ 그림 10.9(a)에 나타낸 두 변의 길이가 a와 b인 사각형 PQRS의 회로에 전류 I가 화살표 방향으로 흐르고 있다. 이 회로를 균일한 자속밀도 내에 놓았을 때, 회로에 작용하는 힘을 계산하여라. 단, 자속밀도와 사각형이 만드는 면의 법선방향의 각도를 θ로 한다.

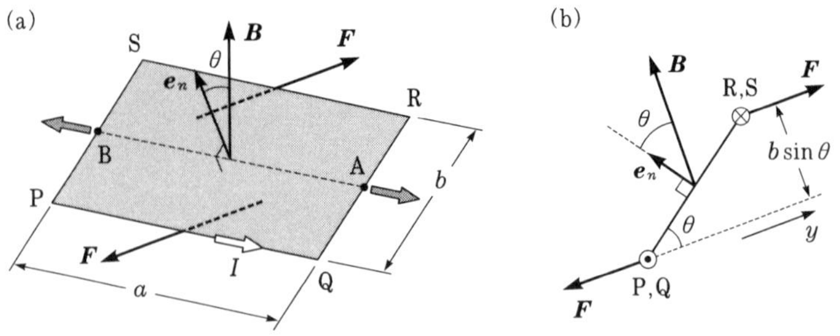

그림 10.9

풀이 자속밀도 내를 흐르는 전류에는 로렌츠 힘이 작용한다. 변 QR과 변 SP에서는 작용하는 힘의 크기는 같지만, 전류의 방향이 반대이기 때문에 힘의 방향도 반대로 된다. 이때, 힘이 작용하는 점을 통과하고 힘의 방향의 선(이것을 **작용선**이라고 한다)은 점 A와 점 B를 잇는 점선으로 나타내듯, 공통이기 때문에 두 개의 힘은 서로 상쇄한다. 마찬가지로 변 PQ와 변 RS에 작용하는 힘도 크기는 같고 방향은 반대지만, 이 경우는 두 개의 힘의 작용선이 어긋나 있기 때문에, 회로에는 AB를 축으로 하고 그 주위에 **짝힘**(우력, 偶力)이 작용한다(사각형의 회로를 변 QR쪽의 바로 옆에서 본 모습을 그림 10.9(b)에 나타낸다).

변 PQ와 RS에서 전류와 자기장은 서로 수직이기 때문에, 작용하는 힘 $\boldsymbol{F}$의 크기는

$$F = IaB \tag{10.13}$$

이고, 변 PQ에서의 방향은 $-y$, RS에서의 방향은 y방향이다. 힘의 작용선(그림의 점선)이 어긋나 있고, 그 거리가 $b\sin\theta$이기 때문에 **짝힘의 모멘트** $\boldsymbol{N}$의 크기는

$$N = Fb\sin\theta = IBab\sin\theta = IBS\sin\theta \tag{10.14}$$

가 된다($ab = S$는 회로의 면적). ■

8.1절에서는 자하에 대한 생각을 이용해 자기모멘트를 도입했지만, 여기에서 코일의 **전류가 만드는 자기모멘트** $\boldsymbol{\mu}$를 아래와 같이 정의한다. $\boldsymbol{\mu}$의 크기는 고리의 면적 S와 고리를 흐르는 전류 I의 곱

$$\mu = IS \tag{10.15}$$

이고, 방향은 오른손법칙으로 고리의 면에 수직이다 (그림 10.10). 이것을 이용하면, 식 (10.14)는

$$N = \mu B \sin\theta \tag{10.16}$$

라고 쓸 수 있다. 이것에 의해 자속밀도 내의 자기모멘트에 대한 짝힘의 모멘트의 벡터표시는

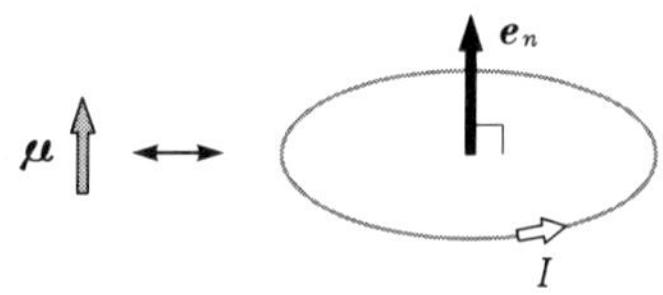

그림 10.10

$$\boldsymbol{N} = \boldsymbol{\mu} \times \boldsymbol{B} \tag{10.17}$$

이다. 이것은 전기장 내의 전기쌍극자 $\boldsymbol{p}$에 작용하는 짝힘의 모멘트를 주는 식 (2.9)

$$\boldsymbol{N} = \boldsymbol{p} \times \boldsymbol{E}$$

에 대응하는 관계이다.

자기쌍극자의 위치에너지도 전기쌍극자의 경우인 식 (2.11)에서 유추할 수 있어

$$U = -\boldsymbol{\mu} \cdot \boldsymbol{B} = -\mu B \cos\theta \tag{10.18}$$

로 주어진다.

원형의 경우뿐만 아니라, 어떤 형태의 고리에서도 자기모멘트는 $\boldsymbol{\mu} = I\boldsymbol{S}$로 주어진다 (면적벡터 $\boldsymbol{S}$의 설명은 0.3 절 참조).

▌예제 10.5▌ y 방향으로 균일한 자속밀도 B_y가 존재하는 곳에 놓은 얇은 판에 전류 J_x를 x 방향으로 흘린다(그림 10.11). 캐리어(전류의 구실을 하는 하전입자)의 전하 q의 부호가 양일 때, 얇은 판 내에 $-z$ 방향으로 전기장 E_z가 발생하고 이것이 $E_z = -J_x B_y / nq$인 것을 나타내어라. 단, 캐리어의 밀도를 n, 유동속도를 $\boldsymbol{v}_\mathrm{d}$라고 한다. 이 현상은 **홀(Hall) 효과**라고 부르고, 반도체 내의 캐리어 밀도와 그 전하의 부호를 결정하는 데 이용된다.

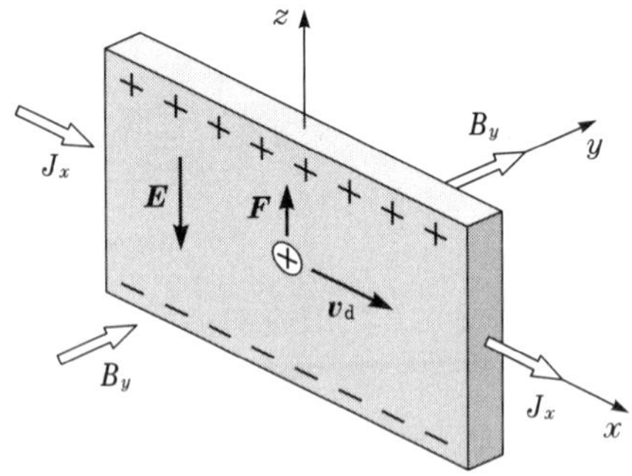

그림 10.11

풀이 양전하에 대해 $\boldsymbol{v}_{\rm d}$의 방향은 전류와 같은 $+x$ 방향이다. 로렌츠 힘이 $+z$ 방향으로 작용하기 때문에 양의 하전입자가 판의 상단에 모인다(이때 하단으로 음의 전하가 이동한다). 그 결과 z에서 $-z$의 방향으로 전기장 $\boldsymbol{E}$가 발생한다. 만약, 이 전기장이 실제로 나타난다면, 그에 의한 전류가 흐르게 되는 것이다. 하지만 실제로는 고립하고 있어 폐회로가 되지 않는 얇은 판에서는 전류가 흐르지 않는다. 그렇게 되려면 쌓였던 전하에 의해 발생하는 전기장 $\boldsymbol{E}$를 소멸시키기 위한, 반대방향($-z$에서 z의 방향)의 정전기장 E_z가 발생할 필요가 있다.

로렌츠 힘 $qv_{\rm d}B_y$와 정전기장에 의한 힘 qE_z의 합이 0가 된다는 조건 $qE_z + qv_{\rm d}B_y = 0$에 의해

$$E_z = -v_{\rm d}B_y \tag{1}$$

한편, 전류밀도는

$$J_x = nqv_{\rm d} \tag{2}$$

이기 때문에 (1)과 (2)에서 $v_{\rm d}$를 소거하면

$$E_z = -\frac{J_x B_y}{nq} \tag{3}$$

이 된다. ■

CHAPTER 10 연습문제

[1] 그림 10.2 의 점 O 에서 반대방향의 속도를 갖는 입자가 그리는 궤도를 나타내어라.

[2] 균일하지 않고 완만히 변화하고 있는 자속밀도 내에서의 하전입자의 운동은 어떻게 될까?

[3] 평행하며 반대방향으로 흐르는 전류 사이에는 척력이 작용하는 것을 확인하여라.

[4] 그림 10.11 의 형태에서 y 방향의 두께 3 mm, z 방향의 폭 2 cm 인 구리판에 균일한 0.4 T 의 자속밀도가 y 방향으로 있다고 한다. x 방향으로 흐르는 전류가 90 A 일 때, z 방향의 판의 바닥이 1.2 μV 만큼 고전위로 된다고 하면, 이때의 캐리어 밀도를 구하여라.

CHAPTER 11

앙페르의 법칙

어느 회로의 주위를 도는 자속밀도의 선적분과 그 회로를 흐르는 전류와의 관계를 나타내어 주는 것이 앙페르의 법칙이다. 축전기의 충전현상에 앙페르의 법칙을 응용하는 것으로부터 변위전류가 도입되었다. 앙페르의 법칙에 대응하는 전기의 법칙이 Chap. 12에서 설명하는 패러데이의 법칙이다. 또 자기장 내에 놓인 물질의 자석으로서의 성질을 자성이라 하고, 그것을 나타내는 투자율에 의해 자성체가 분류된다.

11.1 앙페르의 법칙

자속밀도는 가우스 법칙으로는 결정되지 않는다

전하분포가 어떤 대칭성을 갖고 있을 때에는 가우스 법칙을 사용하여, 전하가 만드는 전기장을 쉽게 알 수 있었다(2.5절, 예제 2.6). 자기에 관한 문제에서도 그 근원인 전류분포의 대칭성이 상당히 좋으면, 전류가 만드는 자속밀도를 쉽게 구하는 법칙이 있다. 하지만 이것은 가우스 법칙은 아니다.

2.5절에서 서술한 전기장의 가우스 법칙 식 (2.22)의 의미는

『폐곡면을 관통하는 모든 전속은 그 폐곡면에 둘러싸인 영역 내에 있는 총 전하량을 진공의 투자율로 나눈 것이다』

라는 것이었다. 결국 어느 영역의 경계면에서의 전기장의 세기는 그 근원이 되는 전하가 폐곡면 내부에 얼마만큼 있는가로 결정된다.

이것에 대해 자속밀도의 가우스 법칙 식 (8.9)는

『폐곡면을 관통하는 모든 자속은 항상 0이다』

라는 것이었다. 결국 자속의 양은 자속밀도의 근원이 되고 있는 전류분포에 관계없이 0이다. 따라서 전류를 폐곡면에서 적분하고 자속밀도에 관한 가우스 법칙을 사용해도 자속밀도를 결정할 수 없는 것이다. 자속밀도를 결정할 때에 사용되는 것은 다음에 이야기할 앙페르의 법칙이다.

앙페르의 법칙의 예

앙페르의 법칙은 자속밀도 $\boldsymbol{B}$를 폐곡선을 따라 선적분한 $\oint \boldsymbol{B} \cdot d\boldsymbol{s}$에 관한 것이다. 앙페르의 법칙의 구체적인 형태는 나중에 식 (11.1)에서 서술한다.

먼저 앙페르의 법칙을 직선전류를 둘러싼 두 개의 이동경로인 경우로 설명한다.

(1) 직선전류 주변의 원

직선도체를 흐르는 정상전류 I가 그곳에서부터 거리 r인 점에 발생하는 자속밀도 $\boldsymbol{B}$의 크기는 식 (9.4)에서

$$B = \frac{\mu_0 I}{2\pi r}$$

로 주어진다. 이 전류를 중심축으로 하는 반경 r인 원을 일주하는 경로를 생각하면, 식 (9.4)로부터 자속밀도 $\boldsymbol{B}$와 경로의 길이 $2\pi r$의 곱이 진공의 투자율과 전류의 곱 $\mu_0 I$와 동일하게 된다. 즉 반경이 다른 회로에서도 $\boldsymbol{B}$와 경로의 길이의 곱은 일정하다.

지금 설명한 것을 원을 따라 자속밀도를 선적분하여 나타내 본다(그림 11.1). 직선전류 I가 흐를 때, 그곳으로부터 거리 r인 점에서의 자력선은 반경 r인 원이다. $\boldsymbol{B}$의 방향은 원주상의 각점에서 접선방향($d\boldsymbol{s}$에 평행)이다. 그림 11.1에서 $d\boldsymbol{s}$는 궤도상의 점에서 무한소벡터, $\boldsymbol{B}$는 그것에 평행한

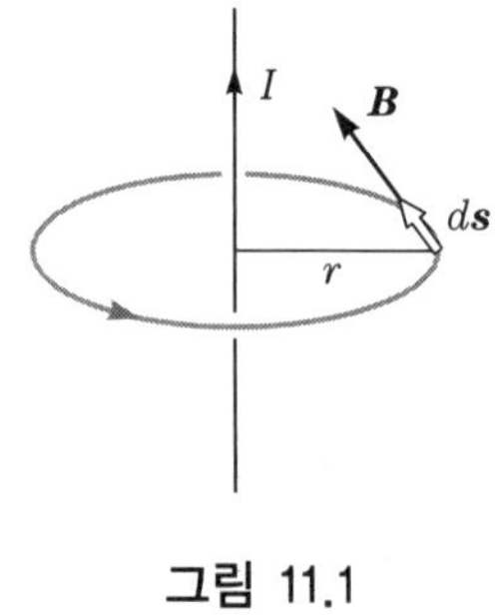

그림 11.1

벡터이다(그림에서 $\boldsymbol{ds}$는 $\boldsymbol{B}$에 겹쳐 있다). 따라서 $\boldsymbol{B}\cdot\boldsymbol{ds} = B\,ds$가 성립하기 때문에

$$\oint \boldsymbol{B}\cdot\boldsymbol{ds} = \oint B\,ds$$

이다. 이 적분은 벡터의 선적분 식 (0.56)이다. r이 일정한 원주상에서는 식 (9.4)에서 B를 적분기호의 밖으로 빼내면, 위의 식은

$$\oint B\,ds = B\oint ds = \frac{\mu_0 I}{2\pi r}2\pi r = \mu_0 I$$

가 된다. 즉

$$\oint \boldsymbol{B}\cdot\boldsymbol{ds} = \mu_0 I \tag{11.1}$$

로 나타내어진다. 이것은

『원의 중심을 관통하여 전류가 흐르고 있을 때, 그 원에 따른 자속밀도의 일주 적분은 그 전류와 진공의 투자율 μ_0의 곱이다』

라는 것을 나타내고 있다. 이것이 직선전류 주위의 원에 관한 **앙페르의 법칙**이다. 즉 여기에서의 원은 식 (11.1)을 손쉽게 유도하기 위해 사용한 경로이고, 그 위를 운동하고 있는 것이 있는 것은 아니다.

❙예제 11.1❙ 반경 R인 원기둥 도체에 전류 I가 흐르고 있다. 전류밀도는 도체 내에서 균일하다고 한다. 원기둥의 중심축에서의 거리 r의 함수로서 자속밀도를 구하여라.

풀이 이 예제에서는 원기둥을 중심축의 주위로 회전시켰을 때 계의 상태는 불변이고, 축대칭성이 있다. 이를 이용하기 위해서, 앙페르의 법칙을 적용하는 적분로로서 원기둥 축을 중심으로 하는 축에 수직인 면 내의 원을 택한다[그림 11.2(a)]. 발생하는 자속밀도 $\boldsymbol{B}$는 원의 접선방향에서 전류의 방향으로 오른손나사를 회전하는 방향이다(전류를 원기둥 내의 위쪽방향으로 흘렸을 때, $\boldsymbol{B}$의 방향은 원기둥을 위에서 봤을 때에 반시계방향이다).

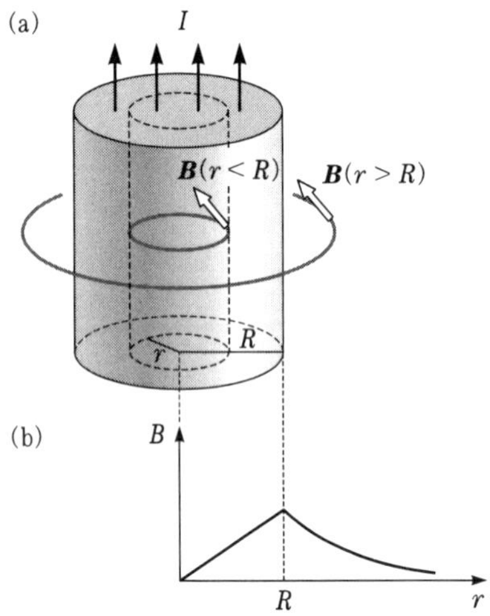

그림 11.2

원의 반경 r이 R보다 클 때($r > R$)와 작을 때($r < R$)로 나눠서 생각한다.

$r > R$일 때 식 (11.1)의 좌변은

$$\oint \boldsymbol{B} \cdot d\boldsymbol{s} = \oint B\, ds = 2\pi r B$$

원을 관통하는 전류는 원기둥 도체를 흐르는 총 전류 I이기 때문에, 식 (11.1)의 우변은 $\mu_0 I$가 되어

$$B = \frac{\mu_0 I}{2\pi r} \qquad (r > R) \tag{1}$$

이다.

$r < R$의 경우는 원을 관통하는 전류를 i로 하면, $i : I = \pi r^2 : \pi R^2$의 관계가 성립하기 때문에, $i = I(r/R)^2$이 된다. 그 이외에는 $r > R$일 때와 같기 때문에, 앙페르의 법칙은

$$2\pi r B = \mu_0 I (\frac{r}{R})^2$$

이 되고

$$B = \frac{\mu_0 I r}{2\pi R^2} \qquad (r < R) \tag{2}$$

를 얻는다. 이와 같이 축대칭인 전류분포를 갖는 문제에서 얻어진 자속밀도도 역시 축 대칭성을 갖으며, r 만의 함수이다. 얻어진 결과 (1), (2)를 정리하여, 그림 11.2(b)에 나타내었다. ■

(2) 직선전류 주위의 임의의 경로

전류가 흐르는 도체를 둘러싸고 있는 경로가 원이 아니고 임의의 형태인 경우 암페어의 법칙도 원의 경우와 같은 결과인 식 (11.1)이 된다고 말할 수 있다. 그림 11.3은 직선전류를 위에서 본 그림이다. 전류가 흐르는 도선의 위치를 O 라 하고, 전류의 방향은 지면 밑에서 위로 향하고 있다.

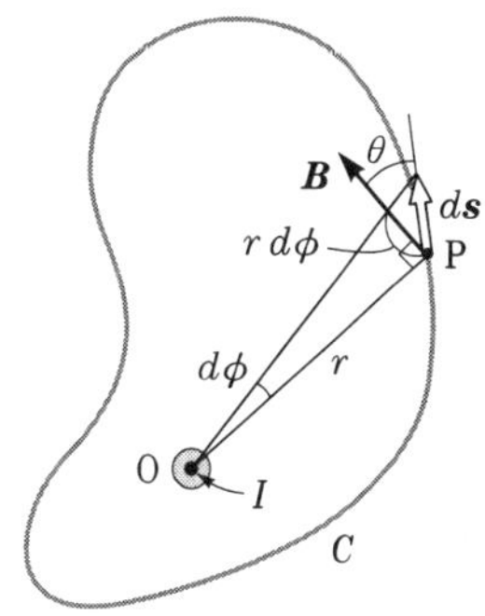

그림 11.3

지금 궤도상의 점 P를 생각하자. $d\boldsymbol{s}$는 점 P에서 궤도의 접선방향 벡터이고, 자속밀도 $\boldsymbol{B}$는 OP에 수직인 벡터이기 때문에 원궤도의 경우와 다르게, $d\boldsymbol{s}$와 $\boldsymbol{B}$는 평행하지 않다. $d\boldsymbol{s}$와 $\boldsymbol{B}$가 이루는 각도를 θ라고 하면 $\boldsymbol{B}\cdot d\boldsymbol{s} = B\ ds\cos\theta$. O 에서 벡터 $d\boldsymbol{s}$의 양단에 도달하는 직선이 이루는 각도[시각(視角)이라고 한다]를 $d\phi$, O 에서 P까지의 거리를 r이라 하면, 극좌표의 공식에서 $ds\cos\theta = r\,d\phi$이기 때문에

$$\oint \boldsymbol{B}\cdot d\boldsymbol{s} = \oint \frac{\mu_0 I}{2\pi r} r\,d\phi = \frac{\mu_0 I}{2\pi}\oint d\phi$$

이 되고, 식의 마지막 항인 각도에 관한 적분은 2π이기 때문에

$$\oint \boldsymbol{B}\cdot d\boldsymbol{s} = \mu_0 I$$

가 된다.

이렇게 앙페르의 법칙 식 (11.1)은 임의의 형태의 궤도 내를 관통하는 직선 전류의 경우에도 성립한다고 할 수 있다. 전류의 부호는 궤도 C의 방향에 오른나사를 돌렸을

때에 전류가 흐르는 방향이 나사의 진행방향과 같은 경우에 양으로 한다. 그림 11.3에서 이야기하면, 궤도의 반시계방향을 C의 방향이라고 하기 때문에 오른나사는 지면의 밑에서 위로 진행한다. 그 방향의 전류의 부호가 양이다. 이 결과는 도선이 고리 안에 어디에 있을까와 고리의 형태에는 관계가 없다.

지금까지 직선 전류를 둘러싼 고리의 경우를 생각했지만, 앙페르의 법칙은 직선형태의 전류뿐 아니라 어떤 형태의 정상전류에 대해서도 성립하는 것을 증명할 수 있다. 더욱이 도선이 고리 밖에 있는 경우는 폐회로를 관통하는 전류가 0이기 때문에

$$\oint \boldsymbol{B} \cdot d\boldsymbol{s} = 0 \tag{11.2}$$

가 된다. 이 경우도 앙페르의 법칙 식 (11.1)에서 우변이 $I=0$으로서 성립하고 있다. 이것에 대해서는 뒤의 연습문제 [1]에서 다룬다.

솔레노이드의 자속밀도

9.3절에서 전류 I가 흐르는 무한히 긴 솔레노이드에서 중심축상의 자속밀도가 식 (9.13)으로 주어지는 것을 나타냈다. 앙페르의 법칙을 사용하면, 솔레노이드의 안과 밖에서의 자속밀도의 크기를 구할 수 있으며, 그 결과는

$$\begin{aligned} B &= \mu_0 n I \qquad (\text{솔레노이드 내부}) \\ &= 0 \qquad (\text{솔레노이드 외부}) \end{aligned} \tag{11.3}$$

가 된다. 이 증명을 다음의 예제에서 다룬다(솔레노이드의 중심축상에서의 결과는 이미 예제 9.4에서 유도했지만, 여기에서는 내부 전영역과 외부의 임의의 장소에서의 결과를 정리하여 증명한다).

▌예제 11.2▌ 단위길이당의 감은 수가 n인 무한히 긴 솔레노이드의 도선을 흐르는 전류 I가 만드는 자속밀도는 솔레노이드 내부의 전체 점에서 중심축상과 같은 $\mu_0 n I$인 것과 솔레노이드 외부에서는 0인 것을 나타내어라.

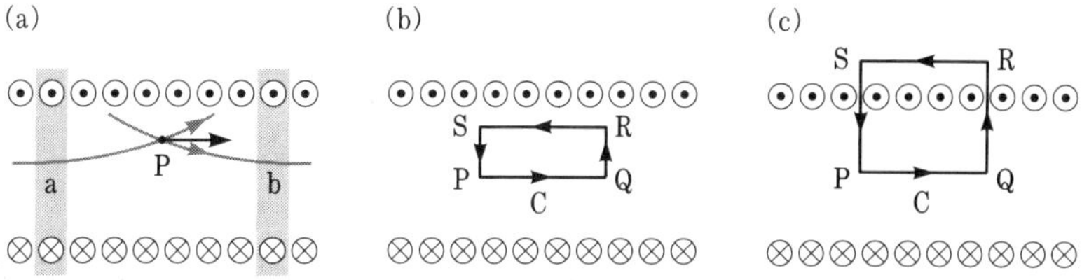

그림 11.4

풀이 솔레노이드의 일부분을 측면에서 본 단면을 그림 11.4(a)에 나타냈다. 솔레노이드 상단의 코일에서는 전류가 지면 밑에서 위로, 하단의 코일에서는 반대로 위에서 지면 밑으로 흐르고 있다. 솔레노이드 내의 임의의 점 P를 선택하고, 그곳에서 같은 거리의 위치에 있는 코일의 원전류의 쌍(가늘고 긴 사각형 a와 b로 둘러싸였다)이 점 P에 만드는 자속밀도를 생각한다. 자속밀도의 중심축에 수직인 성분은 a내의 원전류와 b내의 원전류의 기여가 같은 크기이고 반대 부호이기 때문에 합은 0이 된다. 이 결과를 모든 원전류쌍에 적용하면, 솔레노이드를 흐르는 전류가 형성하는 자속밀도는 축에 평행하고 오른쪽 방향이 된다.

다음으로 그림 11.4(b)와 같이 한 변 PQ가 솔레노이드의 중심축상에 있는 사각형 PQRS에 암페어의 법칙을 적용한다. 솔레노이드 내부의 자속밀도를 B_s라고 하면, 사각형을 일주했을 때의 적분은

$$\int_P^Q B_s\,ds + \int_Q^R B_s\,ds + \int_R^S B_s\,ds + \int_S^P B_s\,ds$$

이다. QR과 SP 에서는 $B_s = 0$ (자속밀도의 방향이 축에 평행)이다. 지금부터 구하는 SR 상에서의 자속밀도를 오른쪽방향으로 간주해 B'라 하고, 중심축상에서는 식 (9.13)에 의해 $B_s = \mu_0 nI$를 이용하면

$$\oint B_s\,ds = \mu_0 nI \cdot \overline{\mathrm{PQ}} - B' \cdot \overline{\mathrm{RS}}$$

라고 쓸 수 있다. 지금 사각형을 관통하는 전류 I는 0이기 때문에 앙페르의 법칙의

우변은 0, 그리고 $\overline{\text{PQ}} = \overline{\text{RS}}$를 사용해서

$$B' = \mu_0 nI$$

라고 할 수 있다. PQ에 평행한 SR은 어디를 택하여도 상관없기 때문에 솔레노이드 내의 모든 점에서 자속밀도는 중심축상과 같은 우측방향으로 $\mu_0 nI$이다.

다음으로 그림 11.4(c)와 같이, 솔레노이드 밖에 한 변 RS가 있는 사각형 PQRS를 생각한다(PQ는 솔레노이드 내라면 어디라도 괜찮다). 단위길이당의 코일의 수가 n이고 길이가 PQ이기 때문에, 이 사각형을 관통하는 전류는 $nI \cdot \overline{\text{PQ}}$이고, 앙페르의 법칙은

$$\oint B_{\text{s}}\, ds = \mu_0 nI \cdot \overline{\text{PQ}} - B' \cdot \overline{\text{RS}} = \mu_0 nI \cdot \overline{\text{PQ}}$$

라고 쓸 수 있기 때문에

$$B' = 0$$

이 된다. 즉 솔레노이드 외부에서는 어디에서나 자속밀도는 0이다. ■

11.2 변위전류

앙페르 법칙의 충전현상으로의 응용

7.3절에서 축전기를 충전할 때에 회로에 흐르는 전류의 시간변화를 설명하였다. 그때 축전기의 극판 사이에 일어나는 현상을 여기에서는 암페어의 법칙을 사용해 생각해 본다. 그렇게 함으로서 변위전류의 개념을 이해할 수 있다. 앞으로 각 시각에서 변화하는 전류, 전압을 나타내는 데에 i, v와 같은 소문자를 사용한다.

축전기를 충전하려면 배터리로부터 전류 i_{C}를 도선을 통해 축전기의 한쪽 극판에 유입시켜 다른 쪽의 극판으로 유출시킨다(그림 11.5). i_{C}는 이제까지 단순히

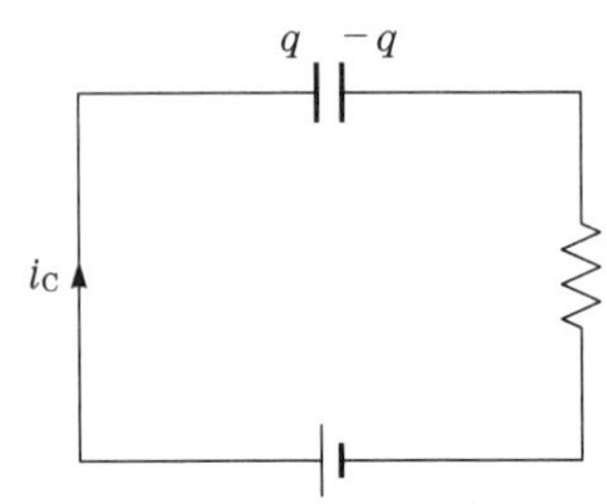

그림 11.5

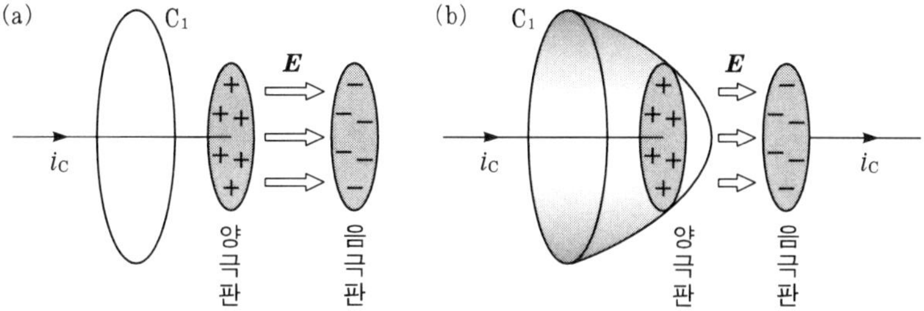

그림 11.6

i라고 나타낸 전류를 앞으로 도입하는 변위전류(displacement current) i_D와 구별하기 위해서 여기에서는 **전도전류**(conduction current)라고 부르고 첨자 C를 붙인다.

전도전류 i_C가 흐르면 극판에 전하가 축척된다. 그림 11.6(a)에 나타낸 것처럼, 전극판의 왼쪽에 i_C에 수직인 원형의 경로 C_1을 생각한다. 이것을 관통하는 전류는 i_C이기 때문에, C_1에 **앙페르의 법칙**을 적용하면 $\oint \boldsymbol{B} \cdot d\boldsymbol{s} = \mu_0 i_C$이다.

또 다른 하나의 생각으로서 양의 극판에 내접하고 오른쪽으로 뚫고 나온 포물면을 생각하고, 극판의 왼쪽에 있는 테두리를 C_1이라고 하자[그림 11.6(b)]. 이때

『포물면의 뾰족한 끝부분이 두 개의 극판 사이에 있고, i_C는 양극판까지 밖에 오지 않기 때문에 포물면에서 오른쪽 방향으로 유출하는 i_C는 0』

이다. 결국 포물면과 음의 극판의 사이에는 i_C가 흐르고 있지 않기 때문에 앙페르의 법칙에서 $\oint \boldsymbol{B} \cdot d\boldsymbol{s} = 0$이 된다. 이때 포물면의 경계선으로 되어 있는 것은 앞의 경우와 같은 원 C_1이기 때문에, 공통의 C_1에 대한 선적분이 생각하는 방식에 따라 $\mu_0 i_C$와 0이라는 모순되는 결과가 되어 버린다. 이것을 해결하기 위해 맥스웰은 다음에 설명할 변위전류라는 개념을 도입했다.

맥스웰–앙페르의 법칙

축전기가 충전됨에 따라, 그림 11.6(b)의 돌출되어 있는 포물면으로부터 오른쪽방향의 전기장 E가 증가한다. 그때 전속 Φ_E도 증가한다. 어떤 시각에서의 전하 q는 그 시각의

전위차 v와 축전기의 전기용량 C의 곱으로 주어지므로 $q = Cv$가 된다[식 (4.2)]. 극판의 면적을 S, 극판 사이의 거리를 d라고 하면, 식 (4.4)에서 $C = \varepsilon_0 S/d$이고, 또 극판 사이의 전기장의 크기를 E라고 하면 $v = Ed$이다[식 (3.21)]. 이와 같은 관계를 이용하면

$$q = Cv = \frac{\varepsilon_0 S}{d} Ed = \varepsilon_0 ES = \varepsilon_0 \Phi_E \tag{11.4}$$

가 된다. i_{C}는 축전기가 충전될 때의 전하의 시간변화이기 때문에 식 (11.4)를 사용하면

$$i_{\mathrm{C}} = \frac{dq}{dt} = \varepsilon_0 \frac{d\Phi_E}{dt} \tag{11.5}$$

이다. 맥스웰은

『극판 사이의 전속의 시간변화율을 가상적인 전류라고 생각해서』

$$i_{\mathrm{D}} = \varepsilon_0 \frac{d\Phi_E}{dt} \tag{11.6}$$

으로 **변위전류** i_{D}를 정의했다. 즉 양극판의 왼쪽에서는 도선을 흐르는 i_{C}가 존재하고, 오른쪽에서는 전속의 시간변화로 정의한 i_{D}가 존재하고 있다. 이렇게 생각하면 축전기가 있을 때의 폐회로의 전부분에서 전류라고 하는 이름의 양이 일정한 값을 갖고 존재한다고 생각할 수 있고, 극판 사이에서 발생한 모순도 해결할 수 있었다. 이때 앙페르의 법칙은

$$\oint \boldsymbol{B} \cdot d\boldsymbol{s} = \mu_0 (i_{\mathrm{C}} + i_{\mathrm{D}}) \tag{11.7}$$

이 된다. 식 (11.7)은 앙페르의 법칙 식 (11.1)을 축전기가 있는 경우로 확장한 것으로 **맥스웰-앙페르의 법칙**이라고 한다.

변위전류의 물리적 의미

위에서 서술한 것처럼, 변위전류를 도입하는 것에 의해 축전기를 포함하는 회로의 어느 부분에서도 전류라고 불리는 양이 회로의 도중에서 사라지는 것 없이 일정한 값을

갖게 되었다. 변위전류에는 이렇게 이치를 맞게 하는 역할 이외에 무엇인가 물리적인 의미가 있을까?

다음의 예에서 생각해 본다. 반경 R인 원형 축전기 극판을 생각하고, 극판 사이에서 중심축으로부터 $r\,(r < R)$인 점에서 자속밀도를 생각한다(그림 11.7). 이 점을 통과하는 반경 r인 원에 맥스웰-앙페르의 법칙을 적용한다. 이 원을 통과하는 변위전류는 $i_\mathrm{D} r^2/R^2$이다. 앙페르의 법칙의 좌변의 적분은 $2\pi rB$, 또 극판의 좌우에서의 전류의 연속성에서 $i_\mathrm{D} = i_\mathrm{C}$이기 때문에 $2\pi rB = \mu_0 (r^2/R^2) i_\mathrm{C}$가 얻어져

$$B = \frac{\mu_0}{2\pi}\frac{r}{R^2}i_\mathrm{C} \tag{11.8}$$

이 된다. 결국 r을 0에서 R까지 변화했을 때, B는 0에서 $\mu_0 i_\mathrm{C}/2\pi R$까지 증가한다.

지금까지 서술한 것은 이론적으로 얻을 수 있었던 결론이지만, 실제로 그 점에서 자속밀도를 측정해 보면, 식 (11.8)에서 해당되는 값의 자속밀도가 존재한다. 더욱이 $r > R$인 경우에는 $B = \mu_0 i_\mathrm{C}/2\pi r$인 값이 측정되었다. 이런 것들은 예제 11.1에서 원기둥 도체의 경우에 얻은 결과이다.

결국, 변위전류라는 것을 생각하면 흡사 축전기의 극판 사이에도 도선이 연결되어 있는 것처럼 생각해도 좋다. 또 전도전류가 자속밀도를 만드는 것처럼, 변위전류도 극판 사이에 자속밀도를 만든다고 말할 수 있다. 이것은 관점을 바꾸면, 전속의 시간변화가 자기적인 장을 발생하고 있는 것이고 Chap. 12에서 서술할 전자기 유도에서 전기장과 자기장을 바꿔 넣은 현상이 된다.

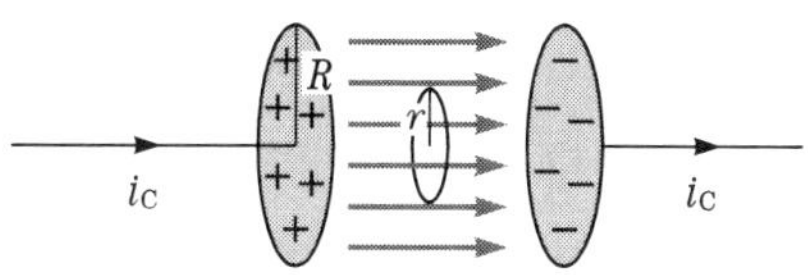

그림 11.7

11.3 자성체

물질의 투자율

전기장 내에 놓였을 때 물질의 성질에 유전성이 있다는 것을 Chap. 5 에서 배웠다. 이것에 대해 자기적인 장에 놓여 있을 때의 물성이 **자성**이다. 유전성을 나타내는 유전율에 대응해서 자성을 나타내는 양이 **투자율**이다. 예를 들어 직선전류 I가 도선에서의 거리 r인 점에 만드는 자속밀도는 식 (9.4)에 의해

$$B=\frac{\mu_0 I}{2\pi r}$$

이지만, 이 식에 상수 μ_r을 곱하면

$$B=\frac{\mu_r\mu_0 I}{2\pi r} \tag{11.9}$$

가 되며, 물질 내에서 직선전류가 만드는 자속밀도에 해당한다. μ_r은 물질에 따라 결정되는 상수로 **비투자율**이라고 부른다. $\mu=\mu_r\mu_0$가 그 물질의 투자율이다. 또 감은 수 n인 솔레노이드 내부의 자속밀도는 진공 중에서 식 (9.13)에 의해

$$B=\mu_0 nI$$

이지만, 물질 내에서는 다음과 같이 된다.

$$B=\mu_r\mu_0 nI \tag{11.10}$$

물질은 $\mu_r>1$인 **상자성체**와 $\mu_r<1$인 **반자성체**로 나뉜다. 이 밖에 외부에서의 자기장이 없어도 자석이 되는 물질로서 **강자성체**가 있다. 강자성체의 비투자율은 약 1000으로 상당히 크다.

자속밀도 $\boldsymbol{B}$와 자기장의 세기 $\boldsymbol{H}$와의 관계는 진공 중에서 식 (9.16)에 의해

$$\boldsymbol{H}=\frac{1}{\mu_0}\boldsymbol{B}$$

이지만, 물질 내에서는

$$\boldsymbol{H} = \frac{1}{\mu_{\mathrm{r}}\mu_0}\boldsymbol{B} \tag{11.11}$$

이 되기 때문에

$$\boldsymbol{B} = \mu_{\mathrm{r}}\,\mu_0\boldsymbol{H} \tag{11.12}$$

의 관계가 있다. 자성체 내에서의 자속밀도는 외부에서 가한 자기장의 세기 $\boldsymbol{H}$에 의한 자속밀도 $\mu_0\boldsymbol{H}$와 자성체의 **자화** $\boldsymbol{M}$의 합으로 주어진다.

$$\boldsymbol{B} = \mu_0\boldsymbol{H} + \boldsymbol{M} \tag{11.13}$$

여기에서

$$\boldsymbol{M} = \chi_{\mathrm{r}}\,\mu_0\boldsymbol{H} \tag{11.14}$$

로 놓고, **물질의 비자화율** χ_{r}을 정의하면

$$\boldsymbol{B} = (1 + \chi_{\mathrm{r}})\mu_0\boldsymbol{H} \tag{11.15}$$

라고 쓸 수 있다. 상자성체에서는 $\chi_{\mathrm{r}} > 0$, 반자성체에서는 $\chi_{\mathrm{r}} < 0$이다. 이것은 그 물질이 외부로부터 자기장의 세기 $\boldsymbol{H}$와 같은 방향으로 자화하고 있는지, 반대방향으로 자화하고 있는지의 차이이다.

물질의 자화 $\boldsymbol{M}$은 물질이 갖는 단위체적당의 자기모멘트이다. 이 자기모멘트는 물질을 구성하는 분자 내의 전자의 궤도운동에 의한 것과 자전운동에 해당하는 스핀에 의한 것이 있다.

강자성체

철과 같이 영구자석이 되는 물질은 강자성체라고 불린다. 강자성체에서는 각 원자가 자기모멘트를 갖고 있다. 그때 물질이 **자구**라는 작은 영역으로 나눠져 있고, 그 속에서는 자기모멘트가 한 방향으로 가지런해 있고, 각각이 자석으로 되어 있다. 그러나 자구마다 자기모멘트의 방향이 무작위이기 때문에 결정 전체로 보면 자성을 나타나지 않는다. 이곳에 외부에서 H를 가하면, 그 방향의 자기모멘트를 갖는 자구가 증가하고 강자성체의

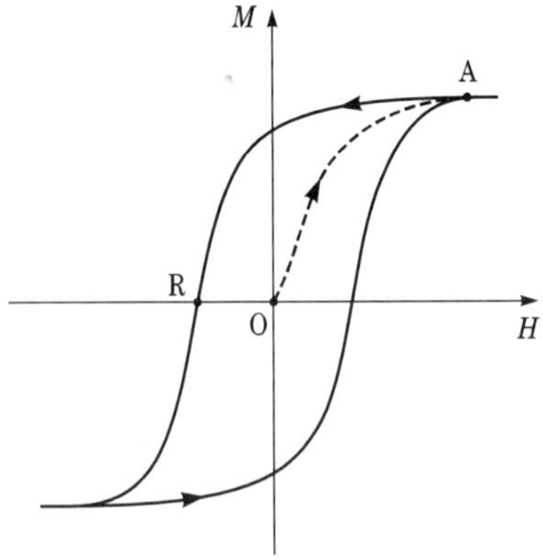

그림 11.8

자화가 크게 된다(그림 11.8의 점선 OA). H를 아주 크게 하여 결정 전체가 외부에서 가한 H방향으로 자화하면, 그 이상은 자화 M은 증가하지 않는다(점 A). 이것을 **포화자화**라고 한다.

다음으로 H를 작게 하면, M은 그림의 실선을 따라 감소하지만, $H=0$이 되어도 M은 0이 되지 않고 남아있다. 이것을 **잔류자화**라고 한다. M을 0으로 하기 위해서는 반대방향의 H_c(점 R)가 필요하다. 이 자기장의 세기를 **보자력**이라고 한다. 잔류자화와 보자력이 큰 물질이 자석으로서 사용할 수 있는 것이다.

CHAPTER 11 연습문제

[1] 전류가 흐리고 있는 도체가 고리 외부에서 있을 때도 앙페르의 법칙(Ampere's Law) 식 (11.2)가 성립하는 것을 증명하여라.

[2] 솔레노이드 내부의 자속밀도가 모든 점에서 같은 것(예제 11.2)은 직관적으로 어떻게 이해할 수 있을까?

CHAPTER 12 전자기 유도

회로를 통과하는 자속을 변화시키면 회로에 기전력이 생긴다. 이것을 전자기 유도라고 하고, 이것은 패러데이의 법칙으로 표현된다. 전자기 유도는 전기와 자기가 대등하게 관련된 현상이며, 처음에는 어려운 점도 있지만, 알고 나면 전자기학의 진수에 눈이 뜨게 될 것이다. 전자기 유도현상은 발전기로 교류기전력을 발생시키는 데 이용된다.

12.1 전자기 유도의 실험

도선을 흐르는 전류가 자침에 힘을 미치는 것은 9.1 절에 설명했다. 이 현상을 전류의 원인인 전기장으로 거슬러 올라가 생각하면

『전기장이 근원이 되어 전류가 흐르고, 자침의 위치에 자속밀도를 만든다』

라는 것이 가능하다.

지금까지 다룬 전기와 자기에 관한 현상에서는 많은 경우, 전기와 자기를 서로 바꾸어 놓은 것이 존재했다. 이것은 지금 기술한 전기장이 자속밀도를 만들었던 것과 반대 현상도 존재하는 것은 아닐까? 즉

『자속밀도의 작용이 원인이 되어 전기장을 만드는 것은 아닐까?』

라는 의문이 생긴다. 이렇게 생각해 실험을 한 사람이 영국의 패러데이였다. 이것을 설명하기에 앞서, 전자기 유도는 무엇일까를 간결하게 말하면 다음과 같다. 그림 12.1 에

나타낸 것과 같은 폐회로를 관통하는 자속이 있을 때,

『자속의 양을 변화시키면, 그것을
둘러싼 회로에 기전력이 생긴다』

이 현상을 **전자기 유도**라고 한다.

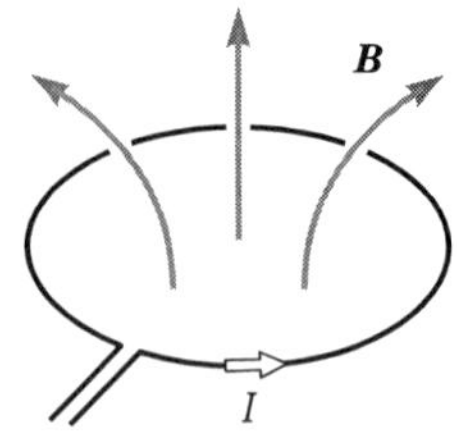

그림 12.1

패러데이의 실험

1831년 8월 29일 패러데이 일기에는 전자기 유도현상을 발견한 것이 써져 있다고 한다. 같은 해에 미국의 헨리도 패러데이와는 별도로 이 현상을 발견했다. 헨리의 이름은 Chap. 13에서 기술한 인덕턴스 단위로 되어 있으며, 패러데이 이름은 Chap. 4에서 기술한 전기용량의 단위 패럿으로 사용되고 있다.

패러데이의 실험은 그림 12.2에 나타난 것과 같은 장치로 행해졌다. 도넛형을 한 연철 고리의 절반 부분에 동선의 코일 A가 감겨져 있고, 그 양단은 전지에 연결되어 있어, 스위치 S에 의해 연결하거나 끊는 것이 가능하다. 고리의 남은 절반 부분에 코일 B를 감고, 이 동선 밑에는 자침(磁針)을 놓았다.

코일 A를 전지에 연결하면, 그 순간에 자침이 조금 움직여 짧은 시간 진동이 일어난 후, 전지에 연결되기 전의 처음 위치에 정지한다. 그 후에도 코일 A에는 전류가 계속 흐르지만, 자침은 정지한 상태로 있다. 또 코일 A의 스위치 S를 끊으면, 그 순간에 또 자침이 흔들리고, 역시 짧은 시간 진동을 하고 나서 정지한다. 전지를 끊었을 때에 진동이 시작되는 방향은 전지를 연결할 때와는 반대이다. 이것은 코일 B의 전류가

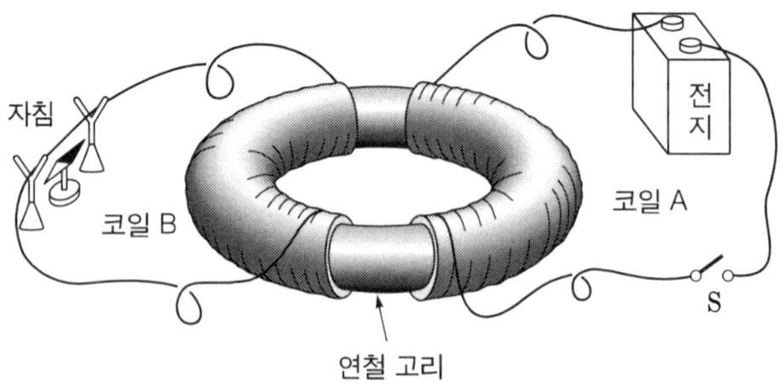

그림 12.2

코일 A를 전지에 연결했을 때와 반대 방향으로 흐른다는 것을 나타낸다.

이상의 실험결과에서 코일 B에 전류가 흐르는 것은 코일 A에 전류를 통한 순간과 끊는 순간인 것을 알았다. 이 사실은

『코일 B를 통과하는 자속이 변화할 때 그 코일에 기전력이 생긴다』

것을 나타내고 있다. 이 현상이 전자기 유도이며, 이때 생긴 기전력을 Chap. 6 에서 기술한 전지나 발전기에 의한 기전력 V_e와 구별하여 **유도기전력**이라 하고, V_{em}으로 표시한다. 또 유도기전력에 의해 코일 B에 흐르는 전류를 **유도전류**라고 한다. 여기서 중요한 것은 코일을 통과하는 자기선속의 양이 『변화할 때』에 생긴다는 것이다.

전자기 유도의 메커니즘

위에서 기술한 실험결과를 바탕으로 하여 전자기 유도는 무엇이 원인으로 생기는 것인가를 생각해 본다. 이를 위해서 실험 장치를 현상의 본질적인 것만으로 단순화시켜 생각한다. 패러데이가 전류의 자기작용을 강하게 하기 위해 사용한 연철 고리를 여기에서는 고정한 후에 코일 A, B를 간단히 한 번 감고, 두 개를 가까이 놓는다[그림 12.3(a)]. 코일을 좌측의 수직방향에서 본 모습을 그림 12.3(b)로 표시한다. 전류의 부호는 시계방향으로 흐를 때 양이라고 약속한다.

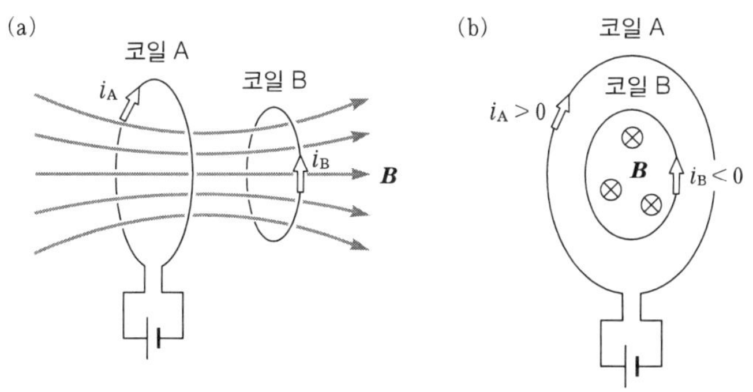

그림 12.3

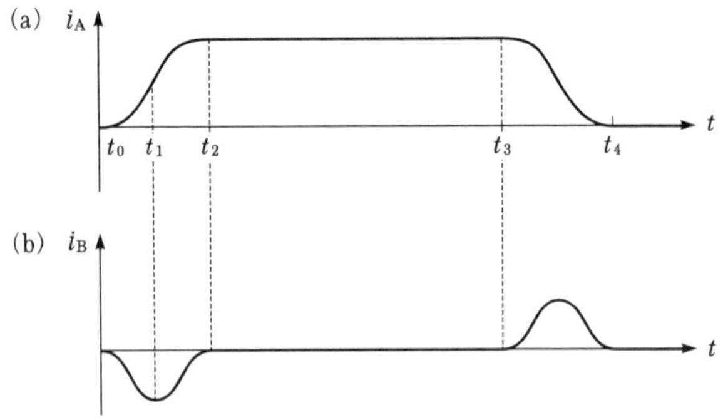

그림 12.4

$t = 0$에서 코일 A를 전지에 연결하고, $t = t_3$에서 연결을 끊었을 때, 그 사이 코일 A에 흐른 전류의 시간변화를 그림 12.4(a)에, 코일 B 전류의 시간변화를 그림 12.4(b)에 나타낸다.

스위치를 넣으면 코일 A에 전류 i_A가 흐르기 시작하고, 짧은 시간 후에 $t > t_2$에서 전류는 일정하게 된다. 코일 A에 전류가 흐르는 순간에, 코일 B에 전류 i_B가 흐르지만, 그 방향은 i_A와 반대이다$(i_B < 0)$[그림 12.4(b)]. i_A가 증가하는 동안은 i_B가 흐르지만, 시각 t_2에서 i_A가 일정한 값이 되면, i_B는 0이 된다. i_B의 크기는 도중의 시각 t_1에서 최대가 된다. 시각 t_1은 i_A의 기울기(전류 i_A의 시간에 관한 미분)가 최대가 되는 시간이다. 실제로 전류가 생기는 것은 순식간에 일어난다(그래프에는 전류가 일어나는 시간을 과장하여 길게 나타내고 있다). 시간 t_3에 스위치를 끊어 i_A가 감소하기 시작하면, i_B는 양의 방향으로 흐르고, $t = t_4$에서 i_A가 일정한 값(0)이 되면 i_B도 0이 된다.

다음으로, 그림 12.4에 표시한 현상이 왜 일어나는지 설명한다. 그 기본원리는

『코일 A를 관통하는 자속이 변화할 때, 코일 B에 기전력이 생긴다』

라는 것이다. 우선, 코일 A만 있다고 한다[그림 12.5(a)]. 코일 A에 화살표의 방향으로 전류가 흐르면 그 주위에 자속밀도가 생긴다(참고: 자속밀도 B와 코일을 둘러싼 면적의 곱이 자속이다). 이것은 예를 들면 코일 위의 점 P_0의 극히 가까운 곳에서는 코일을

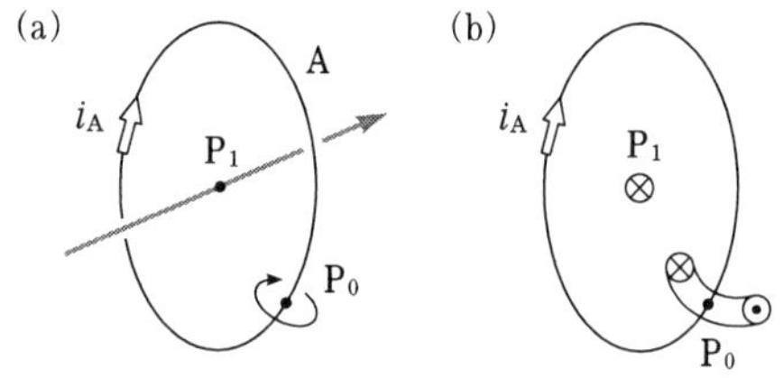

그림 12.5

화살표(전류의 방향에 대해 오른쪽의 회전방향)와 같이 둘러싸기 때문에, 코일 A가 만드는 회로 내부를 왼쪽에서 오른쪽으로 관통하는 자력선을 갖는다. 이 모습을 코일의 좌측 수직방향에서 본 것이 그림 12.5(b)이다. 코일 중심에 가까운 점 P_1에도 역시 회로를 관통하는 자력선이 존재한다. 이렇게 코일 A 내부의 어느 부분에서도 자력선이 있다.

다음에 코일 A의 옆에 코일 B를 놓으면, A를 통과하는 자력선은 코일 B의 근처에도 연속으로 존재하게 된다[그림 12.6(a)]. 따라서 코일 A에 전류를 흘리면 코일 B를 좌측에서 통과하는 자속밀도가 0에서 증가한다. 그때 자속밀도를 줄이려고 하듯이, 코일 B에는 유도전류 i_B가 i_A와 반대방향으로 흐르고, 반대방향의 자속밀도가 생긴다. 생긴 자속밀도(굵은 화살표에 의한 것)와 유도전류 i_B의 방향을 써 넣은 것을 그림

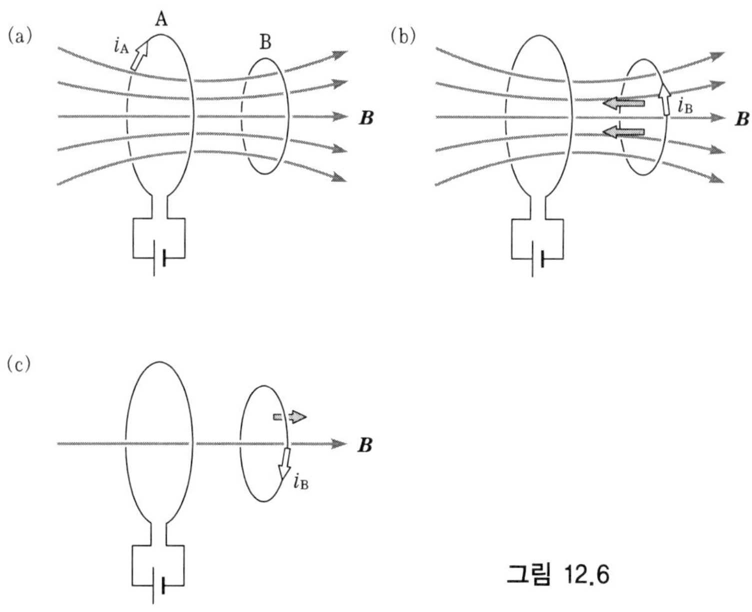

그림 12.6

12.6(b)에 표시하고 있다. 이것이 그림 12.4(b)의 시간 $t_0 \sim t_2$ 에서 음의 i_B이다.

코일 A의 전류가 일정한 값으로 흐르고 있는 동안$(t_2 \sim t_3)$은, 유도전류 i_B는 0이다. 다음에 스위치를 끊으면 i_A가 만들었던 자속밀도는 코일 B의 내부에서도 감소한다. 그러므로 이번에는 코일 B에 처음과는 반대방향으로, 즉 자속밀도를 증가시키는 방향으로 유전전류 i_B가 i_A와 같은 방향으로 흐른다$(t_3 \sim t_4)$[그림 12.6(c)].

12.2 패러데이의 법칙

앞의 절에서 기술한 것과 같이, 전자기 유도현상에서 열쇠가 되는 것은 회로를 관통하는 자속의 변화이다. 전자기 유도에 관한 **패러데이의 법칙**은

『폐회로에 생긴 **유도기전력** $V_{\rm em}$은 회로를 통과하는 자속 Φ_B의 시간변화의 부호를 반대로 한 것이다』

가 된다. 이것을 식으로 표현하면

$$V_{\rm em} = -\frac{d\Phi_B}{dt} \tag{12.1}$$

이다. 자속이 시간변화하지 않을 때는 우변이 0, 그러므로 $V_{\rm em}$도 0이 되기 때문에, 식 (12.1)은 자속이 변화하고 있는 동안에만 유도기전력이 존재하는 것을 표현하고 있다.

렌츠의 법칙

유도기전력에 관해서는 그 크기와 방향이 문제가 되지만, 발생한 유도기전력의 회로에 있어서 방향(부호)의 규칙을 발견한 것은 러시아의 물리학자 렌츠이다. 렌츠의 법칙은 유도기전력의 방향(따라서 그것에 의한 전류의 방향)을 결정하고 있다. 단, 유도기전력의 크기에 대해서는 렌츠의 법칙으로부터는 아무것도 말할 수 없다.

그림 12.4에서 본 것과 같이, 코일 A에 흐르는 전류를 늘리고, 그것이 만들고 있는

자속밀도를 증가시켰을 때, 코일 B에 생긴 유도기전력은 그 자속밀도를 감소시키도록 유도전류를 흐르게 한다. 반대로 코일 A의 전류를 감소시켜 자속밀도를 줄이면 코일 B의 유도전류가 만드는 자속밀도는 코일 A의 자속밀도의 감소를 보충한다. 이것을 나타낸 것이 **렌츠의 법칙**으로

> 『유도기전력에 의해 생긴 유도전류가 만들어 낸 자속 변화는 유도기전력의 원인인 자속의 변화와는 반대방향이다』

라고 표현하는 것이 가능하다. 패러데이 법칙 식 (12.1)의 우변의 마이너스 부호가 렌츠의 법칙을 포함하고 있다.

지금까지 기술한 것과 같이 전자기 유도의 원인은 회로를 통과하는 자기선속의 변화이다. 그것은 자석을 움직이거나 회로를 움직이는 것에 따라 생긴다. 회로를 통과하는 자속이 변화하면 유도전류가 새로운 자속밀도를 만든다. 이 자속밀도는 원래 자속이 증가할 때에는 반대방향으로, 원래 자속이 감소할 때에는 같은 방향으로 유도된다.

코일을 N번 감았을 때 전체 자속의 시간변화는 1번 감은 것의 N배가 된다. 1번 감은 자기선속을 Φ_B라 하면, N번 감을 때의 유도기전력 V_{em}은 식 (12.1)의 우변을 N배 한

$$V_{\mathrm{em}} = -N\frac{d\Phi_B}{dt} \tag{12.2}$$

이 된다.

|예제 12.1| 반경이 5 cm인 원형 도체의 고리 안에 그 면에 수직인 균일한 자속밀도를 자석이 만든다고 한다.

(a) 자속밀도가 매초 0.03 T/s의 비율로 증가하고 있을 때에 만드는 유도기전력을 구하여라.

(b) 같은 비율로 감소시킬 때, 유도기전력은 어떻게 되는가?

(c) (a), (b) 두 개의 경우의 유도기전력의 방향은 어떻게 되는가?

풀이 (a) 자속밀도 B의 방향을 z축으로 선택한다. 고리가 둘러싼 면적벡터를 S로

한다. 식 (8.6)으로부터 $\Phi_B = \boldsymbol{B} \cdot \boldsymbol{S} = BS$이기 때문에 다음과 같이 구해진다.

$$\frac{d\Phi_B}{dt} = \frac{dB}{dt}S = 0.03 \times 3.14 \times (0.05)^2 = 2.4 \times 10^{-4}\ \mathrm{V} = 0.24\ \mathrm{mV}$$

(b) 자속이 증가했을 때와 감소했을 때의 시간변화 비율이 같기 때문에 기전력의 크기는 같은 0.24 mV이다. 다른 것은 기전력의 방향뿐이다.

(c) 식 (12.1)에서 (a)의 경우는 $V_{\mathrm{em}} < 0$이 되기 때문에, 처음에 흘렀던 전류와 반대방향의 전류를 흐르게 하는 기전력이다. 그것은 증가한 전류를 감소시키는 방향이다. (b)에서는 $V_{\mathrm{em}} > 0$이 되기 때문에 처음 전류를 흐르게 하고 있는 기전력과 같은 방향이다. 즉 감소한 전류를 증가시키는 방향이다. ■

I예제 12.2I 원형 코일 옆에 S극을 그 코일 중심으로 향하게 한 막대자석이 놓여 있다.

(a) 코일을 관통하는 자속밀도 $\boldsymbol{B}$를 그림으로 표시하여라.

(b) 이 자속밀도를 증가시킬 때에 생기는 유도전류의 방향을 렌츠의 법칙에 따라 표시하여라.

(c) 마찬가지로 자속밀도를 감소시킬 때에 대해서도 기술하여라.

풀이 (a) 자력선은 N극에서 나와 S극으로 들어가기 때문에 그림 12.7(b)와 같이, 코일을 관통하여 자석의 S극으로 향한다.

(b) 자석을 코일에 가까이 하면 자속밀도는 증가한다. 따라서 이것과 반대방향의 자속밀도(회색선)를 만드는 것처럼 유도전류 i가 화살표 방향으로 흐른다[그림 12.7(c)]. 막대자석을 정지시키면, 유도전류는 0이 된다.

(c) 막대자석을 회로로부터 멀리하고 있는 동안은[그림 12.7(d)] 코일을 오른쪽에서 왼쪽으로 통과하는 $\boldsymbol{B}$가 감소하기 때문에, 이것을 증가하도록 흰색 화살표의 방향으로 유도전류 i가 생긴다. 막대자석의 N, S극을 코일에 대하여 역으로 해서 가깝게 하거나 멀리하거나 하면, 위와는 반대의 현상이 일어나고, 유도전류의 방향도 반대가 된다. ■

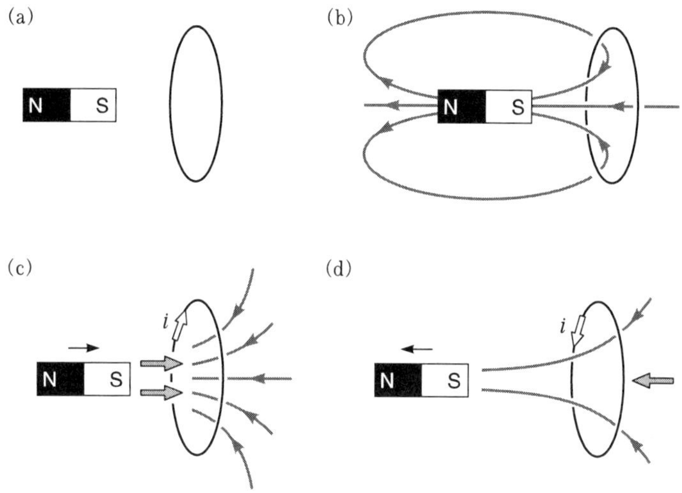

그림 12.7

12.3 움직이는 회로에 유도되는 기전력

기전력과 자기력

전자기 유도에서 코일에 전류가 흐르는 것은 도체인 코일 안을 전도전자가 움직이기 때문이다. 이때 전도전자를 움직이게 하는 것은 기전력 또는 로렌츠 힘 중에 어느 것일까?

회로를 통과하는 자속의 변화에서는 다음 두 가지 경우가 있다.

(1) 회로는 정지하고 있고 관통하는 자속밀도가 시간적으로 변화하는 경우

(2) 자속밀도는 시간적으로 변화하지 않고, 회로가 움직여 장소가 변하는 경우

(1)에 대해서는 12.1절과 12.2절에 자세히 설명했다. 여기서는 (2)에 대해서 설명한다(자속밀도가 시간변화하고 회로도 움직인다고 하는 (1)과 (2)를 조합시킨 경우에 대해서는 이 책에서 다루지 않는다).

그림 12.8처럼 자속밀도는 시간적으로 변화하지 않고, 회로가 움직이는 경우는 원래 정자기장만이 있어, 전기장은 존재하지 않았었다. 따라서 회로에 나타나는 유도기전력은

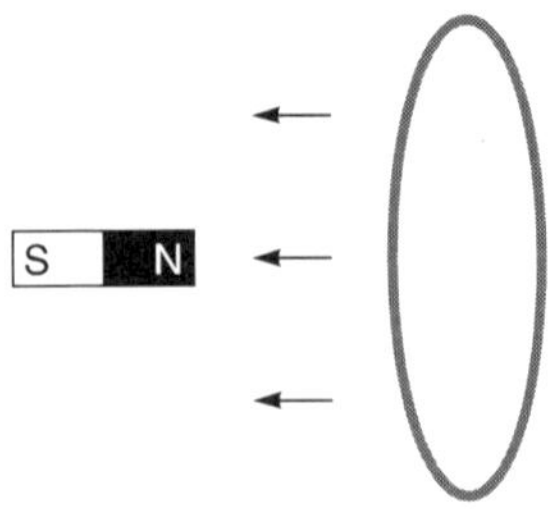

그림 12.8

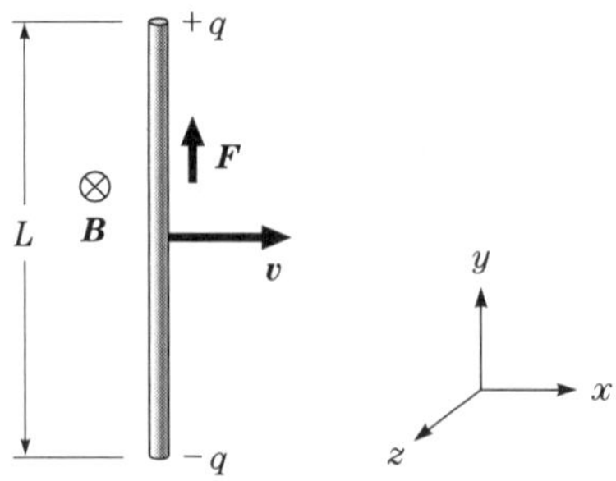

그림 12.9

회로 내의 하전입자에 작용하는 로렌츠 힘이 원인으로 만들어진 것이다. 그 메커니즘을 생각한다.

자속밀도 내를 움직이는 막대에 생기는 기전력

균일한 자속밀도 안을 움직이고 있는 길이 L인 봉을 생각하자(그림 12.9). 봉의 방향, 움직이는 속도 $\boldsymbol{v}$, 자속밀도 $\boldsymbol{B}$ 등의 세 가지가 서로 직교하고 있다고 한다. 그림에서는 $\boldsymbol{v}$를 x축의 + 방향, 봉의 윗부분을 y축 + 방향, $\boldsymbol{B}$를 z축의 − 방향으로 선택하고 있다. 자속밀도는 같고 $\boldsymbol{v}$는 일정한 크기이다. 이때 막대 내의 하전입자($q > 0$)는 로렌츠 힘에 의해, qvB 크기의 자기력을 y축의 + 방향으로 받는다.

이 자기력이 봉 내의 하전입자를 움직이고, 봉의 상단에 양의 전하를 하단에 음 전하를 모은다. 이 전하의 재분포에 의해 봉의 상단에서 아랫방향으로 전기장 $\boldsymbol{E}$가 생긴다. 양단에 저장되어 있는 전하의 양은 0으로부터 점차 증가해 가고, 최종적으로는 $\boldsymbol{E}$에 의해 아랫방향의 전기력 qE가 처음의 윗방향의 로렌츠힘 qvB를 완전히 상쇄할 때까지 증가한다. 즉 $qE = qvB$가 실현될 때, 봉 내의 전하분포가 균일하게 되고 전하의 이동이 멈춘다.

전하분포가 균일하게 된 상태에서는 봉의 양단 전위차 V는 3.2절 식 (3.21)에서 본 것과 같이 전기장 E와 막대 길이 L의 곱이 된다.

$$V = EL = vBL \tag{12.3}$$

다음으로 지금 생각한 봉을 그림 12.10에 나타낸 것과 같은 U자형의 도체에 넣어 매끄럽게 움직이는 폐회로를 생각하자. 이 막대를 균일한 $-z$ 방향의 자속밀도 내에서 움직인다. 이때 U자형 도체 자신은 정지하고 있기 때문에 도체 내의 전하도 정지하고 있어 로렌츠 힘이 작용하지 않는다. 그러나 봉의 양단 a와 b에 가까운 부분의 U자형 도체에 있어서 전하분포가 변화하여, U자형 도체 내부에 새로운 분포를 만든다. 그것은 위에서 설명한 봉 내부의 전하 이동의 결과에 일치하고, a 근처에서 양의 전하가 많아지고, b의 근처에서 적어지게 된다. 이것이 U자형 내부에 전기장을 만든다. 그 전기장의 방향은 그림에 표시한 전류 I를 만드는 방향으로, 기전력의 크기는

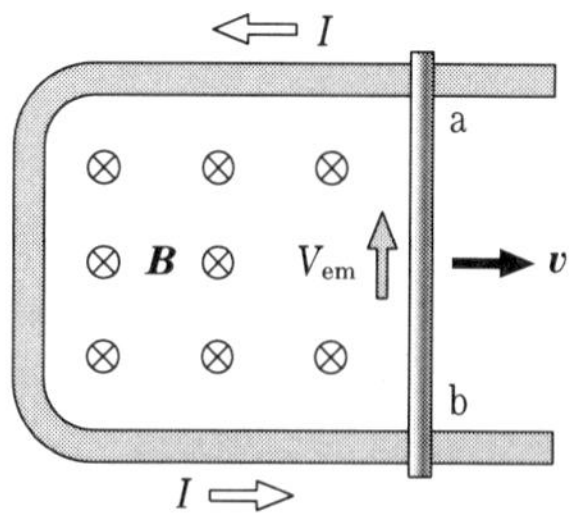

그림 12.10

$$V_{\mathrm{em}} = vBL \tag{12.4}$$

이다. 이렇게

『자속밀도 내를 움직이고 있는 봉이 원인이 되고 기전력을 만든다』

그림 12.10에서 움직이고 있는 봉에 기전력이 생긴 것은 봉 내부에서 전위가 낮은 b에서 높은 a로 전하가 움직인 결과이다. 이와 동시에 U자형의 부분에 전류가 흐른다. 이렇게 생각하면, 움직이고 있는 봉은 U자형 내부에 대해 전지의 양극을 a로, 음극을 b로 연결했을 때의 기전력과 닮은 작용을 하고 있다. 물론, 이 두 개의 기전력의 기원은 전혀 다른 것이다. 한편, 자속밀도 내를 움직이고 있는 막대가 갖는 기전력은 위에서 본 것과 같이, 회로에 연결되어 있지 않고 독립해 있어도 항상 기전력을 만든다. 이러한 것도 전지 자체가 도선을 연결하여 폐회로로 하지 않아도 기전력을 갖는 것과 같은 이유이다.

임의의 모양으로 움직이는 도체에 의한 기전력

위에 기술한 움직이고 있는 도체가 만드는 기전력의 의론은 도체의 모양을 임의의 것으로, 또 자속밀도가 같다고 제한하지 않는 공간적으로 변화하는 경우(단, 시간적으로

는 일정하다)라도 일반화가 가능하다. 이러한 생각은 지금까지 설명했던 공간에 분포하는 전하에 의한 전기장(2.3 절)이나 비오-사바르의 법칙(Biot-Savart's Law)(9.2 절)의 경우에 이용한 것과 같다. 즉 도체를 미소한 부분으로 나누고 그곳에서는 자속밀도가 일정하다고 생각한다.

도체의 미소부분 $d\boldsymbol{s}$가 만드는 유도기전력 dV_{em}은 단위전하당 자기력 $\boldsymbol{v}\times\boldsymbol{B}$와 $d\boldsymbol{s}$의 스칼라곱으로 얻을 수 있기 때문에

$$dV_{\mathrm{em}} = (\boldsymbol{v}\times\boldsymbol{B})\cdot d\boldsymbol{s} \tag{12.5}$$

가 된다. 따라서 닫힌 도체 회로에 생기는 전체 기전력은 식 (12.5)에 따라 적분하면 다음과 같이 된다.

$$V_{\mathrm{em}} = \oint (\boldsymbol{v}\times\boldsymbol{B})\cdot d\boldsymbol{s} \tag{12.6}$$

CHAPTER 12 연습문제

[1] 자석 S극을 코일 쪽으로 놓인 경우를 생각한다. 자석이 정지한 상태에서는 전류는 흐르지 않는다[그림 12.7(a)]. 자석을 코일에 가까이 하면 코일에 전류가 좌측에서 보았을 때는 시계방향으로 흐른다[그림 12.7(c)]. 자석을 정지시키면 전류는 흐르지 않게 된다. 다음으로 자석을 멀리하면 코일에 전류가 반시계방향으로 흐른다[그림 12.7(d)]. 이러한 일이 일어나는 이유를 설명하여라.

[2] 그림 12.7의 경우 자석 N극을 코일 쪽으로 움직이면, 코일에 흐르는 전류는 어떻게 되는가?

[3] 반경 3 cm인 고리에 400회 감겨 있는 코일이 균일한 자기장과 코일 면이 $\pi/6$의 각도로 놓여 있다. 자속밀도를 0.16 T/s의 비율로 감소시킬 때 생기는 유도기전력의 크기와 방향을 구하라.

CHAPTER 13

인덕턴스

저항, 축전기, 코일은 회로를 구성하는 디바이스이다. 저항을 특정 짓는 양은 R, 축전기에서는 C였다. 이 장에서는 코일의 전자기 유도의 세기를 주는 인덕턴스 L를 도입한다. 저항과 코일이 있는 회로에서는 전류를 흘리거나 끊었을 때에 전류가 지수함수적인 시간변화를 하고, 코일과 축전기가 있을 때는 전류가 시간과 함께 진동하는 것을 나타내었다.

13.1 상호 인덕턴스

10.3 절에서는 정상전류가 흐르는 두 개의 평행한 도체 사이에 인력과 척력이 작용하는 것을 기술했다. 이것은 한쪽의 전류가 상대 전류의 장소에 자속밀도를 만들기 때문이었다. 그때 도체로부터 멀어지면 공간의 자속밀도는 약하게 되지만, 어떤 장소에서 자속밀도가 0이 된다고 하는 명확한 경계가 있는 것은 아니다.

Chap. 12 에서 기술한 것처럼 두 개의 코일이 있을 때, 한쪽 전류를 변화시키면 전자기 유도현상이 생긴다. 이 현상은 상호 인덕턴스라고 하는 양을 도입하면 다음과 같이 정식화된다.

두 개의 코일 1과 2가 그림 13.1과 같이 근접해 있는 경우를 생각한다. 코일 1을 흐르는 전류 i_1은 코일 내부에 화살표로 표시한 자속밀도 $\boldsymbol{B}$를 만든다. 이 $\boldsymbol{B}$는 코일 2의 내부에도 영향을 미치고 있어, 자속 Φ_{B2}가 존재한다. 지금 i_1을 변화시키면, 코일 1의 주변의 자속밀도가 변화하기 때문에 코일 2를 통과하는 자속 Φ_{B2}도 변화한다.

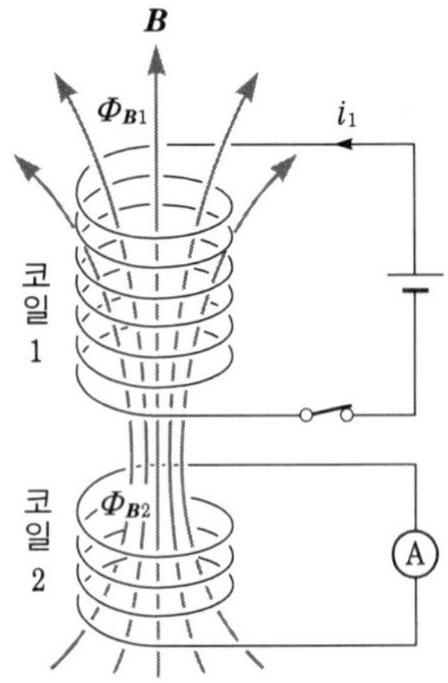

그림 13.1

그 결과 패러데이 법칙에 의해 코일 2에 유도기전력 V_{e2}가 생긴다. 코일 2의 권선수를 N_2라 하면 기전력 V_{e2}의 크기는 식 (12.2)에서

$$V_{e2} = -N_2 \frac{d\Phi_{B2}}{dt} \tag{13.1}$$

이다(방향은 전류 i_1을 증가시킬지, 감소시킬지에 따라 역으로 된다).

전류 i_1의 크기에 비례하여 코일 2 내의 B는 커지게 되기 때문에, 그것에 의한 자속 Φ_{B2}와 i_1에는 비례 관계가 있다. 이것을

$$N_2 \Phi_{B2} = M_{21} i_1 \tag{13.2}$$

로 표시하고, **상호 인덕턴스** M_{21}을 도입하면, 식 (13.1)은

$$V_{e2} = -M_{21} \frac{di_1}{dt} \tag{13.3}$$

로 쓸 수 있다. 이것에 의해

『상호 인덕턴스는 전자기 유도에 의한 기전력을 전류의 시간변화로 표현할 때의 계수』

이다. 이때 「상호」라는 형용사는 두 개의 코일 사이의 양(量)인 것을 나타낸다. 상호 인덕턴스 M_{21}을 정의하는 식 (13.2)는

$$M_{21} = \frac{N_2 \Phi_{B2}}{i_1} \tag{13.4}$$

로 바꿔 쓰는 것도 가능하다.

위의 설명에서 코일 1과 2를 서로 바꿔서 상호 인덕턴스를 생각해 보자. 코일 2를 흐르는 전류 i_2를 변화시키면, 코일 1 내의 자기선속 Φ_{B1}이 변화하기 때문에 코일 1에 유도기전력 V_{e1}를 만든다. 이 현상은 식 (13.3)에서 1과 2를 교환시킨 관계

$$V_{e1} = -M_{12}\frac{di_2}{dt} \tag{13.5}$$

로 표현되고, 비례상수 M_{12}와 M_{21}은 항상 같다는 것을 실험적으로 알았다. 이것은 코일 1이 2에 미치는 효과는 코일 2가 1에 미치는 효과와 같고

『발생원과 상대의 어느 쪽이 1과 2인지를 구별할 이유는 없다』

을 의미하고 있다. 따라서 앞으로는 상호 인덕턴스를 첨자를 사용하여 M으로 표시한다. 여기서 다시 한 번 식 (13.3), 식 (13.5)를 나타내면

$$V_{e2} = -M\frac{di_1}{dt}, \quad V_{e1} = -M\frac{di_2}{dt} \tag{13.6}$$

이고, 식 (13.4)에 대응하는 식은 다음과 같다.

$$M = \frac{N_2 \Phi_{B2}}{i_1} = \frac{N_1 \Phi_{B1}}{i_2} \tag{13.7}$$

상호 인덕턴스의 단위는 전자기 유도를 발견한 사람의 이름에서 따온 **헨리**(H)이다. 식 (13.7)에서

$$1\mathrm{H} = 1\mathrm{Wb/A} = 1\mathrm{V{\cdot}s/A} = 1\Omega{\cdot}\mathrm{s} = 1\mathrm{J/A}^2$$

이다.

▌예제 13.1▌ 단면적이 S이고, 길이 L인 원기둥 모형에 코일이 N_1번 감겨 있는 솔레노이드가 있고, 그 바깥쪽에 코일이 N_2번 감겨져 있다(그림 13.2).

두 개의 코일의 상호 인덕턴스를 구하여라. 또 $L = 50\ \mathrm{cm}$, $S = 25\ \mathrm{cm}^2$, $N_1 = 1000$, $N_2 = 20$ 일 때의 값을 계산하여라.

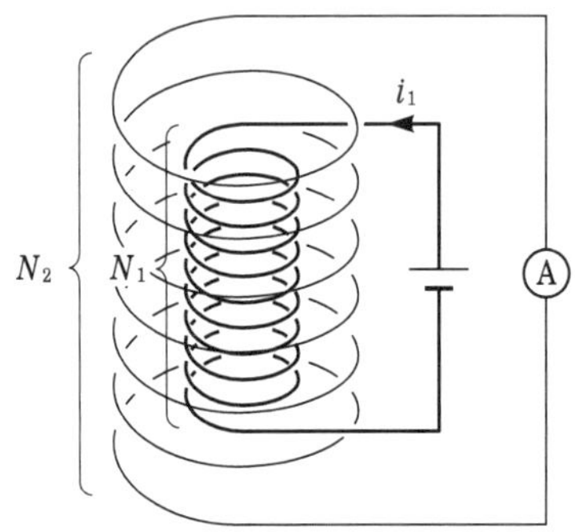

그림 13.2

풀이 솔레노이드 내의 자속밀도는 코일을 흐르는 전류를 i_1 이라 하면, 식 (9.13) 으로부터

$$B_1 = \mu_0 n_1 i_1$$

여기서 소문자 n_1은 단위길이당 권선수로 N_1/L이므로 $B_1 = \mu_0 N_1 i_1/L$이다. 단면을 관통하는 자속은 $B_1 S$이다. 이것은 바깥쪽의 코일 2를 통과한 자속이기도 하다. 즉 상호 인덕턴스 M은 식 (13.7) 로부터

$$M = \frac{N_2 \Phi_{B2}}{i_1} = \frac{N_2 B_1 S}{i_1} = \frac{\mu_0 S N_1 N_2}{L}$$

가 된다. 또 구체적인 값은

$$M = \frac{4\pi \times 10^{-7} \times 2.5 \times 10^{-3} \times 1000 \times 20}{0.5} = 1.3 \times 10^{-4} = 130\,\mu\text{H}$$

가 된다. ■

13.2 자기 인덕턴스

상호 인덕턴스는 두 개의 코일을 생각할 때의 양이지만, 코일 1개만의 경우에서도 전자기 유도가 일어난다. 코일에 전류가 흐르면, 코일 내에 자속밀도가 생기고 자속이 존재한다. 코일의 전류를 변화시키면, 그 자속이 변화한다. 그리고 그 변화를 없애는 자속을 일으키도록 코일의 전류가 변화한다. 이렇게 해서 코일 자신에 유도기전력이 생긴다(그림 13.3). 이것을 **자기유도 기전력**이라 한다.

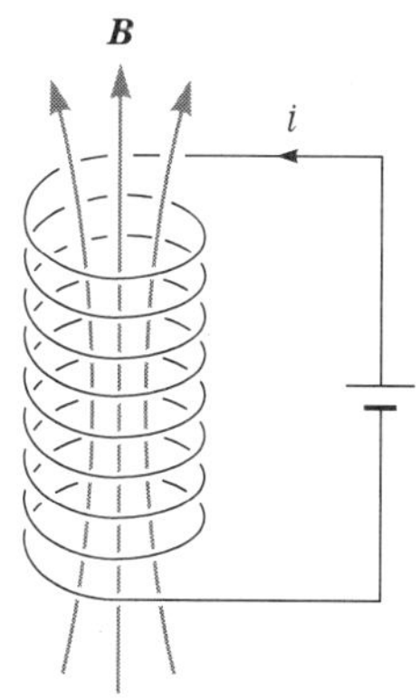

그림 13.3

렌츠의 법칙으로부터, 자기유도 기전력도 그 원인이 된 전류의 변화를 야기시키는 기전력과는 반대방향으로 일으킨다. 또 코일이 N번 감겨 있을 때는 N배가 된다.

자기 인덕턴스를 L로 표시하면, L은

$$L = \frac{N\Phi_B}{i} \tag{13.8}$$

로 정의된다. 이것은 식 (13.4)와 같은 형태이다. 자기 인덕턴스를 간단하게 **인덕턴스**라고 부르는 경우도 있다. 단위는 상호 인덕턴스와 같은 헨리(H)이다.

코일을 흐르는 전류 i가 변화하면, 여기에 생긴 자속 Φ_B도 변화한다. 식 (13.8)을 $N\Phi_B = Li$로 바꿔 쓰고 양변을 시간 t로 미분하면

$$N\frac{d\Phi_B}{dt} = L\frac{di}{dt}$$

가 된다. 여기서 패러데이 법칙 $V_e = -N(d\Phi_B/dt)$를 사용하면, 자기유도 기전력이

$$V_e = -L\frac{di}{dt} \tag{13.9}$$

로 주어진다(코일과 같은 인덕턴스를 갖는 회로소자를 **인덕터**라고 한다). 그 기호는 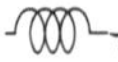을 이용한다.

❚예제 13.2❚ 예제 13.1과 같은 구조의 솔레노이드를 생각한다. 바깥쪽 코일의 전류가 매초 1×10^6 A씩 증가하고 있다. 전류가 흐르기 시작해서 4 μs 후의 시각에 솔레노이드를 관통하는 자속과 유도기전력을 구하여라.

풀이 4 μs 후에 흐르는 전류는 $i_2 = 1\times10^6\times4\times10^{-6} = 4$A. 자속은 식 (13.7)로부터 예제 13.1의 결과 $M = 130\ \mu$H를 사용하면

$$\Phi_{B1} = \frac{Mi_2}{N_1} = \frac{130\times10^{-6}\times4}{1000} = 5.2\times10^{-7}\ \text{Wb}$$

로 된다. 유도기전력은 식 (13.5)로부터

$$V_{e1} = -M\frac{di_2}{dt} = -1.3\times10^{-4}\frac{d}{dt}(1\times10^6 t) = -1.3\times10^2 = -130\ \text{V}$$

이다. ■

코일 양단의 전위차

그림 13.4와 같은 코일과 전원으로 만든 회로를 생각한다. 전원의 내부저항을 변화시킴에 따라 회로의 전류 i를 제어 가능하다고 생각한다. 코일 내에 전자기 유도에 따라 생긴 전기장은 보존력이 아니고, 비보존력(non-conservative)에 의한 전기장이다. 이것을 $\boldsymbol{E}_n$으로 표시한다(이것은 퍼텐셜에서는 유도할 수 없는 전기장이다). 한편, 지금까지 생각해 온 보존력에 의한 전기장을 $\boldsymbol{E}_c$로 표시한다. 식 (12.6)의 $\boldsymbol{v}\times\boldsymbol{B}$를 $\boldsymbol{E}_n$으로

바꾼 식과 식 (13.9)를 조합시키면

$$\oint \boldsymbol{E}_{\mathrm{n}} \cdot d\boldsymbol{s} = -L\frac{di}{dt} \tag{13.10}$$

이 된다. $\boldsymbol{E}_{\mathrm{n}}$은 코일 내에서만 존재하기 때문에 좌변의 일주 적분을 코일의 범위 a ~ b까지로 한정하여도 같기 때문에

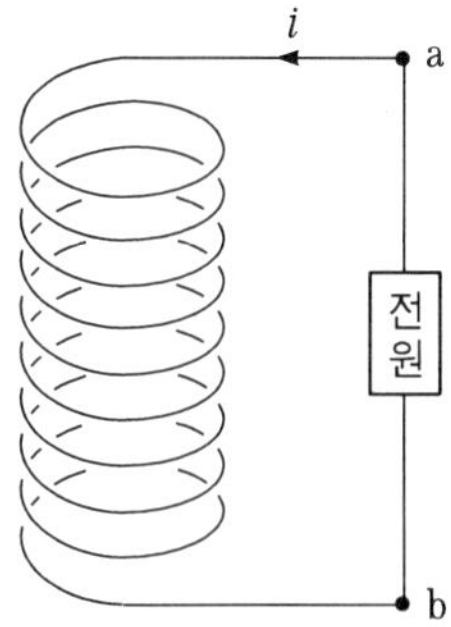

그림 13.4

$$\int_a^b \boldsymbol{E}_{\mathrm{n}} \cdot d\boldsymbol{s} = -L\frac{di}{dt} \tag{13.11}$$

로 쓸 수 있다. 코일의 저항이 무시할 수 있을 만큼 작다고 한다면, 이것은 거의 0인 전기장에서 전하를 코일 내부에서 움직일 수 있다는 것을 의미한다. 그 상황에서는 코일 내의 각 점에서

$$\boldsymbol{E}_c + \boldsymbol{E}_{\mathrm{n}} = 0 \tag{13.12}$$

가 성립된다. 따라서 식 (13.11)은

$$\int_a^b \boldsymbol{E}_{\mathrm{c}} \cdot d\boldsymbol{s} = L\frac{di}{dt} \tag{13.13}$$

이 된다.

3.2절의 식 (3.26)을 생각하면, 이것은 점 b에 대한 점 a에서의 전위차이므로

$$V_{\mathrm{ab}} = V_{\mathrm{a}} - V_{\mathrm{b}} = L\frac{di}{dt} \tag{13.14}$$

가 된다. 이 결과는, 코일의 양단에는 인덕턴스와 그 시각의 전류의 시간 변화율의 곱으로 결정되는 전위차, $L(di/dt)$가 존재한다는 것을 보여주고 있다(그림 13.5). 전류가 a에서 b까지 코일을 흐를 때 전류가 증가($di/dt > 0$)하고 있다면, a에 대해 b의 전위는 $L(di/dt)$만큼 내려가고, 전류가 감소($di/dt < 0$)하고 있다면 전위가 올라간다.

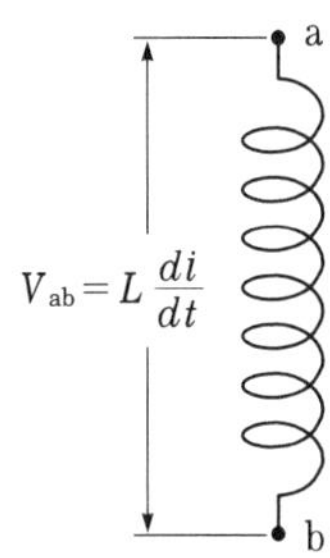

그림 13.5

13.3 자기적인 장의 에너지

다음의 13.4 절에서 보듯이, 코일을 포함한 회로에도 저항을 포함한 회로와 같이, 정상적인 전류를 흘릴 수 있다. 전류의 흐름에 의해 코일은 축척하고 있던 에너지를 소비하기 때문에, 전류가 계속 흐르기 위해서는 회로에 에너지를 주입할 필요가 있다. 그 메커니즘을 설명한다.

그림 13.5 에서 코일에 흐르는 전류 i를 증가시키면, 단자 a , b 사이의 기전력 V_e를 일으켜 전위차 $V_{ab}(V_a > V_b)$가 증가한다. 이때 전원에서 코일로 공급되는 에너지는 각 순간에 $P = V_{ab}i$ 이다. 전류 i를 증가시켜 최종적인 값 I 에 도달할 때까지 코일에 가해준 에너지 U를 자기 인덕턴스 L로 계산해 보자. $V_{ab} = L(di/dt)$ 이므로 $P = Li(di/dt)$ 인 것과 $dU = P\ dt$인 것을 사용한다. dU를 적분하는 것은 $P\ dt$를 t에 대해서 적분하는 것과 같기 때문에, 전류를 0 에서 I까지 증가시키는데 코일에 가한 에너지 U는

$$U = \int dU = \int P\,dt = L\int_0^I i\,di = \frac{1}{2}LI^2 \tag{13.15}$$

이다. 세 번째 등식에서 t에 관한 적분을 i에 관한 적분으로 변환시켰다. 전류 I가 흐르고 있는 자기 인덕턴스 L의 코일에는 이것만큼의 자기적인 장의 에너지가 축적되어 있다.

자기적인 장의 에너지 밀도

4.4 절에서 진공 중에서의 전기장의 에너지 밀도를 도입했다. 같은 방식으로 진공 중에서의 **자기적인 장의 에너지 밀도**를 구하면

$$u = \frac{B^2}{2\mu_0} \tag{13.16}$$

이 된다. 이것은 전기장의 에너지 밀도 $u = \varepsilon_0 E^2/2$ 에 대응한다. 물질 내에서의 자기적

인 에너지 밀도는 식 (13.16)에서 진공의 투자율 μ_0를 그 **물질의 투자율** $\mu(=\mu_r\mu_0)$로 치환시켜

$$u = \frac{B^2}{2\mu} \tag{13.17}$$

로 나타낼 수 있다.

> **▌예제 13.3▌** 자속밀도 $B = 5.5\ \mathrm{T}$가 있을 때, 진공 중에서의 자기적인 장의 에너지 밀도를 계산하여라.

풀이 식 (13.16)에서

$$u = \frac{B^2}{2\mu_0} = \frac{(5.5)^2}{2\times 4\pi\times 10^{-7}} = 1.2\times 10^7\ \mathrm{J/m^3}$$

이 된다. ■

솔레노이드에 축적된 자기적인 장의 에너지와 그 밀도

비투자율 μ_r의 철심에 감겨 있는 길이가 긴 솔레노이드를 생각한다(그림 13.6). 그 길이를 l로, 단면적을 S로, 1 m당 권선수를 n로 한다. 이 솔레노이드에 전류 I를 흘리면, 솔레노이드 내부의 자속밀도는 식 (11.10)에 의해

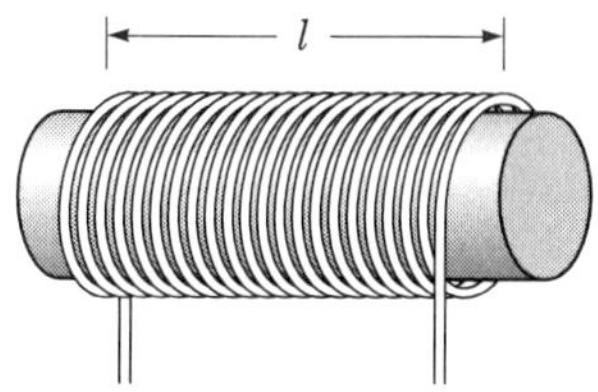

그림 13.6

$$B = \mu_r\mu_0 nI$$

로 주어진다. 이때 솔레노이드 자기 인덕턴스는 (13.8)을 생각하면

$$L = \mu_r\mu_0 n^2 lS$$

가 된다. 이것과 식 (11.10)에서 얻은 $I = B/\mu_r\mu_0 n$을 자기적인 장의 에너지 식 (13.15)에 대입하면

$$U = \frac{1}{2\mu_r \mu_0} B^2 l S \tag{13.18}$$

이기 때문에, 자기적인 장의 에너지 밀도는

$$u = \frac{1}{2\mu_r \mu_0} B^2 \tag{13.19}$$

가 된다. ■

13.4 RL 회로

코일은 저항이나 축전기와 같이 회로의 요소이다. 13.4 절과 13.5 절에서는 코일을 포함하는 회로에서, 전류의 시간변화에 대해 기술한다.

도선에는 저항이 있고 전지에도 내부저항이 있다. 따라서 코일 자신의 저항을 무시했다고 해도 코일을 갖는 회로에는 인덕턴스 L과 저항 R이 공존하고 있다. 저항과 코일을 포함한 회로를 ***RL* 회로**라 한다(그림 13.7).

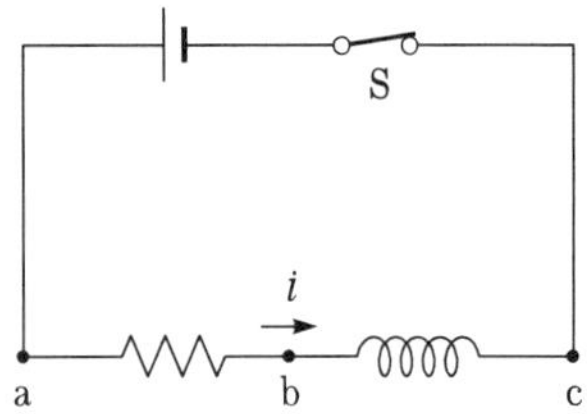

그림 13.7

전류의 시간변화

저항과 코일이 직렬로 일정한 기전력의 전지와 연결되어 있는 회로를 생각하고, 그때 흐르는 전류에 코일이 어떤 작용을 하는지를 알아본다. 먼저, 결론부터 말하면, 코일이 있으면 회로의 전류가 최종적인 정상 값에 도달하기까지 시간이 걸린다. 이것은 코일이 자기유도 기전력을 일으키기 때문이다(13.2 절). 그때 필요한 시간은 L의 크기에 의존한다.

7.3 절에서와 같이, 시간 변화하는 양을 표시하는데 소문자를 사용하여, 전류를 i, 전압을 v로 나타낸다. $t = 0$에 스위치 S를 닫으면, 저항과 코일은 기전력 V_e의 전지에 연결된다. 스위치 S를 닫고 t초 후에 화살표 방향으로 흐르게 되는 회로의 전류를 i, 그때의 전류의 시간변화를 di/dt로 한다. 그 시각에서는 저항 R의 양단의 전위차는

$$v_{\text{ab}} = iR$$

이다. 또 코일의 양단에서의 전위차는

$$v_{\text{bc}} = L\frac{di}{dt}$$

이다. 여기서 키르히호프의 제 2 법칙 식 (7.11)을 사용한다. 회로를 전지의 음극에서 반시계방향으로 생각하면 전지의 기전력은 V_{e}, 저항에 의한 전압강하는 $v_{\text{ab}} = iR$, 코일에 의한 전압강하는 $v_{\text{bc}} = L(di/dt)$ 이기 때문에

$$V_{\text{e}} - iR - L\frac{di}{dt} = 0 \tag{13.20}$$

이 된다. 이 식을 다시 쓰면

$$\frac{di}{dt} = \frac{V_{\text{e}}}{L} - \frac{R}{L}i \tag{13.21}$$

이 된다. 전류 i에 관한 미분방정식 식 (13.21)의 일반해를 구해서 임의의 시각에서의 전류의 상태를 알 수도 있지만, $t = 0$과 충분히 시간이 경과했을 때($t \to \infty$)의 전류의 상태만이라면 일반해를 구하지 않아도 알 수 있다.

다시 말해, S_1을 닫았을 때, 최초는 $i = 0$ 이므로

$$\left(\frac{di}{dt}\right)_{t=0} = \frac{V_{\text{e}}}{L}$$

우변이 $t = 0$ 에서의 전류의 증가 비율에 해당되고, L이 큰 코일일수록 전류의 증가가 느리다. 전류가 증가해 가면, 그것에 동반하여 식 (13.21)의 우변에서 제 2 항이 크게 되기 때문에 좌변의 i의 증가 속도는 감소한다. 전류가 최종적인 일정한 값 I에 도달하면, 증가 속도는 0이 된다. 이때 식 (13.21)은

$$\left(\frac{di}{dt}\right)_{t\to\infty} = 0 = \frac{V_{\text{e}}}{L} - \frac{R}{L}I$$

가 되기 때문에, 일정한 값

$$I = \frac{V_e}{R}$$

가 정해진다. 이와 같이 최종적인 전류의 값은 L에 의존하지 않는다는 것을 알았다.

다음으로 임의의 시각에서 i의 시간변화를 알기 위해서 미분방정식인 식 (13.21)의 일반해를 구한다. 실제 계산은 적분만으로 풀 수 있다. 식 (13.21)을 다시 고쳐 쓰면 변수 i가 좌변에만 있고, 또 t가 우변에만 있는 식으로 다시 고쳐 쓰면

$$\frac{di}{i - V_e/R} = -\frac{R}{L}dt$$

가 된다. 이 좌변을 i로 우변을 t로 적분한다. 여기서 적분 변수 i를 i'로 바꾸고, 적분의 상한을 i로 하면(좌변의 t에 대해서도 같다)

$$\int_0^i \frac{di'}{i' - V_e/R} = -\int_0^t \frac{R}{L}dt'$$

이기 때문에, 좌변에서 $i' - V_e/R = X$로 놓으면, $di' = dX$이므로

$$\int \frac{dX}{X} = [\log|X|]_{-V_e/R}^{i-V_e/R}$$

가 되고

$$\log\left|\frac{i - V_e/R}{-V_e/R}\right| = -\frac{R}{L}t$$

를 얻는다. $x = \log A$의 관계가 있을 때, 양변의 지수함수를 취해 $e^x = A$의 관계가 있는 것을 사용하면

$$i(-\frac{R}{V_e}) + 1 = e^{-Rt/L}$$

결국, L과 R이 기전력과 직렬로 연결되어 있을 때의 전류의 시간변화는

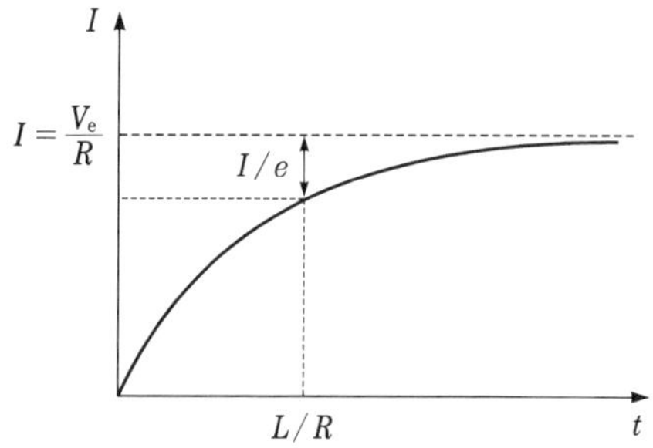

그림 13.8

$$i = \frac{V_e}{R}(1 - e^{-Rt/L}) \tag{13.22}$$

로 주어진다(그림 13.8). 식 (13.22)는 코일이 있는 회로에서는

『전류가 정상적으로 흐르기 위해서는 시간을 필요로 한다』

는 것을 나타내고 있다. 이렇게 식 (13.21)의 일반해를 얻을 수 있다.

식 (13.22)는 $t=0$에서 $i=0$, $di/dt = V_e/L$이라는 초기조건을 만족시키고 있다. $t \to \infty$에서는 $i \to V_e/R$가 되므로 $di/dt = 0$이 된다. 이런 사실들은 식 (13.21)의 일반해를 구하기 전에 나타냈던 것이다. 식 (13.22)는 임의의 시각 t에서의 i와 di/dt의 값을 준다.

예제 13.4 RL회로에 정상 전류 I_0가 흐르고 있는 상태에서 스위치를 끊었을 때($t=0$), 전류는 어떤 시간변화를 하는가? 또 $R = 175\,\Omega$, $L = 69 \times 10^{-3}$H 일 때, 시상수 τ를 구하여라. 시각 $t = 2.3\tau$에서는 스위치를 끊기 직전에 축적되어 있던 에너지의 몇 %가 남아 있는가?

풀이 식 (13.20)에서 $V_e = 0$로 한 식

$$iR + L\frac{di}{dt} = 0$$

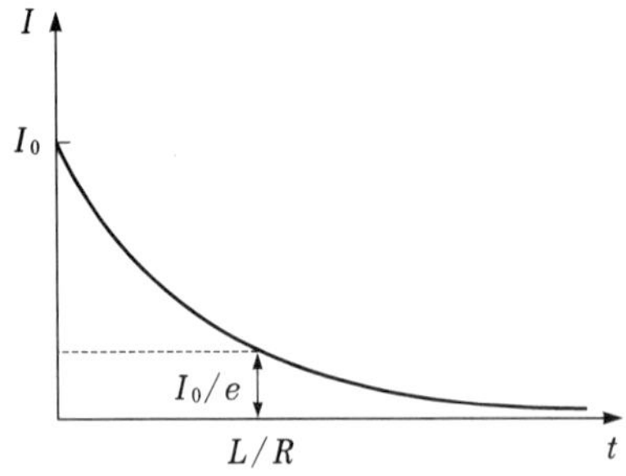

그림 13.9

의 해는

$$i = I_0 e^{-Rt/L}$$

이다(그림 13.9). 시상수는

$$\tau = \frac{L}{R} = \frac{69\times10^{-3}}{175} = 3.9\times10^{-4} = 390\ \mu\text{s}$$

에너지 U는 식 (13.15) 에서

$$U = \frac{1}{2}LI_0^2 e^{-2Rt/L} = U_0\, e^{-2\times2.3} = U_0\, e^{-4.6} = 0.01\, U_0$$

가 되기 때문에 1%가 남아 있다. ■

13.5 LC회로

그림 13.10 에 나타낸 것과 같이 코일과 축전기를 포함한 회로를 ***LC* 회로**라고 한다. 이 회로에서는

『전류가 시간적으로 진동한다』

라는, 지금까지 보지 못한 움직임을 볼 수 있다. 이 현상을 식으로 나타내기 전에

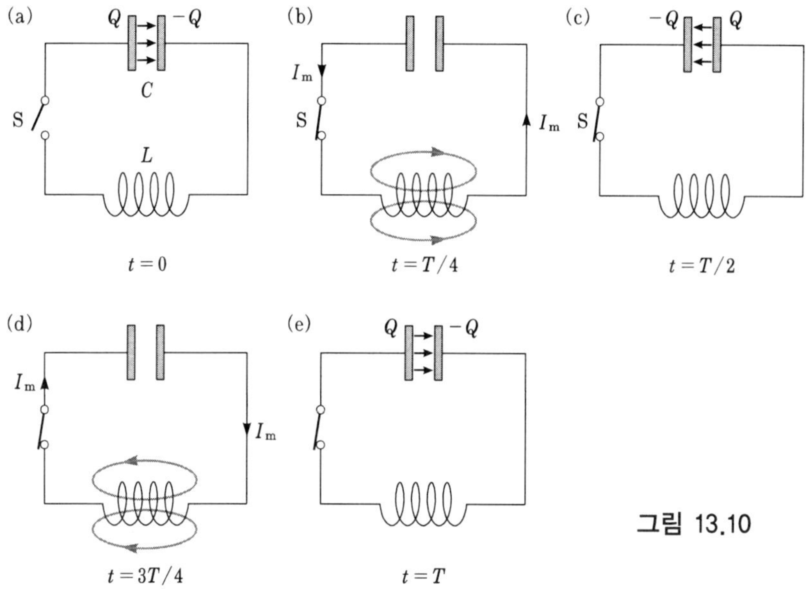

그림 13.10

LC 회로에서 왜 이런 **진동현상**이 일어나는지를 생각해 본다.

전기용량이 C인 축전기를 충전하고, 두 개의 극판 사이의 전위차는 V_m이 되었다고 하자. 그때 좌측의 극판에는 $Q = CV_m$의 전하가, 우측의 극판에는 $-Q$의 전하가 쌓여 있다.

다음에 회로의 스위치를 닫을 때, 코일을 통과하는 전류가 흐르기 시작하고 축전기의 방전이 시작된다. 이때 전류에 의해 코일에는 전류를 방해하는 방향으로 자기유도 기전력이 일어나기 때문에 전류는 순간적으로 변화하는 것이 불가능하다. 즉 전류는 0부터 시작하고 최댓값 I_m이 되기까지에 어느 정도의 시간이 필요하다. 그 사이 축전기는 방전을 계속하고 있다. 각 순간에서 축전기의 전위는 그때 코일에 생기는 자기유도 기전력과 같다(그림 13.9에서 본 것과 같이, 축전기가 방전함에 따라 전류의 변화율은 감소한다). 극판 사이의 전위차가 0이 되면 자기유도 기전력도 0이 된다. 이때 전류는 최댓값 I_m이 되며 그 이상 증가하지 않는다. 그 상황을 나타내는 것이 그림 13.10(b)이다. 이것이 축전기가 완전히 방전했을 때이다.

축전기가 방전하고 있는 동안은 그에 따른 전류가 시간과 함께 증가한다. 이것이 코일의 주위에 자속밀도를 만든다[그림 13.10(b)의 회색의 화살표]. 처음에 축전기의 전기장에 축적되어 있던 에너지는 이러한 과정을 통해 장소를 바꿔 코일 주위의 자기적인 장으로 축적된다.

축전기는 완전히 방전했지만[그림 13.10(b)], 그것과 동시에 전류가 갑자기 0이 되지 않고, 축전기에서는 처음과는 반대로 우측의 극판에 양의 전하가 모이기 시작한다. 전류의 감소와 함께 자속밀도도 감소하기 때문에 전자기 유도에 의한 코일의 기전력이, 이번에는 전류와 같은 방향으로 생긴다. 이것이 전류의 감소를 늦어지게 하고 있다. 최종적으로 전류와 자속밀도는 둘 다 0이 된다[그림 13.10(c)]. 그때 축전기는 처음과 반대방향으로 우측극판에 Q, 좌측극판에 $-Q$로 대전된다. 이렇게, 축전기의 전위차는 $-V_{\mathrm{m}}$이 된다.

다음에, 이제까지 기술한 과정이 회로 내에서 반대방향으로 반복된다. 축전기는 다시 방전하고 코일의 전류는 반대로 흘러[그림 13.10(d)], 그 후 축전기의 전하가 처음의 상태로 돌아간다[그림 13.10(e)]. 이렇게 모든 것이 반복된다. 처음으로부터 지금까지 필요한 시간을 T라 하면, 이것이 진동현상의 주기가 된다. 그림 13.10(a) ~ (e)는 각각 $t=0$, $T/4$, $T/2$, $3T/4$, T에서의 상태를 나타낸다.

이와 같이 축전기의 전하는 진동한다. 이 현상을 **전기진동**이라고 한다.

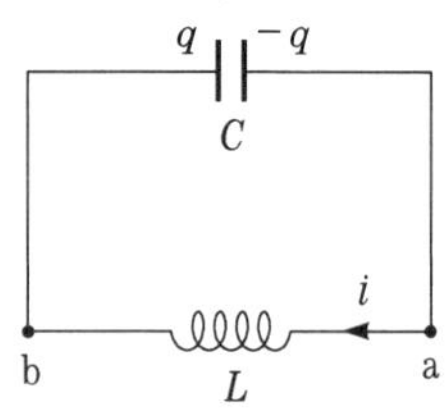

그림 13.11

다음으로 지금 기술한 LC회로에서의 진동현상을 나타내는 식을 유도한다. 그림 13.11에 **키르히호프의 제2 법칙**을 적용한다. 점 a에서 시작하여 회로를 시계 방향으로 돌렸을 때 전압의 합을 생각하면

$$-L\frac{di}{dt}-\frac{q}{C}=0$$

이다. $i=dq/dt$이므로 이 식은

$$\frac{d^2q}{dt^2}+\frac{1}{LC}q=0 \qquad (13.23)$$

이 되고, 역학에서 배운 단진동의 운동방정식과 같은 형태가 된다. 식 (13.23)의 해가

$$q=Q\cos(\omega t+\alpha) \qquad (13.24)$$

로 얻어지는 것은 대입해 보면 알 수 있다. 여기서 Q는 단진동의 진폭, α는 초기 위상, ω는

$$\omega = \frac{1}{\sqrt{LC}} \tag{13.25}$$

로 얻어지는 LC회로에서 진동하는 전류와 전압의 각진동수이다. 따라서 이 회로에 흐르는 전류는 식 (13.24)를 시간 t로 미분하면 다음과 같이 나타낼 수 있다.

$$i = -\omega Q \sin(\omega t + \alpha) \tag{13.26}$$

▌예제 13.5▌ $C = 50\ \mu\text{F}$의 축전기에 출력 전압이 300 V인 전원으로 충전했다. 충전 후에 전원을 끊고 $L = 5$ mH의 코일로 연결했다. 회로에는 저항이 없다고 하고, 회로의 전기진동의 진동수 f와 주기 T를 구하여라. 또 코일과 축전기를 연결하고 나서 1.2 ms 후의 축전기의 전하량 q을 계산하여라.

풀이 $\omega = \sqrt{\dfrac{1}{LC}} = \sqrt{\dfrac{1}{5\times10^{-3}\times50\times10^{-6}}} = \dfrac{1}{5\times10^{-4}} = 2\times10^{3}\ \text{rad/s}$

이므로

$$f = \frac{\omega}{2\pi} = 320\ \text{Hz}, \qquad T = \frac{1}{f} = 3.1\ \text{ms}$$

가 된다. 또

$$Q = CV = 50\times10^{-6}\times300 = 1.5\times10^{-2}\,\text{C}$$

이고, 이것을 진폭으로서 식 (13.24)에서

$$q = 1.5\times10^{-2}\cos\omega t$$

이다. $t = 1.2$ ms에서

$$\omega t = 2\times10^{3}\times1.2\times10^{-3} = 2.4\ \text{rad}$$

이고, 구하고자 하는 전하량 q는

$$q = 1.5\times10^{-2}\cos(2.4) = -1.1\times10^{-2}\,\text{C}$$

이 된다. ■

CHAPTER 13 연습문제

[1] 반경 r의 도넛형 솔레노이드가 있다. 전류를 i, 단면적을 S, 권선수를 N이라 하면, 도넛의 중심에서의 자속밀도 B는 $\mu_0 Ni/2\pi r$인 것을 이용해서 자기 인덕턴스 L을 구하여라.

[2] 100 A의 전류가 흐르고 있는 코일에 1 kW의 전력을 1 시간 사용할 만큼의 에너지를 축적하려면, 코일의 인덕턴스는 어느 정도의 값이 필요한가?

[3] 예제 13.5의 회로에서, $t=0$의 자기적인 장의 에너지와 전기장의 에너지를 계산하여라. 또 $t=1.2$ ms에서 두 개의 에너지를 계산하여라.

CHAPTER 14 교류전류

전류의 크기가 시간에 따라 변화하는 현상을 지금까지 RC 회로(Chap. 7)와 RL 회로(Chap. 13)에서 살펴봤다. 그러나 어느 쪽도 전류가 흐르는 방향은 일정한 직류전류로, 방향이 시간 변화하는 일은 없었다(13.5 절의 LC 회로는 별도). 그런데 우리들이 일상 가정에서 이용하고 있는 전류나 전압은 시간과 함께 정현함수로 변화한다. 이것을 **교류**라 한다. 저항, 축전기, 코일과 같은 디바이스를 갖는 회로에서, 교류전류가 어느 정도 흘러가기 어려운가를 나타내는 양으로 리액턴스를 설명한다.

14.1 교류발전기의 원리

회로에 교류전류를 공급하기 위해서는 **교류기전력**이 필요하다. 그러면 어떻게 하면 교류기전력이 생기는 것일까? 그 원리를 다음의 예제를 생각하면서 설명한다. 이것은 12.1 절에서 기술한 전자기 유도현상의 응용이다.

예제 14.1 균일한 자속밀도 B 내에, 사각형의 도선 코일을 중심축 OO' 가 자속밀도와 수직으로 되도록 놓는다. 그리고 $t = 0$ 에서 코일을 B 에 수직으로 되게 하고, 화살표 방향으로 각속도 ω 로 회전시킨다(그림 14.1). 이 코일에 발생하는 유도기전력을 구하여라.

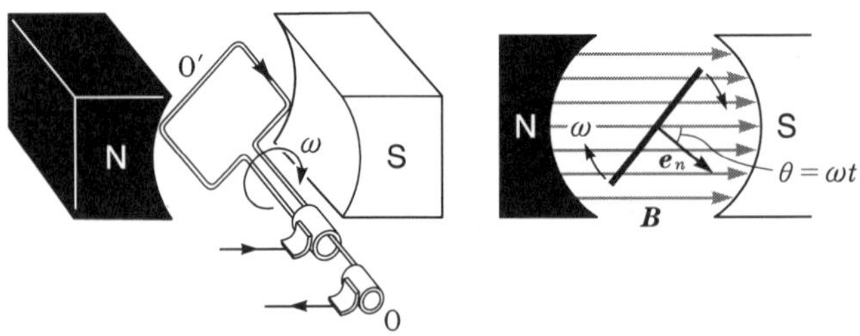

그림 14.1

풀이 코일이 회전하는 것에 의해 코일이 만드는 면의 법선방향과 $\boldsymbol{B}$가 이루는 각도 $\theta = \omega t$로 시간변화를 한다. 코일의 면적을 S라고 하면, 이것을 관통하는 자속 Φ_B의 시간변화는

$$\Phi_B = \boldsymbol{B}\cdot S\boldsymbol{e}_n = BS\cos\omega t$$

로 주어진다($\boldsymbol{e}_n$는 법선방향의 단위벡터). 따라서 전자기 유도에 의해 코일에 발생하는 유도기전력 $V_{\rm em}$은

$$V_{\rm em} = -\frac{d\Phi_B}{dt} = \omega BS\sin\omega t \tag{14.1}$$

이 된다. 렌츠의 법칙으로부터, 이 기전력의 방향은 코일에 화살표 방향의 전류를 흘린다.

그림 14.2 의 최상단에 코일의 기울기를 $\pi/2$마다 표시했다. 대응하는 각 시각에서의

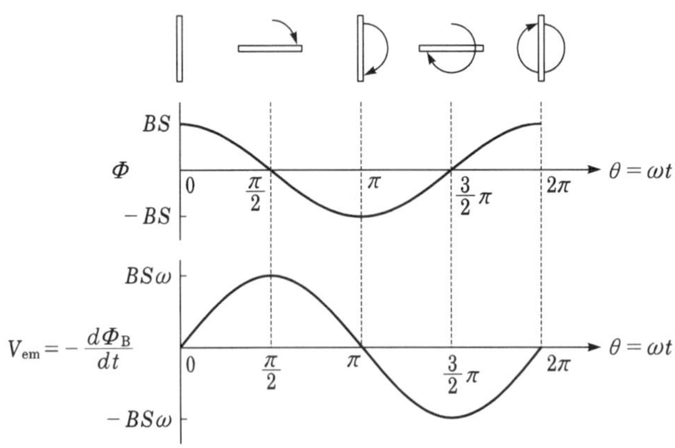

그림 14.2

코일의 면을 관통하는 자속을 중단에, 코일에 발생하는 유도기전력을 하단에 표시했다. 그림에 보이듯이, 자속과 기전력도 시간의 삼각함수이다. 코일이 자속밀도에 수직이고 자속이 최대가 될 때($\theta = 0$, 2π)와 최소가 될 때($\theta = \pi$)에는 자속의 변화율은 0이 된다(그 점에 있어서는 여현함수의 접선의 기울기가 0). 그때 유도기전력도 0이 된다. 유도기전력의 절댓값이 최대가 되는 것은 코일이 $\boldsymbol{B}$와 평행일 때($\theta = \pi/2$, $3\pi/2$)이다. 그 이유는 그때 자속의 변화가 가장 크기 때문이다(그 점에 있어서의 여현함수의 접선의 기울기가 최대).

코일이 반회전하고 코일의 앞뒤가 반대로 되면 유도기전력의 방향도 반대로 된다. 그 이유는 이때 자속이 최솟값으로부터 증가하기 시작하기 때문이다(앞쪽일 때는 자속이 계속 감소한다). 또는 면적벡터로 말하면, 역방향으로 된다.

이 기전력은 그림 14.2에서 보듯이, $T = 2\pi/\omega$인 주기함수이다. **교류주파수**는

$$f = \frac{\omega}{2\pi} \tag{14.2}$$

이고, 이것이 1초 사이에 전압의 양과 음이 교체하는 횟수이다. ■

14.2 교류전류

예제 14.1에 나타낸 것처럼 시간과 함께

$$v = V\cos\omega t \tag{14.3}$$

으로 변동하는 전압 v를 **교류전압**이라 한다. 여기서 V를 **전압진폭**이라 한다. V는 교류전압의 최댓값에 해당한다.

폐회로에서 전기저항 R의 양단에 교류전압 v를 가하면, 옴의 법칙

$$v = Ri \tag{14.4}$$

로 결정되는 **교류전류** i가 흐른다. i의 시간변화는 v와 같고

$$i = I\cos\omega t \tag{14.5}$$

이다. 여기에서 I를 **전류진폭**이라 한다. 이때 전류와 전압의 진폭 사이에는 직류일 때와 동일하게 **옴의 법칙**

$$V = RI \tag{14.6}$$

가 성립된다. 식 (14.3), (14.5)에서 보았듯이, 교류전류와 교류전압의 시간변화는 같은 $\cos\omega t$이고 주기 $T\,(=2\pi/\omega)$는 같다.

일반적으로 회로 내의 전류가

$$i = I\cos\omega t$$

이고, 임의의 두 점 사이의 전압을

$$v = V\cos(\omega t + \phi) \tag{14.7}$$

로 나타냈을 때, ϕ을 **위상각**이라 한다. 위상각은 전류를 기준으로 했을 때 전압의 위상이다. 저항을 포함한 회로의 경우는 위상각이 0이다. 회로에 코일이나 축전기가 있을 때 전압과 전류에 위상차가 있다는 것은 14.3절에서 설명한다.

교류전류는 시간의 주기함수로서 I부터 $-I$까지의 값을 연속적으로 갖는다. 시시각각 변화하는 교류전류의 크기를 한 개의 값으로 나타내는 어떤 양이 필요하다. 교류전류의 1주기에서의 시간평균을 취한 것에서는 양과 음의 기여가 서로 상쇄되어 0이 되기 때문에 교류전류의 크기를 나타낼 수 없다. 이러한 경우에 평균값을 부여하는 것이 **제곱평균**(root mean square, rms)이라고 불리는 것으로, 제곱해서 양의 값으로 한 것의 평균의 제곱근이다. 즉 전류의 제곱의 1주기에서의 평균값 $\langle i^2 \rangle$을 계산하고, 이 값의 제곱근을 취해 전류 차원의 양으로 되돌린 것을 **전류의 실효값** I_e로서 이용하는 것이다.

시간의 주기함수인 양(量) A의 1주기에서의 **평균값**을 $\langle A \rangle$로 나타낸다. 평균값은 그 양을 1주기에 걸쳐 적분한 것을 주기로 나누면 얻을 수 있다. 구체적인 식으로 나타내면

$$< A > = \frac{1}{T}\int_0^T A(t)\,dt = \frac{\omega}{2\pi}\int_0^{2\pi/\omega} A(t)\,dt \tag{14.8}$$

이다. 가장 우측 변으로의 변형에서 계수 $1/T$과 적분의 상한 T를 $T=2\pi/\omega$의 관계에 의해 ω로 나타냈다. 식 (14.8)을 사용해 전류의 제곱평균을 계산하면

$$\begin{aligned} < i^2 > &= < I^2\cos^2\omega t > = \frac{I^2}{2}< 1+\cos 2\omega t > \\ &= \frac{I^2}{2}< 1 > + \frac{I^2}{2}< \cos 2\omega t > = \frac{I^2}{2} \end{aligned}$$

을 얻는다. 여기에서

$$< 1 > = \frac{\omega}{2\pi}\int_0^{2\pi/\omega} dt = 1 \tag{14.9}$$

$$< \cos 2\omega t > = \frac{\omega}{2\pi}\int_0^{2\pi/\omega} \cos 2\omega t\,dt = \frac{1}{4\pi}\left[\sin 2\omega t\right]_0^{2\pi/\omega} = 0 \tag{14.10}$$

을 사용했다. 따라서 전류의 실효값 I_e는

$$I_e = \sqrt{< i^2 >} = \frac{I}{\sqrt{2}} \tag{14.11}$$

이다. 그림 14.3 에 실효값을 점선으로 표시했다. 전압에 대해서도 동일하게 생각하면

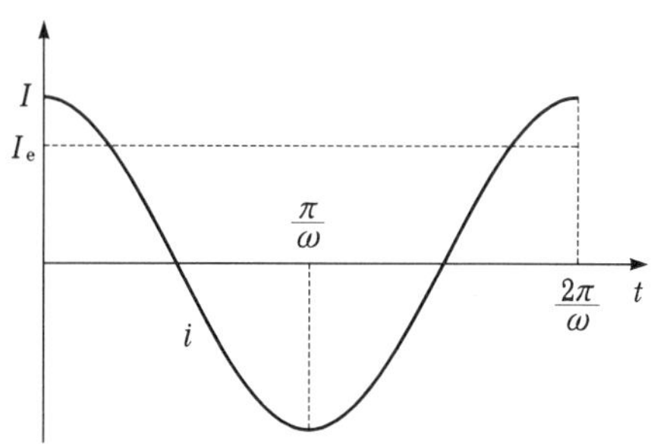

그림 14.3

$$V_e = \frac{V}{\sqrt{2}} \tag{14.12}$$

가 된다. 따라서 전류와 전압의 실효값에 대해서도 옴의 법칙

$$V_e = RI_e \tag{14.13}$$

이 성립한다.

교류전류계, 전압계의 눈금은 실효값을 나타내도록 만들어져 있다. 보통 가정에서 사용하고 있는 전압이 220 V 라고 하는 것은 실효값으로 $V_e = 220\text{ V}$ 라는 의미이기 때문에 전압의 순간 최댓값은 $\sqrt{2}\,V_e \approx 311\text{ V}$ 이다.

▌예제 14.2▐ 220 V, 60 Hz 에서 2.7 A 의 전류가 흐른다고 표시된 기구가 있다. 전류의 평균값은 얼마인가? 또 전류의 최댓값은 얼마인가?

풀이 교류전류이기 때문에 시간적인 평균값은 0 이다. 또 전류의 최댓값은 $\sqrt{2} \times 2.7 = 3.8\text{ A}$ 이다. ■

14.3 저항과 리액턴스

Chap. 13 에서는 회로를 구성하는 요소인 저항, 코일, 축전기 등의 디바이스를 포함하는 회로로 직류전류의 움직임을 알아봤다. 이 절에서는 그러한 회로에 교류전류가 흘렀을 때의 전류와 전압의 관계를 생각한다.

먼저 저항 R을 갖는 회로에 교류전류가 흐르는 경우를 생각한다(그림 14.4). 회로의 그림에서 **교류전원**을 타나내는 기호는 ㉤이다. 옴의 법칙으로부터 시각 t 에서 저항의 양쪽 단자 a 와 b의 전위차는(시간변화하는 양이기 때문에 소문자로 표시)

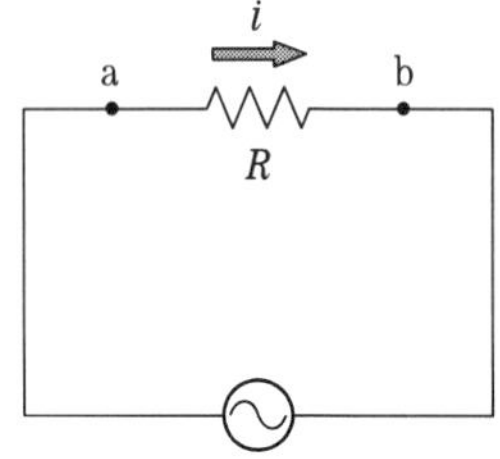

그림 14.4

$$v_R = iR = IR\cos\omega t \tag{14.14}$$

이다. 이때 전압진폭 V_R은 $\cos\omega t$의 계수이기 때문에

$$V_R = IR \tag{14.15}$$

이고, 교류전압은

$$v_R = V_R\cos\omega t \tag{14.16}$$

으로 나타낼 수 있다. 즉 **저항이 있을** 때의 **교류회로**에서는 i와 v_R의 시간변화는 둘 다 $\cos\omega t$로 위상이 일치하고 있다(그림 14.5). 양자의 차이는 진폭 I와 V_R뿐이다. 교류회로에서 i와 v_R이 같은 위상인 것은 코일과 축전기를 포함하지 않는 경우의 특징이다.

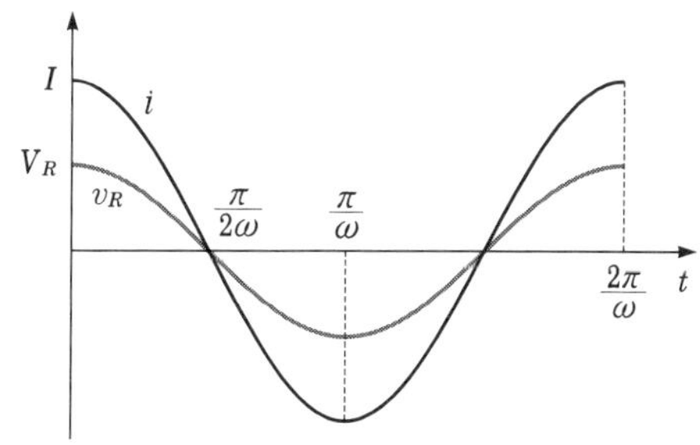

그림 14.5

교류회로의 코일

회로의 저항 R을 자기 인덕턴스 L의 코일로 바꿔 놓은 경우에 교류전류 $i = I\cos\omega t$가 흐르는 코일의 양단의 전압을 생각한다(그림 14.6). 코일의 저항을 0라고 가정하면, 코일에서의 정상전류에 의한 전압강하는 없다. 그러나 전류가 시간적으로 변해 자기유도기전력 $V_e = -L(di/dt)$를 발생시킨다.

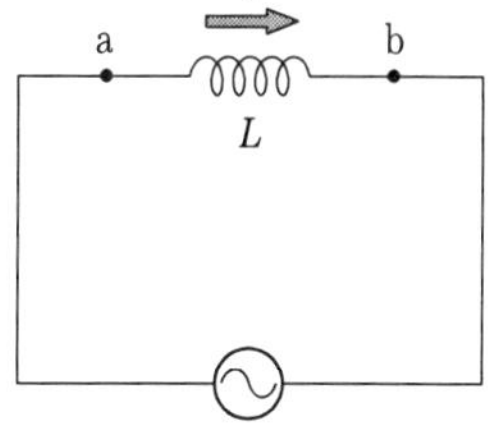

그림 14.6

지금 코일을 흐르는 전류가 시계방향으로 돌며 증가하고 있는 경우($di/dt > 0$)에는 유도기전력이 왼쪽방향으로 발

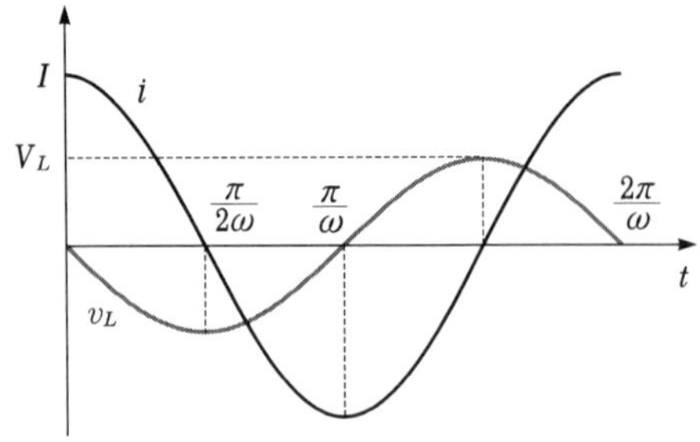

그림 14.7

생하고 전류가 증가하는 것을 방해한다. 그 효과에 의해 a의 전위는 b의 전위보다 양의 값 $v_L = L(di/dt)$ 만큼 높아진다(코일의 단자 a, b 사이의 전위차 v_L은 유도기전력의 부호를 바꾼 것이다). 이때

$$v_L = L\frac{d}{dt}(I\cos\omega t) = -I\omega L\sin\omega t \tag{14.17}$$

이다. i와 v_L을 그림 14.7에 나타낸다. 식 (14.17)은

$$v_L = I\omega L\cos\left(\omega t + \frac{\pi}{2}\right) \tag{14.18}$$

로 나타낼 수 있고, 전압은 전류에 대해 위상이 항상 $\pi/2$ 앞서 있는 것을 알 수 있다.

식 (14.18)에서 **코일의 전압진폭**을 V_L이라고 하면

$$V_L = I\omega L \tag{14.19}$$

이다. 이렇게 L를 포함하는 회로에서의 전압의 진폭은 V_L이다. 식 (14.19)를 식 (14.15)와 비슷한 형태의

$$V_L = IX_L \tag{14.20}$$

으로 나타내고, **유도 리액턴스** X_L을 도입한다.

$$X_L = \omega L \tag{14.21}$$

이것은 코일에 의한 교류전류의 흐르기 어려움 정도를 나타내는 양이며 **X_L의 단위**는 저항과 같은 옴(Ω)이다.

유도 리액턴스는 코일의 전류가 변화했을 때, 그 변화를 방해하려고 작용하는 자기 유도기전력에 기인하고 있다. 식 (14.18), (14.19)를 보면, v_L도 V_L도 X_L에 비례하고 있는 것을 알 수 있다.

▌예제 14.3▌ 주파수 1.6 MHz에서 전압진폭 3V의 교류전압을 사용하여 코일에 진폭이 200 μA인 전류를 이용하려면, 코일의 유도 리액턴스 X_L과 인덕턴스 L의 값은 얼마인가? 또 이 코일에서 주파수를 16 MHz로 바꿨을 경우에 흐르는 전류진폭을 구하여라.

풀이 $$X_L = \frac{V_L}{I} = \frac{3}{200 \times 10^{-6}} = 15\ \mathrm{k\Omega}$$

$$L = \frac{X_L}{\omega} = \frac{15 \times 10^3}{2\pi \times 1.6 \times 10^6} = 1.5 \times 10^{-3} = 1.5\ \mathrm{mH}$$

이 된다. 또 식 (14.19)에서 I는 ω에 반비례하기 때문에, 구하려는 전류진폭은 16 MHz일 때는 1.6 MHz에서의 값의 1/10인 20 μA가 된다. ■

교류회로의 축전기

전기용량이 C인 축전기를 교류전원에 연결했을 때 전류와 전압의 시간변화에 대해 알아본다. 그림 14.8에 나타낸 회로에서 전류의 양의 방향을 시계방향이라고 한다. 축전기를 교류전원으로 충전할 때, 어느 순간을 생각하면 좌측의 극판에 i가 흘러 들어가고, 우측의 극판으로 동일한 i가 흘러 나간다(이때, 극판 사이에는 11.2절에서 서술했던 변위전류가 흐른다).

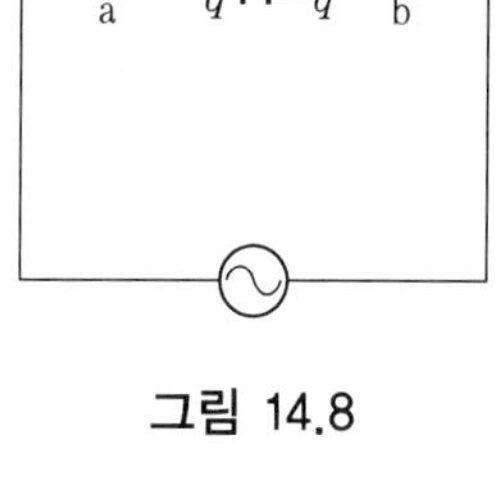

그림 14.8

어느 시각에 축전기에 발생하는 전압 v_C(단자 b에 대한

a의 전위)를 구하려면 전하 $+q$가 축전기의 좌측 극판에 축적되고 있다고 생각한다(라고 하는 것은 우측 극판에는 $-q$가 축적되어 있다). 전류 $i = dq/dt$의 부호를 좌측 극판의 전하가 증가하는 경우에 양이라고 정의하면, 식 (14.5)와 같은

$$i = \frac{dq}{dt} = I \cos \omega t$$

의 관계이다. 이것을 시각 0에서 t의 범위에서 적분하면

$$\int_0^t i\, dt = q = \int_0^t I \cos \omega t\, dt = \frac{I}{\omega} \sin \omega t \tag{14.22}$$

가 된다. 축전기의 전압 v_C는 $v_C = q/C$의 관계가 있기 때문에

$$v_C = \frac{I}{\omega C} \sin \omega t \tag{14.23}$$

이 된다. 결국, **축전기**가 있는 회로의 **전압진폭**은

$$V_C = \frac{I}{\omega C} \tag{14.24}$$

이다.

전류 i와 v_C의 위상차를 알기 위해서는 식 (14.23)을 여현함수를 사용해 나타내면

$$v_C = \frac{I}{\omega C} \cos\left(\omega t - \frac{\pi}{2}\right) \tag{14.25}$$

이기 때문에 전압은 전류에 대해 위상이 항상 $\pi/2$만큼 뒤진다(그림 14.9). 따라서 축전기를 포함하는 회로의 전압의 진폭은 V_C이다.

여기에서

$$X_C = \frac{1}{\omega C} \tag{14.26}$$

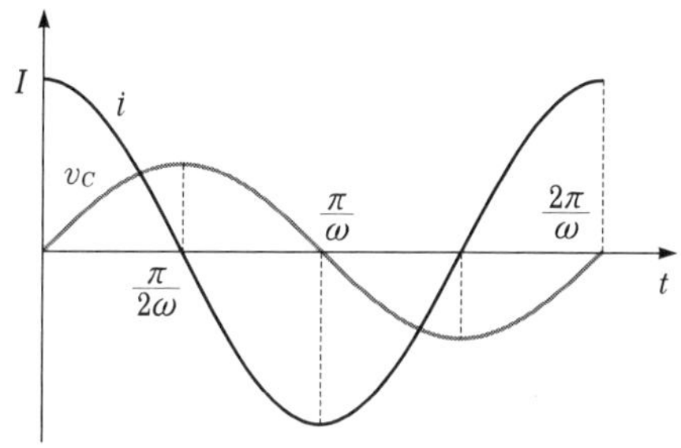

그림 14.9

라고 하고, **용량 리액턴스**라는 양을 정의하면

$$V_C = I X_C \tag{14.27}$$

의 관계가 있다. 이것은 코일의 경우의 유도 리액턴스 식 (14.20)과 동일한 형태의 식이다. 용량 리액턴스는 축전기에 의한 교류전류의 흐르기 어려움 정도를 나타낸다.

|예제 14.4| 150 Ω의 저항과 4 μF의 축전기가 직렬로 연결되어 있는 회로가 있다. 저항의 양단에 걸려 있는 교류전압은 1.2 cos (1500 t)의 시간변화를 하고 있다(단위는 V).

(a) 회로에 흐르는 전류 i를 구하여라.

(b) 축전기의 리액턴스 X_C를 구하여라.

(c) 축전기의 양단의 전위차 V_C를 계산하여라.

풀이 (a) 식 (14.14)에서

$$i = \frac{v_R}{R} = \frac{1.2\cos(1500\,t)}{150} = 8\times10^{-3}\cos(1500\,t)$$

가 된다. 이때 전류진폭은 $I = 8\times10^{-3}$ A이다.

(b) 시간변화가 cos (1500 t)이기 때문에, $\omega = 1500$이다. 식 (14.26)을 사용하면

$$X_C = \frac{1}{\omega C} = \frac{1}{1500 \times 4 \times 10^{-6}} = 1.7 \times 10^2\,\Omega$$

로 구해진다.

(c) 식 (14.27)에 (a), (b)의 결과를 이용하면

$$V_C = IX_C = 8 \times 10^{-3} \times 170 = 1.36\,\mathrm{V}$$

가 된다. ■

LRC 회로

그림 14.10에 나타나 있는 것처럼 저항, 코일, 축전기와 교류전원이 직렬로 연결된 회로(***LRC* 회로**)에서 저항에 해당하는 양으로서 임피던스라는 양을 도입한다. 전원이 공급하는 전류를 $i = I\cos\omega t$라고 한다. R, L, C의 양단에 발생하는 전압을 각각 v_R, v_L, v_C라 하고, 그 최댓값을 V_R, V_L, V_C라고 한다. 회로에 있어서 a ~ d의 각 단자 간의 전압은 $v = v_{\mathrm{ad}}$, $v_R = v_{\mathrm{ab}}$, $v_L = v_{\mathrm{bc}}$, $v_C = v_{\mathrm{cd}}$이다. 여기에서 v_R, v_L, v_C는 전부 양의 값이고, a와 d 사이에서 양의 전위차를 갖는다. 한편, 교류전원은 d에서 a에 도달할 때 전위를 v만큼 높이기 때문에 $v = v_R + v_L + v_C$가 성립하고 있다.

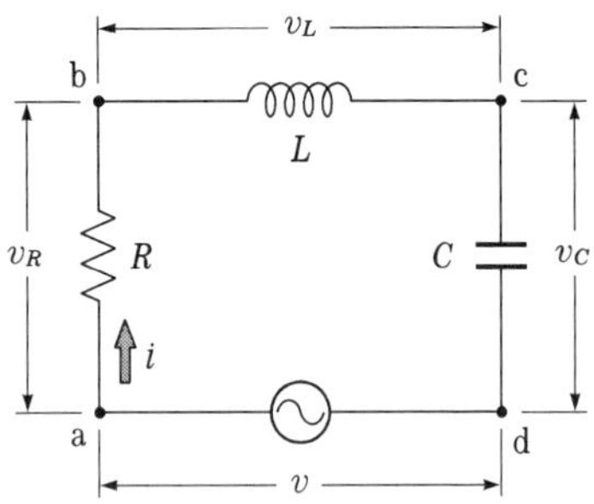

그림 14.10

그림 14.10에 있어서 저항의 양단의 전압은 전류와 위상이 동일하며 $V_R = IR$이지만[그림 14.11(a)], 코일의 양단에 나타나는 전압의 크기는 $V_L = IX_L$이며, 위상은 I보다 $\pi/2$만큼 앞선다[그림 14.11(b)]. 축전기 양단의 전압은 $V_C = IX_C$이며 위상이 I보다 $\pi/2$만큼 뒤진다[그림 14.11(c)]. 이와 같이 위상이 다른 전압을 발생시키는 디바이스를 직렬로 연결한 회로에 있어서, 전류와 전압의 관계를 서술한다.

그림 14.12에 $X_L > X_C$인 경우를 나타냈다. 그림에서 보듯이,

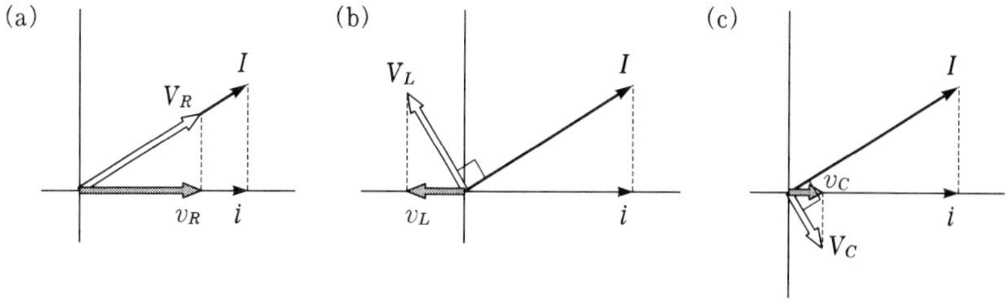

그림 14.11

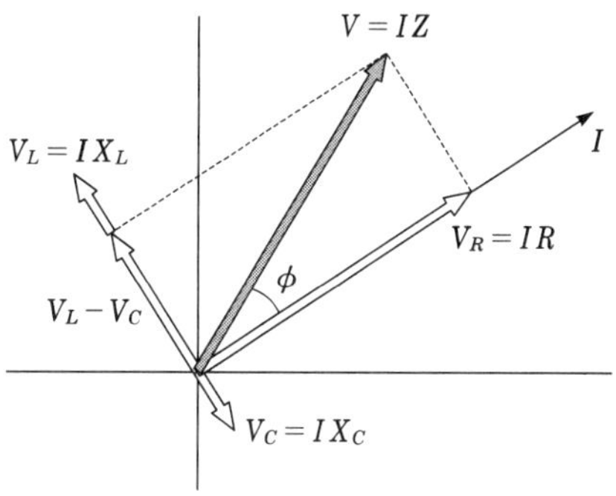

그림 14.12

$$V = \sqrt{V_R^2 + (V_L - V_C)^2} \tag{14.28}$$

의 관계가 있다. 식 (14.28)은 회로의 교류전압의 진폭을 각 디바이스의 양단에 나타나는 전압의 진폭으로 나타낸 것이다. 이것을 식 (14.15), (14.20), (14.27)을 사용해 다시 쓰면

$$V = I\sqrt{R^2 + (X_L - X_C)^2}$$

이 된다. 여기에서

『교류회로의 **임피던스** Z라고 하는 양을 전압진폭과 전류진폭의 비로 정의한다』

라고 하면,

$$Z = \sqrt{R^2 + (X_L - X_C)^2} \tag{14.29}$$

가 된다. 이것을 이용하면, 전류와 전압의 관계가

$$V = IZ \tag{14.30}$$

이라고 쓸 수 있기 때문에 임피던스 Z는 L, C가 있을 때의 저항에 상당하는 양이라고 생각할 수 있다. 즉 X_L, X_C에 식 (14.21), (14.26)을 사용하면, Z는 R, C, L로 나타낼 수 있고

$$Z = \sqrt{R^2 + \left(\omega L - \frac{1}{\omega C}\right)^2} \tag{14.31}$$

이 된다.

14.4 교류회로의 전력

교류회로에서 전류 i(진폭이 I)가 흐르는 회로의 디바이스(R, C, L)를 포함한 순간적인 전위차를 v(진폭을 V)라고 할 때, 이 디바이스의 순간적인 전력은 $p = vi$이다.

저항만이 있은 회로에서는 v와 i는 동일한 위상이고[그림 14.11(a)] **전력의 평균값**을 P_{av}라고 하면

$$P_{\mathrm{av}} = \frac{1}{2} VI \tag{14.32}$$

이다. 이것은

$$P_{\mathrm{av}} = \frac{V}{\sqrt{2}} \frac{I}{\sqrt{2}} = V_{\mathrm{rms}} I_{\mathrm{rms}} \tag{14.33}$$

라고도 쓸 수 있다. 또 $V_{\mathrm{rms}} = I_{\mathrm{rms}} R$이기 때문에

$$P_{\mathrm{av}} = I_{\mathrm{s}}^2 R = \frac{V_{\mathrm{s}}^2}{R} \tag{14.34}$$

라고 쓸 수 있다.

L만 있는 회로에서는 $v = v_L$는 i보다 위상이 $\pi/2$만큼 앞서고 있기 때문에, v와

i의 곱 p의 시간평균 P_{av}는 0이 된다. C만 있는 회로에서는 $v = v_C$의 위상이 i보다 $\pi/2$만큼 뒤져 있기에 역시 P_{av}는 0이 된다.

저항, 축전기, 코일 등으로 임의로 조합되어 있는 회로에서는 이들의 크기로 결정되는 위상각 ϕ를 사용해

$$\begin{aligned} p = vi &= V\cos(\omega t + \phi) \times I\cos\omega t \\ &= VI\cos\phi\cos^2\omega t - VI\sin\phi\cos\omega t\sin\omega t \end{aligned}$$

라고 쓸 수 있다. 제2항의 시간평균은 $< \cos\omega t > = < \sin\omega t > = 0$이기 때문에 0이 되고, 평균전력은

$$P_{\mathrm{av}} = \frac{1}{2}VI\cos\phi = V_{\mathrm{rms}}I_{\mathrm{rms}}\cos\phi \tag{14.35}$$

가 된다(L과 C 중 하나만 있는 경우는 $\phi = \pm\pi/2$이기 때문에 $P_{\mathrm{av}} = 0$이다).

CHAPTER 14 연습문제

[1] 100 Ω인 저항과 8 μF인 축전기를 직렬로 연결한 회로가 있고 저항의 양단에 $v_R = 1.2\cos(2500\,t)$의 전압을 가한다.

(a) 회로의 전류를 나타내는 식을 구하여라.

(b) 축전기의 용량 리액턴스를 구하여라.

(c) 축전기의 양단의 전압을 구하여라.

[2] $R = 100\ \Omega$, $L = 20\ \text{mH}$, $C = 1\ \mu\text{F}$, $V = 50\ \text{V}$, $\omega = 10000\ \text{rad/s}$인 회로에서 X_L, X_C, Z, I, ϕ, V_R, V_L, V_C의 값을 계산하여라. 또 답에서 $V_R + V_L + V_C \neq V$인 것은 왜일까?

[3] 헤어드라이기를 100 V, 1200 W에서 사용할 때의 저항과 제곱평균 전류 I_{rms}를 계산하여라.

CHAPTER 15

전자기파

코일 내의 자속의 시간변화에 의해 유도 전기장이 발생한다는 전자기 유도현상에 대응해 축전기의 극판 사이의 전기장이 시간변화하면 자기장이 유도된다. 결국, 전기장과 자기장이 시간변화할 때 이들은 떼어낼 수 없다. 이러한 시간변화하는 전자기적인 장은 공간에서 파로서 전달된다. 이 장에서는 파의 기본적인 성질을 설명하고 나서 전자기파에 대해 설명한다.

15.1 맥스웰 방정식과 전자기파

지금까지 여러 가지 전기현상 각각에 대응하는 자기현상이 있다는 것을 알았다. 또한, 전류가 자속밀도를 발생시키거나 자속의 변화가 유도기전력을 발생시키듯이, 전기와 자기가 상호적으로 서로 작용한다는 것도 알았다.

실제로 자속의 시간변화에 의해 유도전기장을 발생시키는 현상은 패러데이의 법칙(12.2 절)에서 기술되었고, 시간변화하는 전기장이 자속밀도를 유도하는 현상은 맥스웰-앙페르의 법칙(11.2 절)에서 표현되었다.

전기와 자기를 통일하는 방정식

맥스웰은 전기장과 자기적인 장의 관계를 확실한 이론으로 정리해 전기와 자기를 통일적으로 이해할 수 있게 했다. 그것은

『전기장과 자속밀도는 공간적으로도 시간적으로도 변화하는 파로서 존재한다』

라고 하는 것이다. 맥스웰은 1865 년에 전기장과 자속밀도가 일체가 되어 자유공간을 빛의 속도로 전달되는 것을 증명했다. 이것이 15.3 절에서 서술하는 전자기파이다. 우리가 보는 빛도 전자기파의 하나라는 것을 맥스웰 방정식으로부터 말할 수 있다.

시간변화하는 전기장과 자속밀도

15.4 절에 나타내듯이, 전기장과 자속밀도의 파는 공간적으로도 시간적으로도 정현함수로 나타낼 수 있다. 결국, 전기장도 자속밀도도 정해진 진동수와 파장을 갖는 파이다. **전자기파**에는 가시광선, 라디오파, X선 등이 포함되어 있지만, 이들의 속도는 같고 파장(진동수라고도 한다)만이 다르다. 각각의 파장 영역을 표 15.1 에 나타낸다.

표 15.1 전자기파의 종류

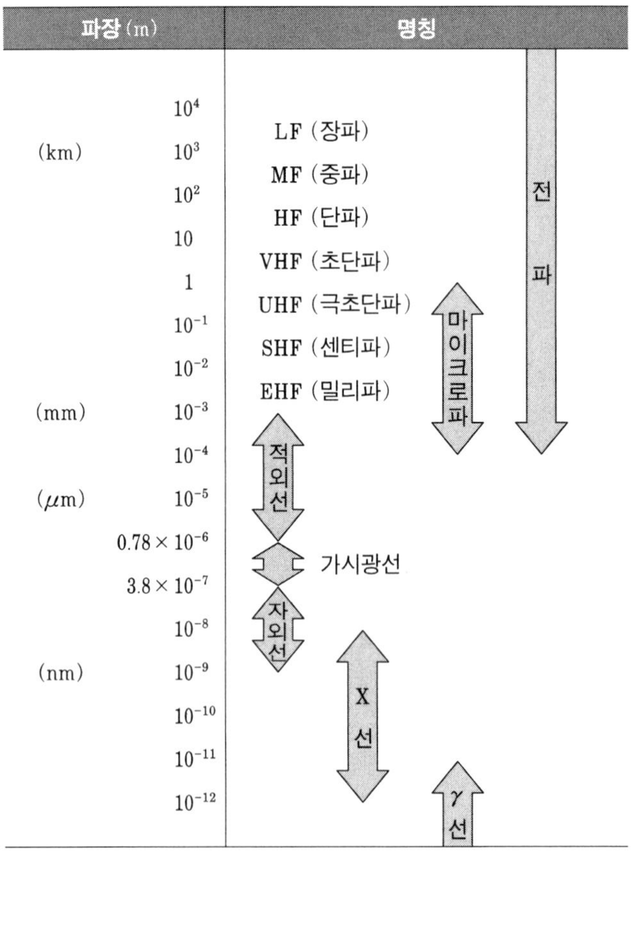

맥스웰 방정식

전자기학의 기본적인 법칙은 **맥스웰 방정식**이라고 불리는 네 개의 식으로 정리할 수 있다. 이 절에서는 진공 속의 전자기현상에 관한 맥스웰 방정식을 논한다. 물질 속에서의 맥스웰 방정식에 대해서는, 마지막인 15.6 절에서 접하겠다. 네 개의 식은 모두 지금까지의 장에서 이미 설명한 것이다. 처음의 두 개의 식은 식 (2.20) 의 **전기장에 관한 가우스 법칙**

$$\int \boldsymbol{E} \cdot d\boldsymbol{S} = \frac{Q}{\varepsilon_0} \tag{15.1}$$

과 식 (8.9) 의 **자속밀도에 관한 가우스 법칙**

$$\int \boldsymbol{B} \cdot d\boldsymbol{S} = 0 \tag{15.2}$$

이다. 이 두 개의 식의 좌변은 각각 전기장 $\boldsymbol{E}$ 와 자속밀도 $\boldsymbol{B}$ 의 폐곡면상에서의 적분이다. 세 번째가 식 (11.6) 의 변위전류 $i_{\mathrm{D}} = \varepsilon_0(d\Phi_E/dt)$ 를 포함하는 **맥스웰–앙페르의 법칙**

$$\oint \boldsymbol{B} \cdot d\boldsymbol{s} = \mu_0\left(i_{\mathrm{C}} + \varepsilon_0 \frac{d\Phi_E}{dt}\right) \tag{15.3}$$

이다. 네 번째의 식이 **패러데이의 법칙**(12.1) 에서 기전력을 $\oint \boldsymbol{E} \cdot d\boldsymbol{s}$로 나타낸

$$\oint \boldsymbol{E} \cdot d\boldsymbol{s} = -\frac{d\Phi_B}{dt} \tag{15.4}$$

이다. 식 (15.3)과 식 (15.4)의 적분은 폐곡면을 따른 선적분이다.

식 (15.1) ~ (15.4) 인 네 개의 식을 정리해 진공 중의 맥스웰 방정식이라 한다. 진공 중에서는 전하가 존재하지 않기($Q = 0$) 때문에, 식 (15.1)과 식 (15.2)는 $\boldsymbol{E}$와 $\boldsymbol{B}$ 에 관한 동일한 형태의 식이다. 식 (15.3)과 식 (15.4)는 전속의 변화가 자속밀도를, 자속의 변화가 전기장을 만든다는 의미에서 공통점이 있다[진공 속에서는 전류를 운반하는 물체가 없기 때문에 식 (15.3)의 전도전류는 0].

식 (15.3)은 전속의 적분형을 사용하고, 또 식 (15.4)는 자속의 적분형을 사용하여 다시 쓸 수가 있다. 진공 중에서는 $i_C = 0$ 이기 때문에 식 (15.1)을 이용해 $i_D = dQ/dt$ 을 나타내면 식 (15.3)은

$$\oint \boldsymbol{B} \cdot d\boldsymbol{s} = \varepsilon_0 \mu_0 \frac{d}{dt} \int \boldsymbol{E} \cdot d\boldsymbol{S} \tag{15.5}$$

로 우변이 **면적분**인 형태가 된다. 또 (15.4)에서 자속을 면적분으로 나타내면

$$\oint \boldsymbol{E} \cdot d\boldsymbol{s} = -\frac{d}{dt} \int \boldsymbol{B} \cdot d\boldsymbol{S} \tag{15.6}$$

이 된다.

가우스 법칙 식 (15.1)과 식 (15.2)에서는 전기장과 자속밀도는 독립적이다. 독립적인 이유는 식 (15.1)에서 전기장의 근원이 정지해 있는 전하인 것과 식 (15.2)에서 자속밀도의 근원이 시간적으로 변화하지 않는 정상전류인 것이기 때문이다.

15.2 파동

전자기파를 설명하기 전에 먼저 파동이 갖는 일반적인 성질을 설명하기로 한다.

파동의 예 －수면파－

연못 수면에 퍼지는 파, 말하는 소리나 악기가 내는 소리 등 우리 주변에는 여러 가지 파가 전달되는 현상을 볼 수 있다.

잔잔한 수면의 한 점에 작은 돌을 떨어뜨리면, 그 점은 상하로 진동을 시작해 그것이 작은 돌이 떨어진 점을 중심으로 하는 동심원상으로 퍼져 나가는 것을 볼 수 있다. 이것은 중심점에서의 수면의 수직방향의 진동이 차례로 주위 부분으로 전달되고 있는 것이다.

『수면의 진동과 같은 물리량이 주변에 퍼져가는 현상을 **파동** 또는 **파**라고 한다』

작은 돌을 던진 물의 경우에는 수면의 각 점에서의 기준면에서 상하로의 변위가 파동량으로서 횡방향으로 퍼져 나가고 있다. 음파의 경우는 공간의 각 영역에서의 공기의 밀도의 증감이 파동량으로서 전달된다.

위에서 서술한 수면과 음의 파는 모두 역학적인 파동이다. 이 장에서 다루는 것은 전자기적인 장이 전달되는 전자기파라고 불리는 파이고, 수학적인 취급은 역학적인 파동과 공통이다. 역학적인 파동은 수파의 경우에 수중을 퍼져 나가고, 음파의 경우에는 공기 중을 퍼져 나간다. 물, 공기 등 파를 전달하는 물질을 **매질**이라고 부른다. 전자기파가 전달되는 매질에는 진공과 물질이 있다.

파동으로서 퍼져 나가는 변위

파동의 구체적인 예로서 긴 끈을 수평으로 해 한쪽을 고정하고, 다른 쪽을 끈에 수직방향으로 왕복운동을 시켰을 때에 발생하는 파동을 생각한다(그림 15.1). 끈의 끝을 위쪽으로 흔들면 그 움직임이 이웃 부분으로 전달되고 역시 위쪽으로 변위한다. 그림의 화살표는 지금부터 그 부분이 변위하는 방향을 표시한다(방향은 그 점의 바로 왼쪽 부분이 높은 경우에는 위쪽으로, 낮은 경우에는 아래쪽이다). 잡은 손의 상하진동을 계속하면, 다음으로 그림의 하단에 보이는 것과 같이 차례로 끈의 넓은 영역에 파가 전달되어 간다. 이것이 파동의 예이다.

끈은 각 부분이 상하로 진동하고 그 진동이 끈을 통해 오른쪽으로 전달되는 파가 된다. 이렇게 파동을 특징짓는 방향은 두 가지가 있다. 끈의 각 부분이 변위하는 방향과 파가 전달되는 방향이다. 이 경우 파가 전달되는 것은 끈을 사이에 두었기 때문에 전달되는 방향은 끈이 존재하는 방향밖에 있을 수 없다. 반대로, 진동의 방향은 3차원일 때는 3가지가 있다. 그림 15.1의 진동과 같이 진동의 방향과 파가 전달되는 방향이 수직인 파를 **횡파**라고 한다.

파가 전달될 때의 특징은 다음 세 가지이다.

(1) 파는 어느 일정한 속도로 전달된다.

(2) 파가 전달될 때 파를 전달하는 매질 자체는 파의 진행방향으로 이동하지 않는다. 매질을 구성하는 각각의 입자는 평형위치에서 상하(혹은 좌우)로 진동한다. 이

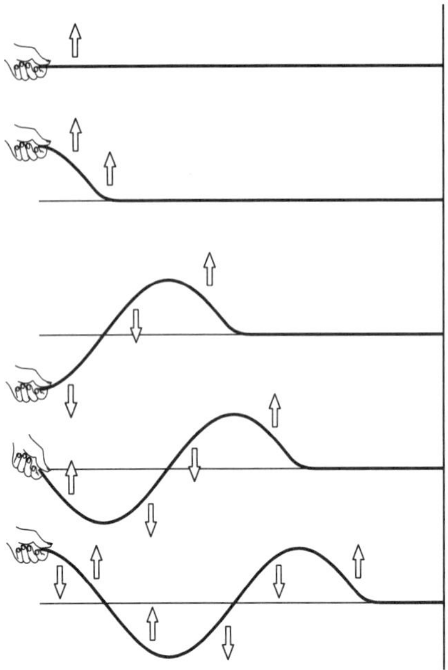

그림 15.1

때 어느 일정한 높이의 점을 어느 방향에서 쫓아가면, 파가 그 방향으로 전파하고 있는 것처럼 보인다.

(3) 진동이 발생하고 그것을 파동이라고 하기에는 에너지를 투입해야만 한다. 거기에 동반하여, 파동은 에너지를 운반한다(물체는 운반되지 않는다).

소리는 공기의 각 부분의 밀도변화가 진동방향으로 전달되는 파이다. 이렇게 파의 진동방향과 전달되는 방향이 평행한 파를 **종파**라고 한다.

파동의 수학적 표현

그림 15.1 에서 끈으로 파가 전달되어 가는 방향을 x 축으로, 진동하는 방향을 y 축으로 잡고, 끈의 각 부분을 단진동에 의해 상하로 움직이게 한다. **단진동**이란 계(지금의 예에서는 끈의 각 부분)가 어느 정해진 한 개의 진동수로 진동하는 것을 말한다. 이 경우의 파동량인 y 좌표는 x 와 t 의 함수이다. 이것을 **파동함수**라고 말하고 $y(x, t)$ 라고 쓴다. 파동함수란 파동량을 나타내는 함수형태인 것이다. 여담이지만 양자역학에서는 입자를 파동으로서 파악하기 때문에 입자의 상태는 파동함수로 표현된다.

파는

『파동량(파동함수)이 형태를 바꾸지 않고 어떤 방향으로 진행한다』

라고 하는 특징을 갖고 있다. 다시 말하면 끈의 진동의 진폭과 주기는 어느 부분에서도 동일하다는 것이다.

정현파

끈에 있어서, x 방향으로 진행하는 파의 파동함수 $y(x, t)$의 구체적인 형태를 고찰한다.

끈의 좌측 끝$(x=0)$의 **변위의 시간변화**가

$$y(x=0,\, t) = A\sin\omega t \tag{15.7}$$

로 주어진다고 한다. A는 진폭, $\omega = 2\pi f$는 각진동수이고 주기는 $T = 1/f = 2\pi/\omega$가 된다. 식 (15.7)은 $x = 0$에서의 변위가 $t = 0$에서 0이고, 시간과 함께 y방향으로 단진동하는 것을 나타내고 있다. 1주기 사이의 이 점의 변위를 그림 15.2에 나타낸다. 이 모양을 t를 횡축으로 하여 나타내면, 주기 T인 주기운동을 한다(그림 15.3).

이 변위가 원점에서 오른쪽으로 거리 x인 점까지 전달되는데 x/v만큼의 시간이

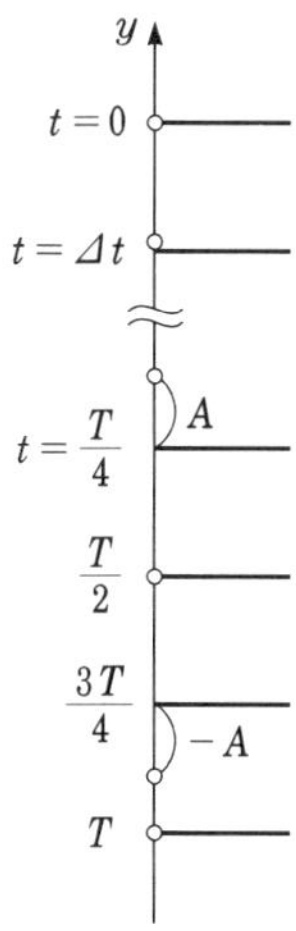

그림 15.2

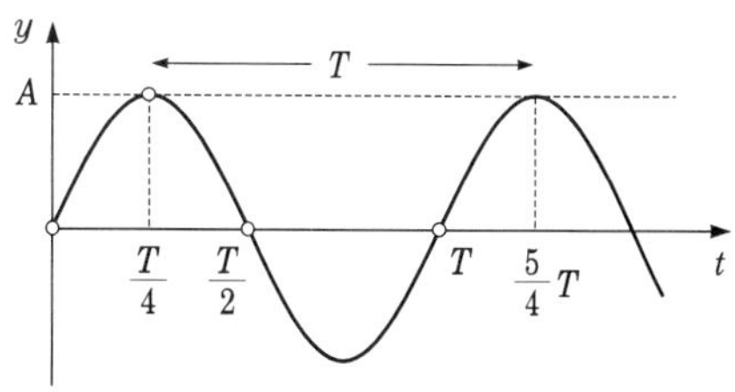

그림 15.3

걸린다(v는 파의 속도). 따라서 위치 x에서 시각 t의 변위는 $x=0$에서의 시각 $t-x/v$의 변위와 동일하다. 이 관계를 (15.7)을 이용해 나타내면

$$y(x,t) = A\sin\omega(t-\frac{x}{v}) \tag{15.8}$$

이다. 파동은 주기 T 사이에 파장 λ의 길이만큼의 거리를 이동하기 때문에 **파동의 속도**는

$$v = \frac{\lambda}{T} = \lambda f \tag{15.9}$$

로 주어진다. **파수**를

$$k = \frac{2\pi}{\lambda} \tag{15.10}$$

로 정의하면, 이것은 2π의 길이 안에 있는 파의 수이다. 이때

$$\omega = vk \tag{15.11}$$

의 관계가 있다. 식 (15.11)을 사용하면, 식 (15.8)은

$$y(x,t) = A\sin(\omega t - kx) \tag{15.12}$$

라고 쓸 수 있다. 이것은 **정현파**의 일반 형태이며, ω가 시간변화의 주기를, k가 공간변화의 주기를 결정한다.

식 (15.12)에서 $t=0$라고 하면

$$y(x,0) = -A\sin kx = -A\sin 2\pi\frac{x}{\lambda} \tag{15.13}$$

이 된다(그림 15.4). 이것은 특정 시각 $t=0$에서 끈의 임의 부분의 변위가 x의 주기함수인 것을 나타내고 있다.

파동은 변위(y좌표)의 공간변화와 시간변화가 결합된 운동이다. 식 (15.8)을 그림으로 표시하면 그림 15.5의 파선과 같이 된다. 식 (15.13)은 그림 15.5의 실선으로

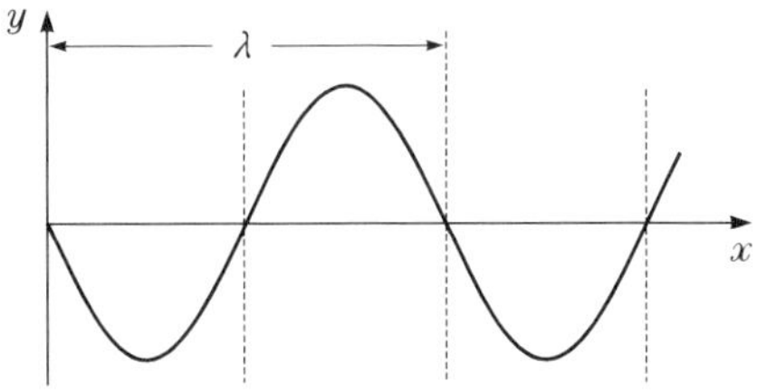

그림 15.4

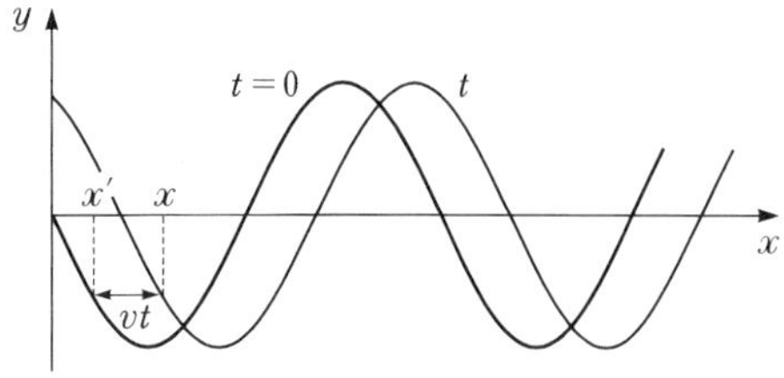

그림 15.5

표시되었다. 시간이 경과하면 이 곡선은 형태를 바꾸지 않고 오른쪽으로 평행 이동한다. 파가 전달되는 속도를 v라고 하면, 시각 t에서의 파동함수는 실선을 vt만큼 오른쪽으로 옮긴 점선으로 나타내어진다. 이때, $y(x)$와 $t=0$에서의 x'에서의 함숫값 $y(x')$는 같고, x'와 x에는

$$x' = x - vt$$

의 관계가 있다. 결국, x에서의 파선의 함숫값 $y(x)$는 x'에서의 실선의 함숫값과 같기 때문에 y는

$$y(x) = y(x - vt) \tag{15.14}$$

을 만족시킨다. 앞에서 본 식 (15.8)도 이 형태이다. 따라서 x의 양의 방향으로 속도 v로 진행하는 파 $\varphi(x,\ t)$는

$$\varphi(x, t) = f(x - vt) \tag{15.15}$$

로 나타내어진다. 즉 변수 x와 t는 $x - vt$인 형태의 변수로 되어 있다.

시각 0, $T/4$, $T/2$, $3T/4$, T에서의 진동의 모습을 그림 15.6에 나타낸다. 끈의 각 부분이 진폭의 범위에서 상하로 진동하고 있는 것을, 그림에서의 ○을 봐도 알 수 있다. 또 진동의 변위가 같은 점(예를 들어 변위가 최대인 △)의 시간변화를 따라가면 오른쪽으로 이동하고 있고, **파의 전파**를 나타내고 있는 것을 알 수 있다. 1주기 T만큼 시간이 경과하면 파의 형태는 처음으로 돌아간다.

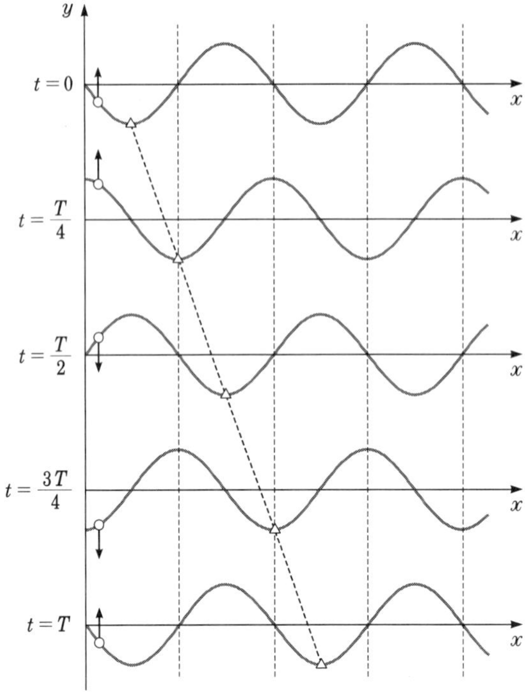

그림 15.6

파동방정식

지금까지 파동을 나타내는 식으로서 정현파 식 (15.8)과 일반형인 식 (15.12)를 나타냈지만, 이것들은 파동을 기술한 기본적인 식인 **파동방정식**의 해이다. 간단한 1차원의 경우의 파동방정식은

$$\frac{1}{v^2}\frac{\partial^2\varphi}{\partial t^2} = \frac{\partial^2\varphi}{\partial x^2} \tag{15.16}$$

이다(이 식의 도출은 「역학」 또는 「진동·파동」의 책을 참고). 이 식은 변위가 x 방향으로 전달되는 파인 것을 나타내고 있고, v가 파가 전달되는 속도이다. 식 (15.12)가 이것을 만족하고 있는 것은 실제로 식 (15.16)에 대입하여 편미분을 계산하면 쉽게 확인할 수 있다.

15.3 평면 전자기파와 광속

이 절에서는 보다 더 자세하게 전자기파의 의론을 전개하고 그것이 맥스웰 방정식을 만족하는 것을 보인다. 또 **광속**이 $1/\sqrt{\varepsilon_0\mu_0}$ 로 주어지는 것도 유도한다[식 (15.24)]. 이를 위해서 먼저 평면 전자기파라는 것을 설명한다.

평면파

앞으로의 의론에서는 파로서 움직이는 단순한 형태의 전기자기장의 모델을 가정한다. 그것은 y 성분만을 갖는 전기장 $\boldsymbol{E}$와 z 성분만을 갖는 자속밀도 $\boldsymbol{B}$ 이고, 또 $\boldsymbol{E}$와 $\boldsymbol{B}$는 함께 x 축의 양의 방향으로 일정속도 c[c의 크기는 식 (15.24)로 결정된다]로 나아간다고 가정한다.

여기에서 공간을 x 축에 수직인 면으로 두 개의 영역으로 나누어 생각한다. 그림 15.7에서 $x = x_0$을 통과하는 경계면으로부터 좌측에서는 $\boldsymbol{E}$와 $\boldsymbol{B}$가 동일하다고 가정한다. 즉 화살표를 나타내지 않는 곳에서도 $\boldsymbol{E}$와 $\boldsymbol{B}$는 동일하게 존재하고 있다. 경계면이 x축의 양의 방향으로 나아가면, 그때까지 장(場)이 없었던 공간을 $\boldsymbol{E}$와 $\boldsymbol{B}$가 그 방향으로 나아간다. 그러한 상황이 전자기파이다. 진행방향 파면에 수직인 임의의 면상에서 파동량이 같은 파가 **평면파**(지금의 경우는 평면 전자기파)이다. **평면 전자기파**의 경우는 $\boldsymbol{E}$에서 $\boldsymbol{B}$로 돌렸을 때, 오른나사가 진행하는 방향이 파의 진행방향이 된다. 평면 전자파에서는 진동하는 전기장과 자속밀도가 함께 진행방향에 수직이고 횡파이다. 평면 전자기파는 이 형태의 파이다.

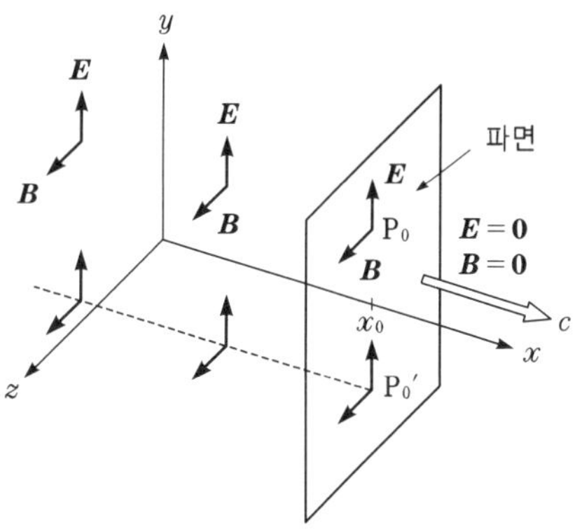

그림 15.7

평면 전자기파는 맥스웰 방정식을 만족시킨다

평면 전자기파에서는 $\boldsymbol{E}$와 $\boldsymbol{B}$가 서로 직교하며 진행방향에도 직교한다고 가정했지만 그것이 맥스웰 방정식과 모순되지 않는다는 것을 나타낼 수가 있다. 먼저 맥스웰 방정식의 처음 두 개의 식 전기장과 자속밀도의 **가우스 법칙** 식 (15.1)과 식 (15.2)를 생각한다.

$x < x_0$ 에 있는 yz 면에 평행한 각 면상에서 $\boldsymbol{E}$와 $\boldsymbol{B}$가 일정하다고 생각한다(그림 15.8). 이때 다른 면상에서 $\boldsymbol{E}$와 $\boldsymbol{B}$는 같지 않아도 괜찮다. 지금 xy 면, yz 면, zx 면에 평행한 세 개의 면이 형성하는 직육면체를 생각하고, 그 내부의 전하는 0 라고 한다. 그 상황에서 직육면체를 관통하는 총 전속과 총 자속은 모두 0 되어 식 (15.1)과 식 (15.2)를 만족하는 것을 증명할 수 있다. 그러기 위해서는 $\boldsymbol{E}$와 $\boldsymbol{B}$에 평면 전자기파가 전달되는 방향 (x)의 성분이 없다는 것이 조건이 된다. 즉 평면 전자파는 횡파이어야만 한다.

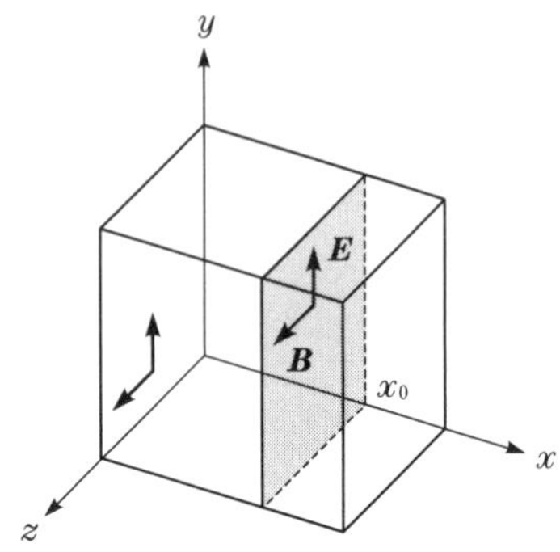

그림 15.8

다음으로 평면 전자파가 **패러데이의 법칙** 식 (15.4)를 만족시키는 데 필요한 조건을 보도록 한다. 여기에서는 간단하게 하기 위해 $x < x_0$에서의 x축에 수직인 모든 면에서 $x = x_0$인 면과 $\boldsymbol{E}$와 $\boldsymbol{B}$가 동일하다고 한다. xy 면에 평행한 사각형 efgh를 생각하고 그 높이를 a, 폭을 Δx로 한다[그림 15.9(a)]. efgh의 면적벡터 $d\boldsymbol{S}$를 z축의 양의 방향으로 잡는다. 0.3 절의 면적벡터의 항에서 도입한 폐곡선의 방향을 이용하면 이 사각형의 양의 방향은 efgh가 된다. 그림에 나타내고 있는 시점에서는 변 ef를 파면보다 x좌표가 큰 곳을 취하고 있다. 이때 파면의 밖에 있는 변 ef에서는 $\boldsymbol{E}$는 0이고, 변 fg와 변 he에서는 파면 밖에서 $E = 0$, 파면의 내에서 $\boldsymbol{E}$는 $d\boldsymbol{s}$에 수직이기 때문에, 패러데이 법칙 식 (15.4)의 선적분에 기여하는 것은 변 gh뿐이다. 변 gh에서는 $\boldsymbol{E}$의 방향은 변 gh와 역방향이기 때문에 식 (15.4)의 좌변은

$$\oint \boldsymbol{E} \cdot d\boldsymbol{s} = -Ea \tag{15.17}$$

이 된다.

패러데이의 법칙을 만족시키는 데로 사각형 efgh를 관통하는 자속에 관해 $d\Phi/dt \neq 0$인 것이 필요하기 때문에 $\boldsymbol{B}$의 z성분이 있어야만 한다. 시간 dt 동안에 파면은 $c\,dt$의

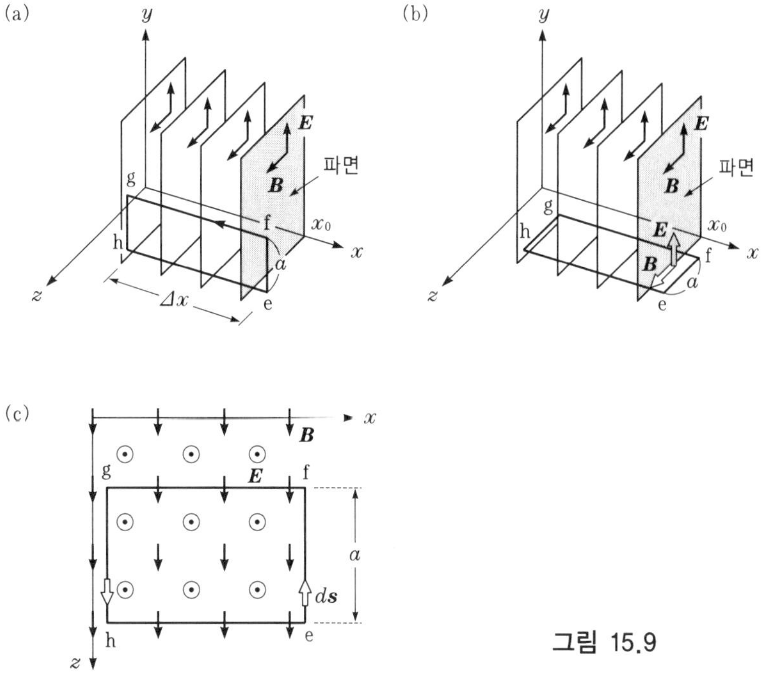

그림 15.9

거리를 움직이기 때문에 사각형 efgh의 면적은 $ac\,dt$ 만큼 증가한다. 따라서 자속의 시간변화는

$$\frac{d\Phi_B}{dt} = Bac \tag{15.18}$$

가 된다. 식 (15.17), (15.18)을 패러데이의 법칙 식 (15.14)에 대입하면

$$E = cB \tag{15.19}$$

가 된다. 식 (15.19)가 패러데이의 법칙이 성립되는 조건이다. 이것은 진공 중의 전기자기장에 대해 성립되는 관계이다.

마지막으로 증명하는 **앙페르의 법칙**은($i_c = 0$이라 하고)

$$\oint \boldsymbol{B} \cdot d\boldsymbol{s} = \mu_0 \varepsilon_0 \frac{d\Phi_E}{dt} \tag{15.20}$$

이다. 이번에는 사각형 efgh를 xz면 내에서 생각한다[그림 15.9(b)]. 이때에도 역시 파면이 사각형의 도중에 있다고 한다. 사각형을 위에서 본 것이 그림 15.9(c)이다. 면적벡터 $d\boldsymbol{S}$를 y축 방향으로 잡는다. 따라서 사각형의 양의 방향은 efgh가 되고, $\boldsymbol{B}\cdot d\boldsymbol{s}$의 적분은 사각형의 네 개의 변을 반시계방향으로 돌며 계산한다. $\boldsymbol{B}$는 변 ef에서 0, 변 fg와 변 hg에서는 0(파면의 밖)이거나, $d\boldsymbol{s}$에 수직(파면의 안). 변 gh에서만 $\boldsymbol{B}$와 $d\boldsymbol{s}$가 평행으로 적분에 기여한다. 따라서

$$\oint \boldsymbol{B}\cdot d\boldsymbol{s} = Ba \tag{15.21}$$

이 된다. 앞으로 앙페르의 법칙 식 (15.20)의 좌변은 0이 아니다. 왜냐하면 좌변의 $d\Phi_E/dt$도 0이 아니고, $\boldsymbol{E}$는 y성분이 있다. 식 (15.19)를 유도했을 때와 마찬가지로 사각형 efgh의 면적은 dt의 시간에 $ac\,dt$만큼 증가하기 때문에

$$\frac{d\Phi_E}{dt} = Eac \tag{15.22}$$

이다. 식 (15.21), (15.22)를 식 (15.20)에 대입하면

$$B = \varepsilon_0 \mu_0 cE \tag{15.23}$$

이 된다. 전자기파는 B, c, E 사이에 식 (15.23)의 관계가 있을 때에 앙페르의 법칙을 만족시킨다. 이것은 **진공 중의 평면 전자기파의 속도** c가

$$c = \frac{1}{\sqrt{\varepsilon_0 \mu_0}} \tag{15.24}$$

라는 것을 의미한다. 즉 $c = 3.00 \times 10^8$ m/s이다.

식 (15.16)에 주어진 파동방정식을 진공 중의 평면 전자기파 E_y의 경우에 적용하고, 식 (15.24)를 이용하면 **파동방정식**은

$$\frac{\partial^2 E_y(x,\ t)}{\partial x^2} = \varepsilon_0 \mu_0 \frac{\partial^2 E_y(x,\ t)}{\partial t^2} \qquad (15.25)$$

가 된다는 것을 말할 수 있다.

15.4 정현 전자기파

정현적인 전자기파는 1 차원인 경우에 식 (15.12) 의 형태를 하고 있다. 이때 좌표를 정하면 그곳에서의 전기장 $\boldsymbol{E}$ 와 자속밀도 $\boldsymbol{B}$ 는 시간의 정현함수이다. 마찬가지로 어느 시각을 정하면 공간적으로도 정현함수가 된다.

어떤 종류의 정현함수는 평면파의 성질을 갖고 있다. 이 파는 임의의 시각에서 전파방향에 수직인 면상에서 동일한 것은 15.3 절에서 기술하였다. 그리고 전체로서 면에 수직 방향으로 속도 c 로 전달된다.

벡터 $\boldsymbol{E}$, $\boldsymbol{B}$ 의 방향은 전파 방향에 수직이고, 전자기파는 **횡파**이다. 또 주파수 f, 파장 λ, 속도 c 의 사이에는 $c = \lambda f$ 의 관계가 있다.

그림 15.10(a) 에 x 방향으로 전달되는 전자파의 예를 나타낸다. 이 경우처럼 전기장이 y 성분만인 전자기파를 y 성분의 **직선편광**이라 한다. $\boldsymbol{B}$ 는 z 방향으로 직선편광하고 있다. 그림 15.10(b) 에 나타낸 것은 x 가 좁은 범위에서의 모습을 확대한 것이다. 시각 t 에서 $\boldsymbol{E}$ 의 y 성분을 $\boldsymbol{E}(x,t)$, $\boldsymbol{B}$ 의 z 성분을 $\boldsymbol{B}(x,t)$ 으로 나타내면, x 방향에 파수 k 로 전달되는 파는 전기장의 진폭을 $E_{\max}$, 자속밀도의 진폭을 $B_{\max}$ 로 해서

$$\left.\begin{aligned} E(x,t) &= E_{\max}\sin(\omega t - kx) \\ B(x,t) &= B_{\max}\sin(\omega t - kx) \end{aligned}\right\} \qquad (15.26)$$

로 나타낼 수 있다. 이 두 식을 벡터로 나타내면

$$\begin{aligned} \boldsymbol{E}(x,\ t) &= E_{\max}\,\boldsymbol{e}_y \sin(\omega t - kx) \\ \boldsymbol{B}(x,t) &= B_{\max}\boldsymbol{e}_z \sin(\omega t - kx) \end{aligned} \qquad (15.27)$$

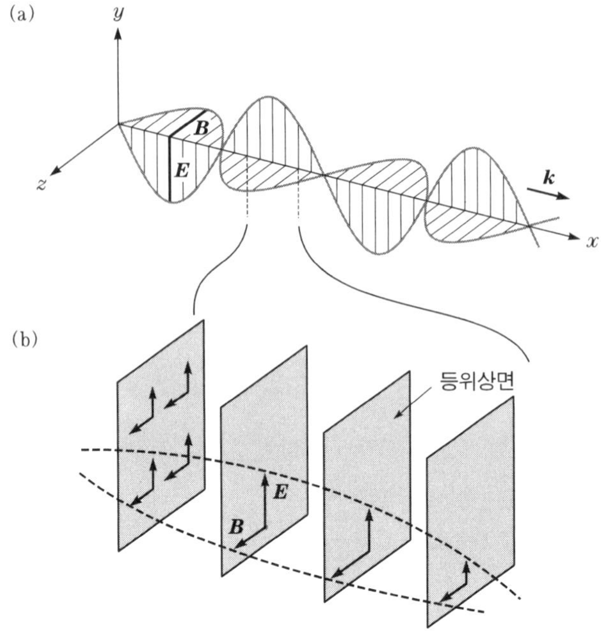

그림 15.10

가 된다($\boldsymbol{e}_y$, $\boldsymbol{e}_z$는 y, z 방향의 단위벡터). 이것이 **정현 전자기파의 전파** 모습을 나타내는 식이다.

15.5 전자기장의 에너지와 운동량

전기장과 자기장의 에너지 밀도 식 (4.18), (13.16)에서 진공 중에 전기장 $\boldsymbol{E}$와 자속밀도 $\boldsymbol{B}$가 있을 때의 총에너지 밀도는

$$u = \frac{1}{2}\varepsilon_0 E^2 + \frac{1}{2\mu_0} B^2 \tag{15.28}$$

이다. 식 (15.23)과 (15.24)로부터

$$B = \frac{E}{c} = \sqrt{\varepsilon_0 \mu_0}\, E \qquad (15.29)$$

의 관계가 있기 때문에 식 (15.28)은

$$u = \frac{1}{2}\varepsilon_0 E^2 + \frac{1}{2\mu_0}(\sqrt{\varepsilon_0 \mu_0}\, E)^2 = \varepsilon_0 E^2 \qquad (15.30)$$

이 된다. 이것은 진공 중의 전자기파에서 전기장과 자기적인 장의 에너지 밀도가 같은 것을 나타내고 있다.

전자기 에너지의 흐름과 포인팅 벡터

전기장의 에너지에 대해서는 4.4 절에서, 자기적인 장의 에너지에 대해서는 13.3 절에서 배웠다. 전기장과 자기적인 장이 공존하는 전자기장이 갖고 있는 에너지를 **전자기 에너지**라고 한다. 전자파가 전달될 때 전자기 에너지를 한 장소에서 다른 장소로 운반한다.

단위면적을 단위시간에 운반되는 에너지로 에너지 이동의 양을 나타낸다. x축에 수직인 면적 A를 생각한다. 이것은 시간 dt에 $dx = c\,dt$만큼 움직인다고 한다. 움직이는 체적은 $dV = Ac\,dt$이고 그 안에 있는 에너지는 $dU = u\,dV = \varepsilon_0 E^2 Ac\,dt$이다. 진공 중에 있어서 단위시간에 단위면적을 통과하는 에너지를 S로 나타내면

$$S = \frac{1}{A}\frac{dU}{dt} = \varepsilon_0 c E^2 \qquad (15.31)$$

로 된다. 이것은 (15.23), (15.24)를 사용하여 다시 쓰면

$$S = \frac{\varepsilon_0}{\sqrt{\varepsilon_0 \mu_0}} E^2 = \sqrt{\frac{\varepsilon_0}{\mu_0}}\, E^2 = \frac{EB}{\mu_0} \qquad (15.32)$$

가 된다.

전자기파의 진행방향은 $\boldsymbol{E} \times \boldsymbol{B}$의 방향이기 때문에 방향을 포함해서 **포인팅 벡터** $\boldsymbol{S}$를

$$\boldsymbol{S} = \frac{1}{\mu_0}\boldsymbol{E} \times \boldsymbol{B} \tag{15.33}$$

로 정의한다. 포인팅 벡터란 전기자기장의 에너지의 흐름을 나타내는 벡터이다. $\boldsymbol{S}$의 단위는 $1\ \mathrm{J/s \cdot m^2} = 1\ \mathrm{W/m^2}$이다.

통상적으로 전자기파의 주파수는 높기 때문에 포인팅 벡터는 시간적으로 상당히 빠르게 변화하고 그 강도를 나타내는 데는 평균값을 이용한다. 위와 같이 서술한 것은 진공 중에서의 전자기파에 대한 것이다.

15.6 물질 속의 전자기파

물질 속에서는 전자기파에 관한 여러 가지 양이 진공 중에서의 값으로부터 전자기파가 전달되는 매질 중에서의 값으로 변한다. 속도는 $c \to v$(**물질 속의 광속**), 유전율은 $\varepsilon_0 \to \varepsilon = \varepsilon_\mathrm{r}\varepsilon_0$, 투자율은 $\mu_0 \to \mu = \mu_\mathrm{r}\mu_0$로 치환할 수 있다. **물질 속의 맥스웰 방정식**은 진공 중의 식 (15.1)과 식 (15.3)이고, 역시 $\varepsilon_0 \to \varepsilon$, $\mu_0 \to \mu$라고 한 것이다. 15.3절에서 유도했던 관계 식 (15.19)와 식 (15.23)은

$$E = vB, \qquad B = \varepsilon\mu v E \tag{15.34}$$

로 바뀐다. 또

$$v = \frac{1}{\sqrt{\varepsilon\mu}} = \frac{1}{\sqrt{\varepsilon_\mathrm{r}\mu_\mathrm{r}}}\frac{1}{\sqrt{\varepsilon_0\mu_0}} = \frac{c}{\sqrt{\varepsilon_\mathrm{r}\mu_\mathrm{r}}} \tag{15.35}$$

이지만, 대부분의 유전체에서는 $\mu_\mathrm{r} = 1$이기 때문에 식 (15.35)는

$$v = \frac{1}{\sqrt{\varepsilon_\mathrm{r}}}\frac{1}{\sqrt{\varepsilon_0\mu_0}} = \frac{c}{\sqrt{\varepsilon_\mathrm{r}}} \tag{15.36}$$

가 된다. 물질에서의 **빛의 굴절률** n은

$$\frac{c}{v} = n = \sqrt{\varepsilon_{\mathrm{r}} \mu_{\mathrm{r}}} = \sqrt{\varepsilon_{\mathrm{r}}} \tag{15.37}$$

의 관계가 있다.

유전체 내에서 전자기장의 에너지 밀도는 식 (15.28)과 식 (15.30)에 대응하여

$$u = \frac{1}{2}\varepsilon E^2 + \frac{1}{2\mu} B^2 = \varepsilon E^2 \tag{15.38}$$

이 되고, 포인팅 벡터는 식 (15.33)에 대응하여

$$S = \frac{1}{\mu} \boldsymbol{E} \times \boldsymbol{B} \tag{15.39}$$

로 된다.

CHAPTER 15 연습문제

[1] 식 (15.7), (15.8), (15.13)의 유래와 상호관계를 설명하여라.

[2] 속도 v로, x축의 음의 방향으로 진행하는 파의 일반형을 나타내어라.

연습문제 해답

CHAPTER. 0

[1] $f(x+\Delta x)=(x+\Delta x)^n=x^n+nx^{n-1}\Delta x+\dfrac{n(n-1)}{2}x^{n-2}(\Delta x)^2+\cdots$

$$\frac{f(x+\Delta x)-f(x)}{\Delta x}=nx^{n-1}+\frac{n(n-1)}{2}x^{n-2}\Delta x+\cdots$$

$$\therefore\ f'(x)=\lim_{\Delta x\to 0}\frac{f(x+\Delta x)-f(x)}{\Delta x}=nx^{n-1}$$

[2] $f(x+\Delta x)=e^{x+\Delta x}=e^x e^{\Delta x}=e^x\left[1+\Delta x+\dfrac{1}{2}(\Delta x)^2+\cdots\right]$

$$\frac{f(x+\Delta x)-f(x)}{\Delta x}=e^x+e^x\frac{1}{2}\Delta x+\cdots$$

$$\therefore\ f'(x)=\lim_{\Delta x\to 0}\frac{f(x+\Delta x)-f(x)}{\Delta x}=e^x$$

[3] $\dfrac{d(e^{ax})}{dx}=\dfrac{de^u}{dx}=\dfrac{de^u}{du}\dfrac{d(ax)}{dx}=e^u a=ae^{ax}$

[4] $\omega t=\Omega$로 놓으면 $d\Omega/dt=\omega$ 이므로, $dt=d\Omega/\omega$가 되기 때문에

$$\int\cos\omega t\,dt=\frac{1}{\omega}\int\cos\Omega\ d\Omega=\frac{1}{\omega}\sin\ \Omega+C=\frac{1}{\omega}\sin\omega t+C$$

[5] $\boldsymbol{A}$와 $\boldsymbol{B}$가 평행하다는 것은 $A_x:A_y:A_z=B_x:B_y:B_z$가 성립되기 때문에, 이것

을 충족시키는 벡터의 예로서

$\boldsymbol{A}=(2,1,0)$, $\boldsymbol{B}=(6,3,0)$으로 식 (0.39)를 계산하면

$$(1\times0-0\times3,\ 0\times6-2\times0,\ 2\times3-1\times6)=(0,0,0)$$

[6] 벡터 곱의 식 (0.39)의 우변을 t로 미분하면, 예를 들어 $\boldsymbol{e}_x$의 계수는

$$\frac{dA_y}{dt}B_z+A_y\frac{dB_z}{dt}-\frac{dA_z}{dt}B_y-A_z\frac{dB_y}{dt}$$

$$=\frac{dA_y}{dt}B_z-B_y\frac{dA_z}{dt}+A_y\frac{dB_z}{dt}-\frac{dB_y}{dt}A_z$$

$$=\left(\frac{d\boldsymbol{A}}{dt}\times\boldsymbol{B}\right)_x+\left(\boldsymbol{A}\times\frac{d\boldsymbol{B}}{dt}\right)_x$$

이다. $\boldsymbol{e}_y$, $\boldsymbol{e}_z$의 계수도 같은 형태로 우변의 y, z성분으로 되고, 식을 얻을 수 있다.

[7] div(rot $\boldsymbol{A}$)

$$=\frac{\partial}{\partial x}\left(\frac{\partial A_z}{\partial y}-\frac{\partial A_y}{\partial z}\right)+\frac{\partial}{\partial y}\left(\frac{\partial A_x}{\partial z}-\frac{\partial A_z}{\partial x}\right)+\frac{\partial}{\partial z}\left(\frac{\partial A_y}{\partial x}-\frac{\partial A_x}{\partial y}\right)=0$$

CHAPTER. 1

[1] $\boldsymbol{F}_1$의 방향은 $\boldsymbol{e}_x+\boldsymbol{e}_y$이다. 그 방향을 향하고 크기가 1인 벡터는 $(1/\sqrt{2})(\boldsymbol{e}_x+\boldsymbol{e}_y)$이므로 $\boldsymbol{F}_1=F_1(1/\sqrt{2})(\boldsymbol{e}_x+\boldsymbol{e}_y)$로 쓸 수 있다. 또 $\boldsymbol{F}$의 방향은 $\boldsymbol{e}_y$의 방향이므로 $\boldsymbol{F}=\sqrt{2}F_1\boldsymbol{e}_y$로 표현할 수 있다.

[2] $\dfrac{1}{1.6\times10^{-19}}=6.2\times10^{18}$개

CHAPTER. 2

[1] 그림으로 나타낸다.

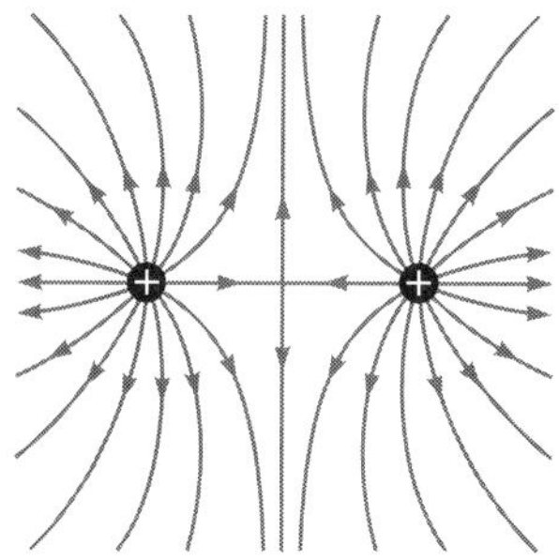

[2] 임의의 점에서 전기장에 평행한 방향으로 같은 힘이 작용하기 때문에 전기력선은 평행선이 된다. 예를 들어 같은 전기장이 오른쪽 아랫방향 경우의 전기력선을 그림으로 나타냈다.

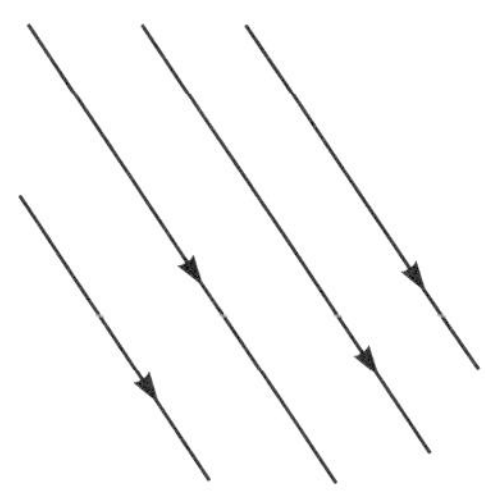

[3] 미소각도 $d\theta$를 정하면, 그 각도 안에 포함된 전기력선의 수는 r이 달라도 일정하다. 호의 길이는 $r\,d\theta$ 이므로, 역선의 선밀도는 역선수$/r\,d\theta$ 가 되고 r에 반비례한다. 그러므로 반경이 $1/2$인 원주상에 있다.

[4] 판 1이 일정한 전하밀도 $-\sigma$를 갖고, 판 2가 σ를 갖는다고 한다[그림 (a)]. 공간을 Ⅰ, Ⅱ, Ⅲ으로 나눠서 생각한다. 판 1만이 있을 때 가능한 전기장을 $\boldsymbol{E}_1$으로 한다. 이것은 음의 전하를 갖는 판 1에 대해서 모든 영역에서 판에 수직으로 들어가는 방향이다. 그림 (b)에 각 영역의 전기장의 방향을 화살표로 표시했다. 판 2가 만드는 전기장을 $\boldsymbol{E}_2$로 하면, 이것은 각 영역에서 판 2로부터 수직으로 나오는 방향이다[그림 (c)]. 양자를 합친 모든 전기장 $\boldsymbol{E} = \boldsymbol{E}_1 + \boldsymbol{E}_2$는 영역 Ⅱ에서 왼쪽방향, 영역 Ⅰ과 Ⅲ에서는 0이다.

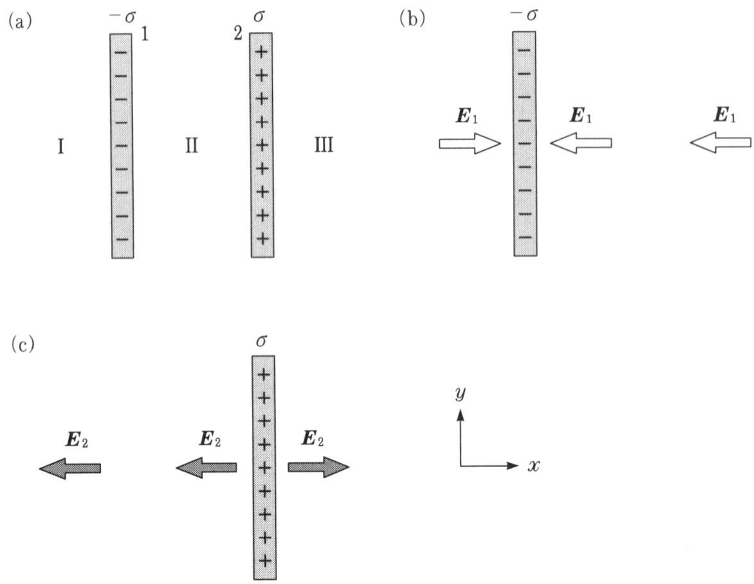

다음 문제 [5]의 결과를 사용하면, 영역 II 에서의 전기장은 $E_1 = E_2 = \sigma/2\varepsilon_0$이므로 $E = \sigma/\varepsilon_0$, 벡터로 쓰면 $\boldsymbol{E} = (\sigma/\varepsilon_0)(-\boldsymbol{e}_x)$이다.

[5] 원판을 내경 r, 폭 dr인 고리로 나눴다고 생각하자. 고리의 면적은 $dS = 2\pi r\ dr$, 단위면적당 전하밀도를 σ라고 하면, $dQ = \sigma\ dS = 2\pi\sigma r\ dr$. 예제문제 2.4로부터

$$dE_x = \frac{1}{4\pi\varepsilon_0}\frac{(2\pi\sigma r\ dr)x}{(x^2+r^2)^{3/2}}$$

$$E_x = \int_0^R \frac{1}{4\pi\varepsilon_0}\frac{(2\pi\sigma r\ dr)x}{(x^2+r^2)^{3/2}}$$

$$= \frac{\sigma x}{2\varepsilon_0}\int_0^R \frac{r\ dr}{(x^2+r^2)^{3/2}}$$

$$= \frac{\sigma}{2\varepsilon_0}\left(1 - \frac{1}{\sqrt{R^2/x^2+1}}\right)$$

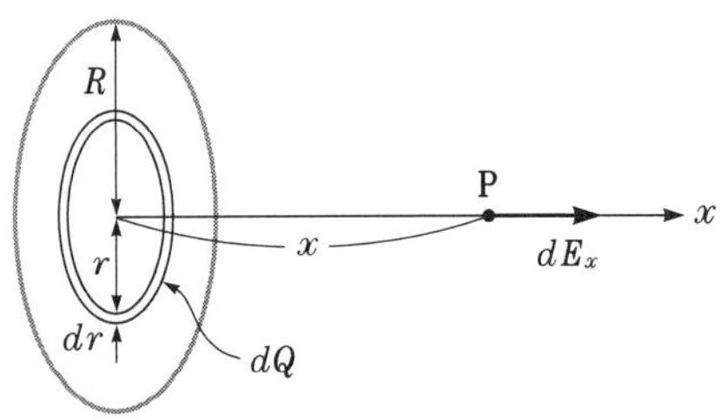

$R \gg x$일 때, 이것은 $\sigma/2\varepsilon_0$이 된다. 이 문제에서 원판을 x축의 주위에 임의의 각도로 회전해도 상황은 변하지 않는다. 이것을 축대칭성이 있다고 한다. 위의 결과가 얻어진 것은 이 문제가 갖고 있는 축대칭성을 이용해서 면적분을 r만의 적분으로

나타냈기 때문이다. 여기서 얻은 결과는 원형의 반경 R에 의존하지 않는다. 따라서 충분히 큰 임의의 형태의 도체 판의 경우에도 적용할 수 있다(예제 2.6 참조).

[6] 구 대칭성을 이용하기 위해, 반경 r인 구를 생각해서 가우스 법칙을 적용한다. 전기장 $\boldsymbol{E}$는 구면상의 모든 점에서 같고 방향은 동경방향이다. 그때 전속은 $\Phi_E = 4\pi r^2 E$. r이 R보다 큰 경우와 작은 경우로 나눠서 생각한다. $r > R$일 때는 구 내의 전하는 모든 전하 Q이기 때문에 가우스 법칙은 $4\pi r^2 E = Q/\varepsilon_0$가 되어, $E = Q/4\pi\varepsilon_0 r^2$.

$r < R$에서는 구 내의 전하는 모든 전하 $(r/R)^3$이므로 $4\pi r^2 E = Qr^3/\varepsilon_0 R^3$이 되기 때문에 $E = Qr/4\pi\varepsilon_0 R^3$이 된다.

[7] 상자 속에 전하가 없을 때, 전기장은 어느 곳에서나 0이기 때문에 상자의 모든 표면에서 전속이 0이다. 다음으로 q, $-q$의 전하가 그림에 나타낸 장소에 있는 경우를 생각한다. 이것은 그림 2.10에 표시한 전기쌍극자가 만드는 전기장을 직육면체로 둘러쌌다고 생각할 수 있다. 이때, 예를 들면 윗면에는, q의 전하에 가까운 부분에서는 바깥방향의 전속이 있고, $-q$의 전하에 가까운 곳에서는 안쪽방향의 전속이 있나. q, $-q$의 중심 부근에서는 거의 0인 전속이 바깥방향이나 안쪽방향 어느 쪽인가에 존재하고 있다. 면 전체로 합한 것을 생각하면, 바깥방향과 안쪽방향의 전속이 서로 상쇄되어 전속은 0이 된다. 이것은 내부의 실제 전하가 0이기 때문이다. 윗면 이외에서도 같은 경우이다.

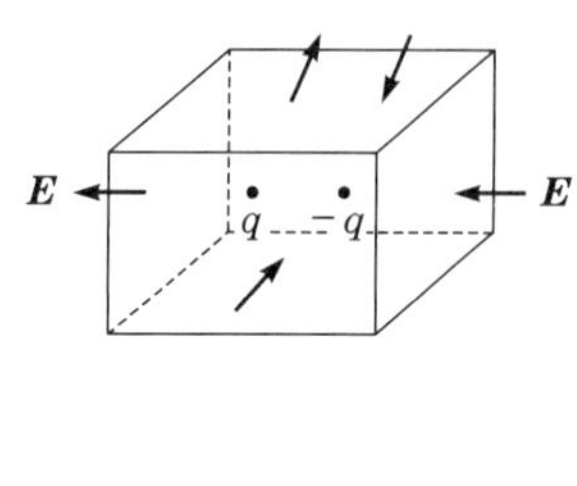

CHAPTER. 3

[1] 식 (3.16)은 $N+1$개의 모든 전하가 서로 무한히 떨어져 있었던 것을 q_i, q_j가 r_{ij}의 거리가 되기까지 가까이 했을 때의 위치에너지이다. 한편 식 (3.14)는 N개의 고정된 $q_i(i=1\sim N)$가 만드는 전기장 내에 q가 있는 경우이다. (3.14)에서는

$q_1 \sim q_N$ 의 위치는 고정되어 있고, q 만을 무한원으로부터 가깝게 접근시키고 있지만, 식 (3.16) 에서는 $N+1$개 모두를 무한원으로부터 접근시키고 있는 차이가 있다.

[2] 식 (3.23) 에서 $\phi(A) = (1/4\pi\varepsilon_0)\{q/a + (-2q)/2a\} = 0$,

$\phi(B) = (1/4\pi\varepsilon_0)\{q/2a + (-2q)/a\} = -3q/8\pi\epsilon_0$ 이 되기 때문에,

$\phi(A) - \phi(B) = 3q/8\pi\varepsilon_0$가 된다.

[3] 식 (3.26) 을 $\phi(r) - \phi(\infty) = \int_r^\infty \boldsymbol{E} \cdot d\boldsymbol{r}$ 로 다시 쓰고, 전기장에 Chap. 2 의 연습문제 [6] 의 결과를 사용하면, $r > R$에서는 $\phi(r) = \int_r^\infty Q\, dr/4\pi\varepsilon_0 r^2 = Q/4\pi\varepsilon_0 r$. $r < R$일 때는 $r = R$을 경계로 전기장의 형태가 변화하기 때문에

$$\phi(r) = \int_r^R \frac{Qr}{4\pi\varepsilon_0 R^3} dr + \int_r^\infty \frac{Q}{4\pi\varepsilon_0 r^2} dr = \frac{Q}{4\pi\varepsilon_0} \frac{1}{2} \left(\frac{R^2}{R^3} - \frac{r^2}{R^3} \right) + \frac{Q}{4\pi\varepsilon_0 R}$$

$$= -\frac{Qr^2}{8\pi\varepsilon_0 R^3} + \frac{3Q}{8\pi\varepsilon_0 R}$$

로 된다.

[4] 공동(空洞) 내의 어떤 점에서 $\boldsymbol{E} \neq 0$ 라고 가정할 때에 모순이 생기는 것을 나타내어, 모든 곳에서 $\boldsymbol{E} = 0$ 인 것을 나타낸다. $\boldsymbol{E} \neq 0$ 인 점을 지나가는 전기력선이 존재하고 그 시작점은 양전하, 끝나는 점은 음전하이다. 시작점은 끝나는 점보다 전위가 당연히 높다. 한편, 전하는 도체의 표면에만 나타나지 않기 때문에 전기력선의 시작점과 종점은 원래 공동(空洞) 내의 벽에 있다. 공동(空洞)의 벽은 등전위이기 때문에 이러한 것은 일어나지 않기에 공동(空洞) 내는 어느 곳이나 $\boldsymbol{E} = 0$. $\boldsymbol{E} = 0$ 인 곳은 어디라도 등전위이기 때문에 공동(空洞)과 도체는 등전위이다.

CHAPTER. 4

[1] A와 B의 합성용량은 $10 + 10 = 20\mu$F. 이것에 C를 더한 모든 합성용량은 $1/20 + 1/10 = 3/20$ 이므로 $20/3\ \mu$F.

C 에 전하 Q가 축적되면 A, B 에는 각각 $Q/2$ 가 축적된다. $V = Q/C$ 이므로

C의 양단의 전위차는 A, B 양단의 전위차의 2배이다. 30 V를 2 : 1로 나누면, C에서의 전위차는 20 V(A, B는 똑같이 10 V).

[2] 도체 구가 갖는 모든 전하 Q는 반경 R인 구면 위에 균일하게 분포하고 있기 때문에 도체 구 바깥의 전기장은 식 (2.23)이다. 도체 구와 무한이 먼 곳과의 전위차 V는 예제 3.3에 의해 $V = Q/4\pi\varepsilon_0 R$. 따라서 $C = Q/V = 4\pi\varepsilon_0 R$. 반경이 10 cm일 때는 $C = 4\pi \times 8.9 \times 10^{-12} \times 0.1 = 1.1 \times 10^{-11}\,\mathrm{F}$.

[3] 축전기가 축적하는 에너지는 식 (4.16)에서

$$\frac{1}{2} \times 300 \times 10^{-6} \times (100)^2 = 1.5\,\mathrm{J}$$

방전에 의해 모든 에너지는 도선 내에서 발생하는 줄열로 된다.

[4] 구두와 카펫의 마찰로 생긴 전기가 열쇠와 자물쇠의 금속 사이에 방전을 일으키고 있기 때문이다. 열쇠처럼 뾰족한 것에서는 앞부분을 구면이라고 생각할 때 반경이 작다. 연습문제 [2]에서 본 것과 같이, 도체 구의 전위는 반경에 반비례하기 때문에 열쇠의 앞부분의 전압이 높게 된다. 그 결과 다른 부분보다 방전이 일어나기 쉽다.

CHAPTER. 5

[1] 식 (5.6)/(5.4) $= E/E_0 = (\sigma_0 - \sigma_P)/\sigma_0 = 1 - \sigma_P/\sigma_0$. 이것은 식 (5.3)에서 $1/\varepsilon_\mathrm{r}$이므로, $\sigma_P = \sigma_0(1 - 1/\varepsilon_\mathrm{r})$.

[2] 식 (4.4)와 식 (5.1)로부터

$$C = \frac{\varepsilon_\mathrm{r}\varepsilon_0 S}{d} = \frac{3.5 \times 8.85 \times 10^{-12} \times 1}{2 \times 10^{-4}} = 1.5 \times 10^{-7} = 0.15\,\mu\mathrm{F}$$

[3] (a) 처음 A에 축적되어 있는 전하는

$$Q = 200 \times 10^{-6} \times 100 = 2 \times 10^{-2}\,\mathrm{C}$$

A와 B를 병렬로 연결하면 A, B가 $1 \times 10^{-2}\,\mathrm{C}$씩 축적되기 때문에 A, B의 전압은 어느 쪽이든 모두 $V = (1 \times 10^{-2})/(200 \times 10^{-6}) = 50\,\mathrm{V}$가 된다.

(b) 전기장의 에너지는 식 (4.16)으로부터

$$2\times(1/2)\times200\times10^{-6}\times(50)^2 = 0.5\text{ J}$$

(c) A가 처음 갖고 있던 에너지는 $(1/2)\times200\times10^{-6}\times(100)^2 = 1\text{ J}$. 0.5 J의 차이는 전하가 전선을 이동할 때 발생하는 줄열이 된다.

CHAPTER. 6

[1] 식 (6.14)로부터 $R = \rho L/S = 1.72\times10^{-8}\times20/(1\times10^{-6}) = 0.34\ \Omega$.

[2] 식 (6.16)에서 $T_0 = 0$으로 선택한다. 그 다음에 $T = 0$이라고 놓으면 $\rho_0 = 0.08$이다. $T = 100$℃에서의 전기저항률은

$$\rho = 0.08\times(1+4.5\times10^{-3}\times100) = 0.116\ \Omega\cdot\text{m}$$

[3] 비 균일한 물질 내의 점 P부근에서의 평균 전기전도율

$$\sigma_{\text{ave}} = \frac{L}{S}G$$

를 다음의 극한 조작으로 구한다. 원기둥 도체 안에 있는 점 P를 적당하게 선택하고, 이것을 포함하도록 어떤 크기의 시험 원기둥을 잘라 컨덕턴스와 크기를 측정하고 위의 식으로 계산한다. 이것과 같은 형태의 원기둥을 점점 작게 해서 측정을 반복하면, 전기전도율이 어떤 값에 접근한다고 기대할 수 있다. 그 극한값을 평균 전기전도율로서 이용한다.

[4] 식 (6.25)로부터 $R = V^2/P = (100)^2/(2\times10^3) = 5\ \Omega$. 식 (6.14)로부터 니크롬선의 길이 $L = RS/\rho = 5\times3.14\times(0.5\times10^{-3})^2/(1.1\times10^{-6}) = 3.6\text{ m}$. 또 흐르는 전류 $I = V/R = 100/5 = 20\text{ A}$.

CHAPTER. 7

[1] 직렬로 연결할 때 $R = 4\ \Omega$, $I = 2\text{ A}$이므로, 식 (6.25)에 의해 $P = RI^2 = 16\text{ W}$.

병렬일 때는 R이 $1/2+1/2=1$이므로 $1\,\Omega$, $I=8\,\text{A}$이므로 1개의 저항에는 4 A가 흐른다. 그 전력이 $P=16$ W, 이것이 2개이므로 전체에서는 32 W.

[2] $I=0$이므로 키르히호프의 제2법칙은 $I_1R_1+I_1R_2-V_1=0$이 되기 때문에 $I_1=V_1/(R_1+R_2)$이다. 구하고자 하는 V는 저항의 분점과 점 b의 전위차 I_1R_2로 같기 때문에 $V=R_2V_1/(R_1+R_2)$.

CHAPTER. 8

[1] 다르다. 실제로 모래 속에서 막대자석을 움직이면, 양쪽의 극에 달라붙는 모래철의 양이 다른 것은 자기력의 세기가 다른 것을 나타내고 있다. 이것은 자석이 양, 음의 극을 가지는 극히 작은 영역에서 생긴 것으로 그 의미로 자석의 양단은 각각 다른 영역의 자극으로서 이해된다.

[2] $1\,\text{T}=1\,\text{N/A}\cdot\text{m}$이기 때문에, $1\,\text{Wb}=1\,\text{T}\cdot\text{m}^2=1\,\text{N}\cdot\text{m/A}$.

CHAPTER. 9

[1] z축을 따라 위쪽 방향으로 흐르는 정상전류 i가 점 P에 만드는 자속밀도를 계산한다. 원기둥좌표 (ρ, ϕ, z)에서 단위벡터 $\boldsymbol{e}_\rho$, $\boldsymbol{e}_\phi$, $\boldsymbol{e}_z$를 그림처럼 취하면 $d\boldsymbol{s}=\boldsymbol{e}_\rho\, d\rho+\boldsymbol{e}_\phi\rho\, d\phi+\boldsymbol{e}_z\, dz$이다.

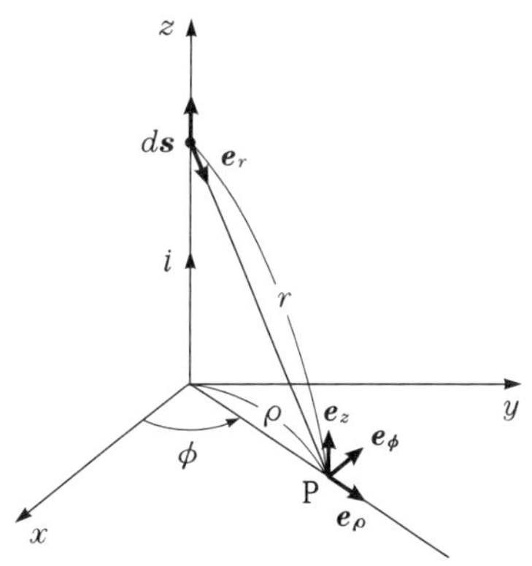

이 경우는 $d\boldsymbol{s}=\boldsymbol{e}_z dz$이고, $\boldsymbol{e}_r$을 아랫방향으로 취하고 있기 때문에

$$\boldsymbol{e}_r=\frac{x}{r}\boldsymbol{e}_x+\frac{y}{r}\boldsymbol{e}_y-\frac{z}{r}\boldsymbol{e}_z$$

따라서

$$ds \times \boldsymbol{e}_r = (\frac{x}{r}\boldsymbol{e}_y - \frac{y}{r}\boldsymbol{e}_x)dz = \frac{\rho}{r}dz\,\boldsymbol{e}_\phi$$

이므로

$$d\boldsymbol{B} = \frac{\mu_0 I}{4\pi}\frac{\rho\,dz}{(z^2+\rho^2)^{3/2}}\boldsymbol{e}_\phi$$

이것을 $z = -\infty \sim \infty$ 에서 적분하고, 식 (9.15)를 이용하면

$$\boldsymbol{B} = \frac{\mu_0}{2\pi}\frac{I}{\rho}\boldsymbol{e}_\phi$$

이것은 식 (9.4) 에서 벡터의 방향도 나타낸 것이다.

[2] 식 (9.4) 로부터

$$B = 4\pi \times 10^{-7} \times \frac{10}{2\pi \times 4 \times 10^{-2}} = 5 \times 10^{-5}\,\mathrm{T}$$

[3] 식 (9.8) 로부터

$$B = 4\pi \times 10^{-7} \times \frac{(6/50)}{2 \times 0.1} = 7.6 \times 10^{-7}\,\mathrm{T}$$

[4] 식 (9.13) 으로부터

$$B = 4\pi \times 10^{-7} \times \frac{1200}{0.4} \times 2 = 7.5 \times 10^{-3}\,\mathrm{T}$$

[5] 식 (9.14) 로부터

$$B = \frac{4\pi \times 10^{-7} \times 100 \times 5 \times (0.3)^2}{2 \times (0.4^2 + 0.3^2)^{3/2}} = 2.3 \times 10^{-4}\,\mathrm{T}$$

CHAPTER. 10

[1] 그림 10.2 의 원을 반시계방향으로 도는 궤도가 된다.

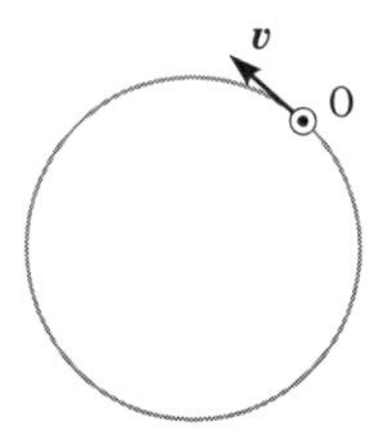

[2] 자속밀도가 변화하면 수평면 내의 운동이 변화한다. 자속밀도가 강하게 되어 가면 원 궤도의 반경이 점차 작게 되기 때문에, 운동의 궤도는 앞쪽이 가는 나선형이다.

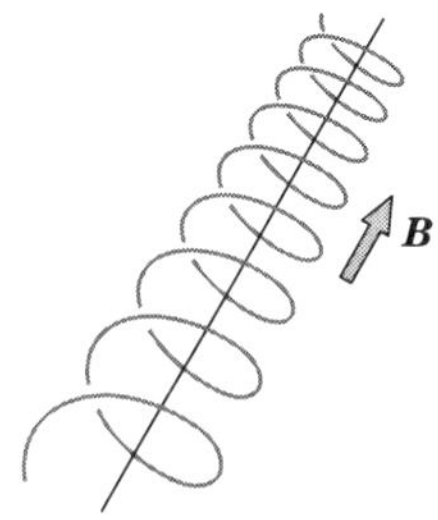

[3] 그림 10.8 에 있어서 I_2를 역방향으로 취하면, 도체 2 에 작용하는 $\boldsymbol{F}_1$은 역방향이 된다. 또 도체 1 에 있어서 $\boldsymbol{B}_2$가 반대가 되며 $\boldsymbol{F}_2$도 반대로 작용한다. 따라서 $\boldsymbol{F}_1$과 $\boldsymbol{F}_2$는 척력이다.

[4] 전류밀도는 $J = I/S = 90/(3\times10^{-3}\times2\times10^{-2}) = 1.5\times10^6\,\mathrm{A/m^2}$.

z 방향의 전기장의 세기는 $V/d = 1.2\times10^{-6}/(2\times10^{-2}) = 6\times10^{-5}\,\mathrm{V/m}$. 캐리어 밀도는 예제문제 10.5 의 [풀이] (3) 식으로부터

$$n = -\frac{1.5\times10^6\times0.4}{6\times10^{-5}\times(-1.6\times10^{-19})} = 6.2\times10^{28}\,\mathrm{m^{-3}}$$

CHAPTER. 11

[1] 그림으로 나타낸 예로 생각한다. 전류 I는 도체를 지면의 안쪽에서 바로 앞쪽으로 향해 흐르고 있다. 고리 내를 전도 전류가 흐르고 있을 때의 설명(그림 11.3)과 같도록 경로를 일주했을 때의 각도적분으로 결정한다. 도체로부터 경로를 봤을 때 양단을 P, Q 으로 한다. $\overline{\mathrm{PQ}}$ 에서의 각도적분 $\int_{\mathrm{P}}^{\mathrm{Q}} d\phi$ 와 $\overline{\mathrm{QP}}$ 에서의 각도적분 $\int_{\mathrm{Q}}^{\mathrm{P}} d\phi$는 부호만 다르고 상쇄되기 때문에 한 바퀴 돌면 $\oint d\phi = 0$ 이 되며, 앙페르의 법칙 $\oint \boldsymbol{B}\cdot d\boldsymbol{s} = 0$이 성립되는 것을 알 수 있다.

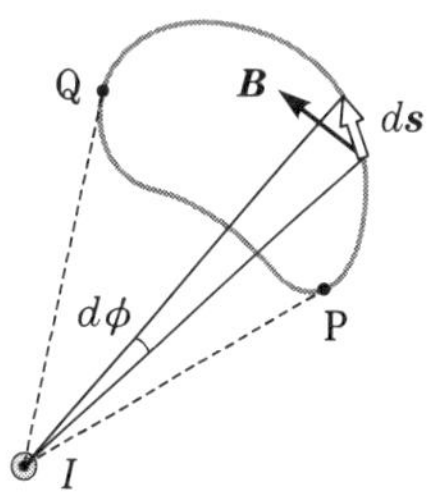

[2] 솔레노이드를 흐르는 전류의 대칭성으로부터, 중심축에 수직인 어떤 반경의 원주상에서는 어디에서나 B가 일정하다. 솔레노이드의 길이가 충분히 길기 때문에 중심축

에 평행한 선상에서도 일정하다. 다음은 예를 들면 그림 11.4(b)의 점 S에서 중심축상과 같다는 것을 말할 수 있으면 된다. 점 S에서는 솔레노이드의 윗부분의 영향이 축상의 점 P보다 크지만, 아랫부분의 영향이 작고, 전체로서 중심축상과 같게 된다고 생각할 수 있다.

CHAPTER. 12

[1] 그림 12.7(b)에서는 S극으로 들어가는 자력선이 있고, 코일을 오른쪽에서 왼쪽으로 통과하고 있다. S극이 코일에 가까워지면, 그림 12.7(c)와 같이 자력선의 양이 증가한다. 이것을 감소시키는 오른쪽으로 통과하는 자속이 만들어지도록 전류가 시계방향으로 흐른다. 반대로 자석을 멀리하면, 왼쪽에서 오른쪽으로 자속이 감소하기 때문에 이것을 보충하도록 코일에 반시계방향의 전류가 흐른다[그림 12.7(d)].

[2] 코일을 통과하는 자력선은 왼쪽에서 오른쪽으로 향한다. 자석을 코일에 가까이 하면, 그 방향으로 자속이 증가하기 때문에 반대방향의 자속이 발생하도록 전류가 반시계방향으로 흐른다. 자석을 멀리하면, 왼쪽에서 오른쪽으로 자속이 감소하기 때문에 이것을 보충하도록 시계방향의 전류가 흐른다.

[3] 면적벡터 $\boldsymbol{S}$의 방향은 면의 법선방향이므로, $\boldsymbol{B}$에서 $\boldsymbol{S}$까지의 각도는 $\pi/3$이다. 자속은

$$3.14\times(3\times10^{-2})^2\sin(\pi/6)\times B = 1.41\times10^{-3}\times B$$

따라서 식 (12.2)에서 유도기전력은 $V_{\text{em}} = -N\, d\Phi_B/dt = -400\times(-0.16\times 1.41\times10^{-3}) = 0.092\ \text{V}$로 그 방향은 처음 코일에 전류를 흘리고 있는 기전력의 방향과 같다.

CHAPTER. 13

[1] 도넛형의 솔레노이드에서는 $2\pi r$ 길이에 N개의 코일이 있기 때문에 $n = N/2\pi r$. 따라서 이 솔레노이드 내의 자속은 $\Phi_B = BS = \mu_0 NiS/2\pi r$. 이것과 식 (13.8)로

부터 자기 인덕턴스는 $L = N\Phi_B/i = \mu_0 N^2 S/2\pi r$ 이 된다.

[2] 식 (13.15)로부터

$$L = \frac{2U}{I^2} = \frac{2\times 1\times 10^3 \times (60)^2}{(100)^2} = 720\ \mathrm{H}$$

[3] $t=0$ 에서는 전류가 흐르지 않기 때문에 $q = Q$. 따라서 자기적인 장의 에너지는 0 이다. 회로의 에너지는 모든 축전기의 전기장의 에너지이다. 따라서 구하고자 하는 에너지는 각각 식 (13.15)로부터 $U_B = Li^2/2 = 0$, 식 (4.15)로부터 $U_E = (1.5\times 10^{-2})^2/(2\times 50\times 10^{-6}) = 2.2\ \mathrm{J}$.

$t = 1.2$ ms 에서는 그림 13.10 의 $t = T/4$ 와 $T/2$ 사이에 대응하기 때문에 부분적으로 자기적인 장 및 전기장 각각의 에너지이다. 예제 13.5 에서 보듯이, $t = 1.2$ ms 에서는 $q = -1.1\times 10^{-2}$ C. 식 (13.26) 으로부터 $i = -2\times 10^3 \times 1.1\times 10^{-2} \times \sin 2.4 = -20$ A . 이것을 사용하면 구하고자 하는 에너지는 각각

$$U_B = \frac{1}{2}\times 5\times 10^{-3}\times(-20)^2 = 1.0\ \mathrm{J},\quad U_E = \frac{(-1.1\times 10^{-2})^2}{2\times(50\times 10^{-6})} = 1.2\ \mathrm{J}$$

CHAPTER. 14

[1] (a) $v_R = iR$ 이므로 $i = 1.2\cos(2500t)/100 = 1.2\times 10^{-2}\cos(2500t)$

(b) 식 (14.26)으로부터 $X_C = 1/(2500\times 8\times 10^{-6}) = 50\ \Omega$

(c) 식 (14.27)로부터 $V_C = 1.2\times 10^{-2}\times 50 = 0.6\ \mathrm{V}$

축전기 양단의 전압의 시간변화는

$$v_C = V_C \cos\left(\omega t - \frac{\pi}{2}\right) = 0.6\cos\left(\omega t - \frac{\pi}{2}\right)$$

이와 같이, 축전기와 저항에서는 전압의 진폭의 크기가 다르다.

[2] 식 (14.21) 로부터 $X_L = 10^4 \times 20\times 10^{-3} = 200\ \Omega$.

식 (14.26)으로부터 $X_C = 1/(10^4 \times 1 \times 10^{-6}) = 100\ \Omega$.

식 (14.29)로부터 $Z = \sqrt{100^2 + (200-100)^2} = \sqrt{2} \times 100 = 1.4 \times 10^2\ \Omega$.

식 (14.30)으로부터 $I = V/Z = 50/140 = 0.36\ \mathrm{A}$. 위상각은 그림 14.12로부터 $\phi = \tan^{-1}(V_L - V_C)/V_R = \tan^{-1}(X_L - X_C)/R = \tan^{-1} 1/1 = \pi/4$.

식 (14.15), (14.20), (14.27)을 사용하면 $V_R = 0.36 \times 100 = 36\ \mathrm{V}$, $V_L = 0.36 \times 200 = 72\ \mathrm{V}$, $V_C = 0.36 \times 100 = 36\ \mathrm{V}$, 이때 3개의 전압진폭의 합은 144 V, 전원전압 50 V와 다른 것은 3개의 양(量)에 위상차가 있기 때문이다.

[3] 식 (14.34)로부터 $R = V_{\mathrm{rms}}^2/P_{\mathrm{av}} = 100^2/1200 = 8.3\ \Omega$. 식 (14.33)으로부터 $I_{\mathrm{rms}} = P_{\mathrm{av}}/V_{\mathrm{rms}} = 1200/100 = 12\ \mathrm{A}$.

CHAPTER. 15

[1] 식 (15.8)은 진행파의 조건. 식 (15.7)은 시간적으로 주기함수인 것, 식 (15.13)은 공간적으로 주기함수인 것을 나타낸다.

[2] 식 (15.15)에 대응해서

$$\varphi(x, t) = f(x + vt)$$

가 된다.

찾아보기

청문각

전자기학 입문

2013년 2월 20일 제1판 1쇄 펴냄
2013년 8월 25일 제1판 2쇄 펴냄

지은이 오카자키 마코토
옮긴이 신재수·김창만
펴낸이 류제동
펴낸곳 **청문각**

전무이사 양계성 | 편집국장 안기용 | 책임편집 우종현 | 본문디자인 에바다에딧 |
표지디자인 에바다에딧 | 제작 김선형 | 영업 나상욱·함승형
출력 ㈜한국커뮤니케이션 | 인쇄 태원인쇄 | 제본 태원인쇄

주소 413-120 경기도 파주시 교하읍 문발로 116 | 우편번호 413-120
전화 1644-0965(대표) | 팩스 070-8650-0965 | 홈페이지 www.cmgpg.co.kr
등록 2012. 11. 26. 제406-2012-000127호

ISBN 978-89-6364-036-5 (93560)
값 17,000원

* 잘못된 책은 바꾸어 드립니다.